CHRISTOPH KEESE

LIFE
CHANGER

ZUKUNFT MADE IN GERMANY

Wie moderner Erfindergeist
unser Leben verändert und
den Planeten rettet

PENGUIN VERLAG

Sollte diese Publikation Links auf Webseiten Dritter enthalten, so übernehmen wir für deren Inhalte keine Haftung, da wir uns diese nicht zu eigen machen, sondern lediglich auf deren Stand zum Zeitpunkt der Erstveröffentlichung verweisen.

Penguin Random House Verlagsgruppe FSC® N001967

1. Auflage
Copyright © 2022 Penguin Verlag
in der Penguin Random House Verlagsgruppe GmbH,
Neumarkter Str. 28, 81673 München
Redaktionelle Mitarbeit: Lena Waltle
Grafik: Janka Meinken
Umschlaggestaltung: total italic / Thierry Wijnberg
Umschlagabbildung: © getty images / MirageC
Satz: Vornehm Mediengestaltung GmbH, München
Druck und Bindung: GGP Media GmbH, Pößneck
Printed in Germany
ISBN 978-3-328-60247-7
www.penguin-verlag.de

Für Jasmin, Caspar, Nathan und Camilla

Inhaltsverzeichnis

Prolog: Wie wir leben wollen **9**

TEIL 1
PERISKOP: AUFBRUCH IN EINE NEUE ZEIT **17**

First Principle: Wie Life Changer denken und
an welches Grundgesetz sie glauben **19**

Investition: Warum plötzlich Milliardensummen
auch an deutsche Erfinder fließen **35**

Innovation: Die ewige Jagd nach dem
besseren Werkzeug **57**

Fortschritt: Was ist das eigentlich und wie löst er
die wichtigsten Probleme der Menschheit? **81**

TEIL 2
MIKROSKOP: DIE WICHTIGSTEN PROBLEME DER MENSCHHEIT UND ANSÄTZE ZUR LÖSUNG **111**

Energie: Warum die Rettung des Klimas
mehr Strom braucht, als wir heute
produzieren, und woher er kommt **113**

Kommunikation: Wie Menschen und Maschinen
Informationen überall verfügbar machen
und alles mit allem verbinden **143**

Mobilität: Wie wir uns bewegen, ohne Leben und Klima
zu gefährden oder Zeit und Geld zu vergeuden **167**

Gesundheit: Wie wir 120 Jahre alt werden können
und dabei keiner Krankheit anheimfallen **195**

Ernährung: Wie wir zum ersten Mal in der Geschichte
Frieden mit den Tieren schließen können **229**

Bildung, Gesellschaft und Staat: Wie Despoten
das offene Netz missbrauchen und wir
ihnen Einhalt gebieten können **253**

TEIL 3
TELESKOP: DIE ZUKUNFT UNSERER
TECHNISCHEN ZIVILISATION **271**

Niederlagen und Rückschläge: Warum werden so
viele Hoffnungen in die Zukunft enttäuscht? **273**

Deutschland: Weshalb wir endlich mehr von unserem
eigenen Geld in neue Technologie investieren sollten **291**

Epilog: Wie wir leben werden **315**

Dank **321**

Literatur und Quellen **323**

Index **331**

Prolog: Wie wir leben wollen

»Unwirklichkeit ist ansteckend.«
ALEXANDER KLUGE, AUTOR

Die Frau eines meiner besten Freunde ist jung und stark. Wir sind seit Jahrzehnten befreundet. In der Pandemie tat sie alles, um eine Coronainfektion von ihrer Familie fernzuhalten. Eines Tages aber kam eine ihrer Töchter mit deutlichen Symptomen von der Schule nach Hause. Die Eltern kümmerten sich liebevoll um ihr Kind. Einige Tage später zeigte auch die Mutter Anzeichen einer Ansteckung. Das Virus erwischte sie mit voller Wucht. Trotz bester Pflege durch ihren Mann glitt sie in einen besorgniserregenden Zustand ab. Ihr Gesicht wurde aschfahl, Geruchs- und Geschmackssinn gingen verloren, der Husten hörte nicht auf, ein Gefühl, als säße ein Elefant auf ihrer Lunge. Es dauerte Wochen, bis sie sich von der Infektion erholte. Zum Glück aber wurde sie wieder vollständig gesund.

Doch der Schreck bei uns allen saß tief. Im Kreis meiner eigenen Familie gelang es uns zwei Jahre lang, uns alle, egal welchen Alters, vor Corona zu schützen. Im Januar 2022 steckten wir uns dann aber trotz dreifacher Impfungen fast alle an. Unsere Erkrankungen verliefen zwar mild, und niemand musste ins Krankenhaus. Unter der Krankheit litten wir aber trotzdem. Einige von uns kamen nur schwer darüber hinweg. Zum Glück blieb wenigstens meine geschwächte Mutter von einer Infektion verschont. Der mRNA-Impfstoff rettete ihr vermutlich das Leben.

Während der Pandemie habe ich mich noch intensiver als sonst mit neuen Technologien beschäftigt. Wenn wir vom »natürlichen Leben« sprechen, das wir uns für uns und unsere Kinder wünschen, dann meinen wir damit angesichts einer lebensbedrohenden Pandemie eher nicht die natürlichen Wege der Evolution, ein »Überleben der am besten Angepassten«. Um eine Art vor dem Aussterben zu bewahren, arbeitet sie nach dem Erfolgsrezept von Mutation und Auslese, das Charles Darwin als »Zuchtwahl« beschrieben hat.

Folgen wir diesem Prinzip, so besagt es, dass alle Menschen, die einem Erreger nicht zufälligerweise etwas entgegenzusetzen haben, sterben. Es überleben nur jene mit einer genetisch veranlagten, zufälligen Immunität. Aus dem Genpool dieser Überlebenden wiederum schöpfen die nachfolgenden Generationen ihre Widerstandskraft. Sie sind besser vor dem Erreger geschützt, weil viele von ihnen die Immunität gegen ihn vererbt bekommen haben. Die Evolution darf für sich in Anspruch nehmen, die Menschheit mit diesem Vorgehen der natürlichen Auslese selbst durch schwerste Krisen wie die Pest geschleust zu haben. Für uns Menschen im 21. Jahrhundert ist diese Methode aber zum Glück längst nicht mehr die einzige Option. Sie schützt zwar unsere Art, jedoch nicht das Individuum. Im Gegensatz zu früheren Generationen leben wir in einer Zeit, in der umfassender Schutz des einzelnen Menschen technisch möglich wird. Dadurch nehmen wir eine Sonderstellung in der Menschheitsgeschichte ein. Es liegt in unserer Macht, das Schicksal des Einzelnen vor kollektiven Gefahren zu schützen. Das gibt es noch nicht sehr lange. Wären wir nur auf Darwins Zuchtwahl angewiesen gewesen, hätten einige Mitglieder der Familien von Freunden sowie meiner eigenen Corona wohl nicht überlebt.

Technologie ist das, was unser Wille dem blinden Wüten des Zufalls entgegensetzen kann. Unsere Vorstellungen von Moral und Gerechtigkeit verlangen, dass wir nicht einfach dabei zusehen, wie die Hilflosen sterben und die zufälligerweise Immunen überleben. Technologie versetzt uns vielfach überhaupt erst in die Lage, moralisch handeln zu können. Ohne Technologie sind wir eine Herde, mit Technologie reifen wir zu einer Gruppe einzelner Persönlichkeiten heran. Trotz aller furchtbaren Opfer, die Corona gefordert hat, können wir heute mit einiger Gewissheit hoffen, diese Seuche besiegt oder zumindest weitgehend schadlos gemacht zu haben. Auch wenn ihr Ende noch nicht erreicht ist, rückt es doch in greifbare Nähe.

Den Fortschritt der Impfstoffe, die unsere Rettung waren, habe ich während der Pandemie eng verfolgt, auch weil ich zufälligerweise einige der Protagonisten kannte, die an ihrer Entwicklung beteiligt waren. Im Kapitel über Gesundheit berichte ich davon. Die dramatischen Ereignisse dieser Jahre haben meine Sinne für die Möglichkeiten von Technologie weiter geschärft. Ich fragte mich: Was außer Corona, welche Sorgen der Menschheit, sollten wir sonst noch besiegen? Welche Ungerechtigkeiten müssten wir beheben und welches Leid bekämpfen? Und welche Technologien wären dazu in der Lage und könnten in den nächsten Jahren zum Einsatz kommen? Ich musste nicht lange nachdenken, bis mir eine Vielzahl von Anwendungsfällen in den Sinn kam. Wie wahrscheinlich die meisten meiner Leserinnen und Leser, bin ich neben allem Glück auch umgeben von Tod, Krankheit, Unfall und Ungerechtigkeit. Diese Umstände bedeuten nicht, dass unser Leben freudlos wäre – ganz im Gegenteil. Doch zum ehrlichen Blick auf die Gegenwart gehört auch, die Bedrohungen wahrzunehmen, denen wir ausgesetzt sind.

Einige meiner engen Verwandten sind an Gehirntumoren und Parkinson gestorben, leiden an Multipler Sklerose, erlitten Vorhofflimmern, fielen vom Dach oder stürzten schlafwandelnd aus dem Fenster. Freunde starben an Leukämie, Depression, plötzlichem Herzstillstand und Schlaganfall. Sie wurden von Lastwagen auf der Autobahnbaustelle abgedrängt oder sahen das Glatteis auf der Landstraße nicht kommen. Ein Schulfreund litt an der Bluterkrankheit und starb an AIDS, weil das Screening den Erreger in einer einzelnen Dosis seines täglich gespritzten Serums nicht erkannt hatte. Die fünf Kinder einer Familie aus Syrien, der wir helfen, tun sich in der Schule schwer. Ein ganzes Bündel von Gründen verstrickt sie in Nachteile gegenüber Kindern, die in Deutschland geboren worden sind. Meine Mutter spendet seit jeher für die SOS-Kinderdörfer. Die meisten Waisen dort haben ihre Eltern durch Unfälle, Krankheit oder Krieg verloren. In der Nähe von Kapstadt habe ich beim Besuch eines Slums einmal einen siebenjährigen Jungen kennengelernt, der die Höhe eines Baumes durch den Satz des Pythagoras ausrechnete. Ich wusste, dass es dieser Junge trotz seiner Begabung wahrscheinlich niemals nach Stanford oder an die Technische Universität München schaffen würde, einfach nur, weil er zur falschen Zeit am falschen Ort zur Welt gekommen war. Auf einem Bauernhof in Schleswig-Holstein haben meine damals noch jungen Kinder gesehen, wie ein Kalb von seiner Mutter getrennt und allein in einen Käfig gesperrt wurde, damit die Mutter weiter Milch gab. Das Kalb schrie vor Einsamkeit. Am selben Abend lag im Restaurant Kalbsschnitzel mit Kartoffelsalat auf dem Teller. Erst wollte niemand davon essen. Dann wurden wir schwach. Es gab keine Alternative, die ähnlich gut schmeckte. Ein paar Tage später hatten die Kinder den Zusammenhang zwischen Kalb und Schnitzel wieder vergessen.

Als ich kürzlich mit einem Buchhändler ins Gespräch kam und ihn fragte, worauf er bei der Auswahl seines Sortiments besonders achte, antwortete er: »Neuerdings fragen mich die Leute immer wieder: ›Haben Sie vielleicht etwas, das ausschließlich positiv ist und in dem gar nichts Negatives vorkommt?‹ Leider kann ich damit aber nicht dienen. Solche Bücher gibt es kaum. Vermutlich fragen die Leute das, weil sie nach zwei Jahren Corona erschöpft sind. Sie können einfach nichts mehr ertragen, was einen Einschlag ins Dunkle hat.«

Mich erinnerte dieses Gespräch an einen Satz meines Freundes und inzwischen pensionierten Verlegers Wolfgang Ferchl: »Ich glaube, du bist jemand, der es nicht ertragen kann, Dinge schiefgehen zu sehen. Du lehnst dich dagegen auf. ›Wir schaffen das‹, hat Angela Merkel in der Flüchtlingskrise gesagt und ist viel dafür kritisiert worden. ›Wir schaffen das‹ beschreibt ziemlich gut, wie du denkst.« Ich habe das damals als Kompliment aufgenommen, mich aber zugleich auch gefragt, warum meine Einstellung etwas Besonderes sein soll und nicht mehr von uns so denken.

Wahrscheinlich ist es eine Mischung aus der Angst vorm Scheitern und der Auflehnung gegen eine als grausam und unübersichtlich empfundene Welt, die dafür verantwortlich ist, dass ich dazu neige, drängende Probleme eher für lösbar als für unüberwindbar anzusehen. Auf jeden Fall trifft Wolfgang Ferchls Beobachtung ins Schwarze: Ein passives Ertragen von Leid versetzt mich in Unruhe. Selbst dann, wenn ich persönlich gar nicht betroffen bin, sondern es nur beobachte. Unwillkürlich beginne ich sofort mit der Suche nach Lösungen. Aus meiner inneren Warte heraus empfinde ich diese permanente Lösungssuche sowohl als Befreiung als auch als Belastung.

Befreiend wirkt, mich subjektiv nicht in ein übermächtiges Schicksal fügen zu müssen und zumindest der Illusion nachhängen zu dürfen, handelndes Subjekt eines Ereignisses zu sein statt nur sein passives Objekt. »Sei das Subjekt im Satz deines eigenen Lebens«, ist der Rat, den ich wohl am häufigsten erteile, wenn mich jemand darum bittet. Belastend wirkt, fortlaufend Ausschau zu halten nach einem Ausweg für die Probleme, die sich mir oder den Menschen in meiner Umgebung in den Weg stellen. Das kann recht anstrengend sein. Manchmal wünsche ich mir, mich ins Unweigerliche ergeben zu können. Doch solche Gedanken verfliegen sofort. Einen Augenblick später reißt mich die Begeisterung mit, dass es vielleicht doch eine Rettung geben könnte. Ich kann mir gut vorstellen, dass es manchen meiner Leserinnen und Lesern, wenn nicht sogar den meisten, ähnlich ergeht wie mir. Sie möchten aktiv handeln, statt passiv zu erleiden.

Mein lebenslanges Interesse für Technologie wie auch das vieler meiner Leserinnen und Leser rührt wahrscheinlich aus genau dieser Veranlagung her. Rettung findet sich leichter, wenn man nicht nur im Werkzeugkasten des Vorhandenen sucht, sondern auch mit Hilfe eines Blickes dafür, was heute noch in der Zukunft liegt. Viele Erfindungen geschehen durch Zufall und sind keineswegs Folge einer bestimmten Absicht. Auf eine Mehrzahl der Innovationen nehmen wir Menschen jedoch dennoch gezielten Einfluss, beispielsweise indem wir aussichtsreichen Projekten Forschungsgelder zukommen lassen oder Start-ups, die ein bestimmtes Problem lösen möchten, mit Investitionen unterstützen. Aus diesem Grund besteht ein direkter Zusammenhang zwischen unserer Analyse von Gefahren und deren Abwehr. Je wacher unsere Sinne das Leid um uns herum wahrnehmen, desto eindeutiger markieren wir es als Problem und desto entschlossener mobilisieren wir Ressourcen, um es zu beseitigen. Technologie verwandelt dabei die Ohnmacht der Gegenwart in die Tatkraft der Zukunft. Aus diesem Grund verbinde ich mit vielen Technologien starke Gefühle wie Freude und Hoffnung. Sie lösen echte Emotionen in mir aus. Vielleicht teilen viele, die dieses Buch lesen, ein ähnliches Gefühl mit mir.

»The Rational Optimist« heißt ein Buch des britischen Schriftstellers und Politikers Matt Ridley. Ihn faszinieren die guten Gründe, warum Zuversicht eine realistische Geisteshaltung ist. Denn vergleicht man unsere Lebensrealität heute mit der früherer Generationen, dann muss man feststellen, dass diese sich kontinuierlich verbessert – was, so Ridley, eine direkte Folge unserer menschlichen Veranlagung ist, innovative Lösungen für Probleme zu finden. Auch Alexander Kluge, den ich oben zitiere, schreibt:»Unwirklichkeit ist ansteckend« – und das in einem Buch über Napoleon. Den nämlich sieht Kluge als Beispiel dafür, wie Wunsch und Wille die Wirklichkeit verformen. Kluge ist elektrisiert davon, welche Wunder Napoleon im Laufe seines Lebens zuwege brachte, allein deshalb, weil er sich weigerte, sie für unmöglich zu halten. Dass viele dieser Wunder in Katastrophen abglitten, trägt zur Faszination der Figur Napoleon bei, drängt uns aber auch die Frage auf, warum so viele hoffnungsfroh gestartete Projekte in Albträume umschlagen. Mit diesem Phänomen beschäftigen wir uns im Kapitel »Niederlagen und Rückschläge«

Mein Buch möchte für diese innere Haltung des vernunftbegabten Optimisten werben. Es plädiert nicht für Leichtgläubigkeit oder Naivität, sondern für die Anwendung des kritischen Verstands und für einen nüchtern-sachlichen Blick auf das Schlamassel, in dem wir vielerorts stecken. Für den erwähnten Buchhändler könnte es daher in gewisser Weise tatsächlich ein Buch sein, in dem nur Positives vorkommt. Das Positive besteht aber nicht darin, dass in ihm nichts Schlimmes Erwähnung findet, sondern in der Schilderung dessen, wie wir dem Übel unsere technische Intelligenz entgegensetzen in der Hoffnung, es zu besiegen. Sie ist es, die mich dazu gebracht hat, es zu schreiben.

Wie also wollen wir leben? Ich wünsche mir eine Welt, in der alle Informationen jedem Menschen frei zur Verfügung stehen und der Wahrheitsgehalt dieser Informationen sofort ersichtlich wird. Wahrhaftigkeit soll ein Wert sein, der von möglichst vielen Menschen geteilt wird. Jeder Mensch soll zu jeder Zeit dazu in der Lage sein, mit jedem anderen zu reden. Hass soll schwinden und Verständnis wachsen. Invasionen in benachbarte Länder bleiben aus. Bürgerinnen und Bürger werden von der Kriegspropaganda ihrer Regierungen nicht zu Aggression verführt. Bildung, Freiheit und Teilhabe stehen jedem Menschen offen. Wohlstand soll zunehmen und niemanden ausschließen. In der Welt, die ich mir wünsche, wird niemand mehr unterdrückt, diskriminiert oder grundlos eingesperrt. Saubere Energie steht in unbegrenzter Menge zur Verfügung. Konflikte und Kriege um Ressourcen entfallen. Diktaturen und Autokratien sind überwunden. Die Erde erwärmt sich nicht weiter. Wir hegen unseren Planeten und erkunden das Universum. Alle sind mobil, ohne damit jemand anderem oder der Umwelt zu schaden. Wir überwinden große Strecken so mühelos wie kleine. Todesopfer und Verletzte im Straßenverkehr gibt es nicht mehr. Alle Krankheiten sind besiegt. Kein Tier stirbt für unsere Ernährung. Für jedes Gericht aus Fisch oder Fleisch gibt es einen ebenso gut schmeckenden Ersatz. Niemand hungert. Niemand flieht.

Was kann Technologie leisten, um diese Utopie wahr werden zu lassen? Davon möchte ich in diesem Buch berichten. Das Wort »Life Changer« verwende ich dabei in zweifacher Hinsicht: als Bezeichnung für Menschen, die grundlegenden Wandel bewerkstelligen, wie auch für Technologien, die unser Leben verbessern. Beides greift ineinander: der Mensch und die Technik, die er gebiert und die ihn beeinflusst.

Christoph Keese
Berlin im Frühjahr 2022

TEIL 1

PERISKOP: AUFBRUCH IN EINE NEUE ZEIT

First Principle: Wie Life Changer denken, und an welches Grundgesetz sie glauben

Menschen, die unsere Welt erneuern, interessiert es kaum, was ihre Wettbewerber tun. Sie wollen der Logik des Fortschritts zum Durchbruch verhelfen. Elon Musk ist dafür das beste Beispiel. Seine Art zu denken und Handlungen daraus abzuleiten, bietet einen Schlüssel für das Verständnis vieler anderer Innovatoren, die Einfluss auf Technologie und Weltgeschehen nehmen.

> *»Ohne Allmachtsfantasien aus kleinkindlichen Phasen sind Charaktere wie Elon Musk oder Leonardo da Vinci nicht vorstellbar.«*
>
> PETER SLOTERDIJK, PHILOSOPH

Der berühmteste Life Changer unserer Zeit sitzt mir auf seinem Stuhl gegenüber, starrt mich an und schweigt. Zwischen uns steht meine Frage im Raum, doch er beantwortet sie nicht. Mir wird es etwas mulmig. Merken die Leute um uns herum, dass sich hier gerade peinliche Stille einstellt? Ob ich ihn vielleicht beleidigt habe? Und wenn schon, da muss er durch. Ein Vorstandsvorsitzender muss solche Fragen abkönnen. Ich wiederhole sie: »Ihre neue Fabrik bei Berlin ist ausgelegt für eine Kapazität von einer halben Million Autos pro Jahr. Und das ist nur der Anfang. Anderthalb Millionen sollen es später einmal werden.« Er schweigt. »Vergangenes Jahr aber haben Sie weltweit nur eine halbe Million Autos verkauft. Ihre neue Fabrik ist also bereits jetzt ausgelegt auf den kompletten Jahresabsatz.« Jetzt müsste er verstehen, worauf ich hinauswill. Doch er wirkt noch immer irritiert. Noch deutlicher also: »Schon die erste Produktionsstufe Ihrer neuen Fabrik deckt mit ihrer Kapazität die komplette derzeitige Nachfrage ab. Wenn sie ganz ausgebaut ist, wird sie die bisherige Nachfrage um das Dreifache übersteigen. Und es ist nicht Ihre einzige Fabrik. Sie bauen oder betreiben fünf solcher Gigafactories. Das Werk in Shanghai wird zehnmal so groß wie das in Berlin. Sie sind der einzige internationale Autohersteller, der ein Werk in China ganz allein und ohne Joint-Venture-Partner betreiben darf. Also tragen auch allein Sie das Risiko. Dabei übertrifft Ihre Kapazität bei Weitem die Nachfrage. Wie wollen Sie jemals so viele Autos verkaufen? Raubt Ihnen das denn nicht den Schlaf? Jeder andere Automanager der Welt könnte bei dieser Vorstellung kein Auge mehr zumachen.«

Erneutes Schweigen. Der Mann in der schwarzen Lederjacke und dem bedruckten schwarzen T-Shirt – reichster Mann der Welt, meist bewunderter Unternehmer der Gegenwart – versteht die Frage schlicht nicht. Er runzelt die Stirn. Ich schaue mich um. Wie es scheint, haben die anderen Mitglieder der Diskussionsrunde durchaus begriffen, worum es mir geht. Sie schauen Elon Musk gespannt an. Auch sie möchten seine Antwort hören. Die neue Tesla-Fabrik in Grünheide – nichts als eine riesige, größenwahnsinnige Übertreibung, eine Verschwendung von Aktionärsvermögen, ein Betrug an der leichtgläubigen brandenburgischen Landesregierung, ein skandalöser Missbrauch von Steuergeldern für die vielen Subventionen, die er damals beantragt hat? Elon Musk – ein Hochstapler, Schönredner, Hallodri, Schwindler, Hasardeur, ein liebenswerter Luftikus, ein gefährlicher Pleitier?

Endlich hebt er zur Antwort an. Die Verwunderung ist aus seinem Gesicht verschwunden. Offenbar hat er beschlossen, mir die Sache ganz ruhig zu erklären. Einen Moment später aber ist auch diese mitleidige Geste verflogen. Nun ist er voller Leidenschaft; er wirkt ganz bei sich. Wenn er, wie jetzt, etwas aus seinem Innersten herauskehrt und seine Beweggründe veranschaulicht, klingt er wie ein Denker und zumindest wie jemand, der in den Grundlagen der formalen Logik geschult ist. Gekonnt leitet er abstrakte Grundsätze aus seinen Beobachtungen ab und schlägt sein Publikum mit Einsichten, überraschenden Thesen und einprägsamen Formulierungen in den Bann. Seine Sätze graben sich tief beim Zuhörer ein. Auch jetzt liefert er wieder Systemdeutung und Welterklärung ab. Im Englischen heißt Aufklärung »Enlightenment«, Erleuchtung also. Auf Erleuchtung hat sich dieser Mann nach eigenen Aussagen spezialisiert. So definiert er sich selbst. Er liebt es, in dunklen Kammern das Licht anzuknipsen.

»Es mag sein, dass Automanager um ihren Absatz fürchten«, beginnt er. »Aber das liegt daran, dass sie die falschen Fragen stellen. Sie fragen ihre Kunden nach deren Wünschen, anstatt selbst nach der optimalen Lösung zu suchen. Wünscht sich der Kunde dann Unsinn, liefern sie ihm ebenso unsinnige Lösungen. Deswegen bekommen sie hinterher Absatzprobleme. Diese Probleme hätten sie aber nicht, wenn sie von vornherein das bestmögliche Produkt designen würden. Das Beste zum besten Preis schlägt immer alle Wettbewerber aus dem Feld.« Der traditionelle Weg zum Produkt sähe so aus: »Firmen befragen ihre Kunden, entwerfen daraufhin das Produkt, setzen einen Preis fest, bauen eine Fabrik, gestalten die Werbung und starten den Vertrieb. Alles läuft nach einem Plan ab, der früh festgelegt wurde.«

Das Problem dabei: Ein solcher Plan ist zwar berechenbar, liefert aber nicht das Optimum. Denn man baut seine Fabrik nach den Vorgaben des Plans, nicht nach den Chancen des Möglichen. Der Plan wird Jahre vor dem Bau der Fabrik gefasst. Schon bei der Grundsteinlegung ist das Werk veraltet, und während des jahrelangen Baus wird es nicht besser. So entsteht ein Museum, keine Innovation. »Solche Pläne gießen die Vergangenheit in Beton«, findet Musk. Das fällt den Autoherstellern aber selbst nicht auf. Solange sie ihren Plan erfüllen, sehen sie nur grüne Haken auf ihrer Liste – Selbstbetrug mit Methode, nennt er das.

Musk rutscht auf die Stuhlkante, lehnt sich vor. Jetzt ist er noch mehr der leidenschaftliche Ingenieur. »Die Marktforschung sagt Ihnen, dass Sie ein neues Modell für soundso viel verkaufen können. Also rechnen die Betriebswirte aus, was die Herstellung kosten darf. Um diese Zahlen herum bauen sie die Fabrik. Am Ende rollt dann ein Auto vom Band, das idealerweise genauso viel kostet, wie Sie geplant hatten, und wenn Sie Glück haben, kauft es Ihnen der Kunde für genau den Preis ab, den Ihnen die Marktforschung vorher genannt hatte. Wenn nicht, dann reagieren Sie mit mehr Werbung oder senken den Preis.« – »Immerhin funktioniert diese Methode bei vielen Autoherstellern«, werfe ich ein. – »Deren Problem ist, dass dabei alles Erdenkliche entsteht, nur eben nicht die optimale Fabrik und das bestmögliche Produkt. Wir bei *Tesla* arbeiten deshalb genau andersherum: Ich kenne den Preis des Autos aus der neuen Fabrik in Grünheide noch nicht. Ich habe davon zwar eine grobe Idee, aber genau kennen werde ich ihn erst, wenn wir die perfekte Fabrik vollendet haben. Wird unser Werk die beste Fabrik, die wir erschaffen können, dann wird auch das Preis-Leistungs-Verhältnis unserer Produkte unschlagbar sein. Warum? Weil die beste Fabrik die besten Produktionsvoraussetzungen und die geringsten Herstellungskosten bei höchster Qualität ermöglicht. Logisch. Die Autos verkaufen sich dann von ganz allein, denn nirgendwo sonst gibt es ein besseres Angebot.« – »Sie haben wirklich keine Angst davor, dass Sie auf den vielen Autos sitzen bleiben werden?«, frage ich. Er schüttelt den Kopf: »Wirklich nicht. Es geht einzig und allein darum, die beste Fabrik zu bauen. Alles andere kommt hinterher von ganz allein.«

Eine ungeheure Behauptung, eine betriebswirtschaftliche Häresie, doch nicht die Spur eines Zweifels huscht über sein Gesicht. Blufft er? Wenn ja, dann sehr gekonnt. Er strahlt völlige Gewissheit aus. So als habe er gerade verkündet, dass ein Stein immer zu Boden fällt, wenn man ihn loslässt. So als beschreibe er ein Naturgesetz. Ist dies das Erfolgsgeheimnis der Life Changer? Verändern sie die Welt schnell und radikal, weil sie simplen Naturgesetzen folgen? Ist er gar nicht so genial, wie manche behaupten, sondern steht einfach nur besonders gut im Einklang mit der Natur und ihren unumstößlichen Gesetzen?

Was Elon Musk an diesem Nachmittag im Dezember 2020 beschreibt, nennt man »First Principle«, auf Deutsch »deduktives Denken«. Dabei wird aus einem allgemeinen Prinzip eine konkrete Folge abgeleitet. Dem stehen in der formalen Logik das »induktive Denken« (man schließt vom Besonderen auf das Allgemeine) und das »analoge Denken« (man schließt vom Besonderen auf das Besondere) gegenüber. Analoge Schlüsse ziehen Menschen immer dann, wenn sie zu bequem sind, ihren Verstand zu gebrauchen. Denn Analogien gehen den Weg des geringsten Widerstands und verbrauchen im Gehirn die wenigste Energie. »Bisher habe ich mich mit Corona nicht angesteckt, also kann der Virus mir nichts anhaben, und ich lasse mich nicht impfen«, lautet ein typischer und gefährlicher Analogieschluss. »In den vergangenen Jahren haben unsere Diesel-Modelle immer neue Absatzrekorde erzielt, also ist Diesel eine Zukunftstechnologie«, wurde lange in der Automobilindustrie geglaubt. »Die Leute vertrauen auf Raiffeisen, Sparkasse und Deutsche Bank, deswegen führen sie ihr Konto auch in Zukunft bei uns«, hört man in Frankfurt.

Beispiele für induktives Denken sind im Gegensatz dazu etwa: »100 Äpfel sind immer nach unten gefallen, wenn ich sie losgelassen habe. Daher ist es vermutlich eine allgemeine Regel, dass kleinere Gegenstände wie Äpfel von größeren Körpern wie Planeten angezogen werden.« Oder: »Immer, wenn ich meiner Kollegin einen Fehler vorhalte, reagiert sie beleidigt und mit einem Gegenvorwurf. Wahrscheinlich ist sie generell nicht kritikfähig und empfindet sachliche Hinweise allgemein als Kränkung.«

Analoges Denken stellt keine aufwendige kognitive Leistung dar, sondern ist das Ergebnis eines biologischen Energiesparprozesses. Daran ist nichts Schlechtes. Das Leben wäre ohne die energiesparende Automatisierung von Erkenntnis unmöglich. Wir könnten keinen Fuß vor den anderen setzen, wenn wir das Gehen immer wieder neu in Frage stellen müssten. Klar ist aber auch: Analogien funktionieren nur dort, wo die Umwelt stabil bleibt. Verändert sie sich, müssen wir den Autopiloten abschalten. Ein einziger offener Kanaldeckel auf dem Bürgersteig kann uns das Leben kosten. Eine einzige neue Technologie kann unsere Firma in den Ruin treiben.

Elon Musk nimmt »First Principles« außergewöhnlich ernst. Fast alles, was er unternimmt, leitet er aus solchen Grundsätzen ab. Verblüffenderweise stehen die Ergebnisse seiner Grundhaltung oft im scharfen Gegensatz zu den Gewissheiten, an die der Rest der Menschheit glaubt. »Menschen wollen Auto fahren, aber es nicht immer lenken«, lautet einer seiner Leitsätze. Ergebnis ist der *Tesla*-Autopilot. Der Rest der Welt glaubte hingegen lange, das Lenken bereite den Menschen so viel Freude, dass sie selbst im zähen Berufsverkehr Herr über ihr Lenkrad sein wollten. Ein typischer Analogieschluss: Weil jeder von uns sein Auto gern an einem sonnigen Sonntagmorgen über leere Serpentinen in den Alpen oder eine spektakuläre Küstenstraße in Kalifornien steuert, soll dies auch für den stockenden Pendelverkehr im Mannheimer Novemberregen gelten, während auf dem Handy eine dringende *WhatsApp*-Nachricht darauf wartet, beantwortet zu werden. Falsch – das eine folgt nicht aus dem anderen. Trotzdem fachte die Autoindustrie dieses irreführende Narrativ in ihren Designlabors, Entwicklungszentren und Werbeabteilungen unbeirrt jahrzehntelang an. Musk hingegen dachte als Erster konsequent über den Unterschied zwischen »fahren« und »lenken« nach. Beides bedeutet nämlich bei Weitem nicht das Gleiche.

»Erdölreserven sind endlich. Die Atmosphäre verträgt nur eine begrenzte Menge an Kohlendioxid und Stickstoffoxiden. Feinstaub schadet Menschen und Tieren. Also kann der Verbrennungsmotor nicht mehr ewig produziert werden.« Aus diesem

Millionen brennender Feuer in den Zylindern

Anzahl der Personenkraftwagen in Deutschland im Jahr 2021, aufgeschlüsselt nach der Antriebsart ihrer Motoren: Benzin, Diesel, Hybrid, Flüssiggas, Elektro und Erdgas

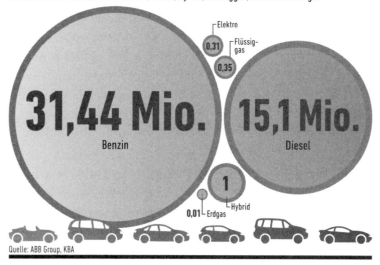

Quelle: ABB Group, KBA

Alternative Antriebe sind in deutschen Autos noch immer Ausnahmeerscheinungen. Benziner und Diesel-Motoren dominieren die Flotte. Elektroautos liegen weit zurück.

Gedanken heraus entstand der *Tesla*-Elektroantrieb. Der Großteil der Welt dachte: »Verbrenner funktionierten in der Vergangenheit, also funktionieren sie auch in der Zukunft.« Dass Elon Musk jedoch auf Elektromobilität mit Batterien und nicht auf Wasserstoffmotoren oder Brennstoffzellen setzte, lag an folgender deduktiven Einsicht: »Die Welt baut weniger Autos als Handys. Somit kann die Telefonindustrie ihre Entwicklungskosten auf mehr Einheiten umlegen. Sie besitzt zudem das größte Budget für Batterieforschung. Also ist der Smartphone-Akku immer der effizienteste.« Folglich schnürte er Batterien aus Telefonen zu großen Akkus für den *Tesla* zusammen. Traditionelle Autokonzerne verpulverten Milliarden für ihre Forschung an Brennstoffzellen, die viel zu langsam auf den Markt kamen. Sie dachten: »Neue

Antriebsquellen kamen schon immer aus unseren eigenen Labors, also werden sie es auch in der Zukunft tun.« Ein analoger Trugschluss, wie *Tesla* schon bald beweisen sollte.

Warum baut Elon Musk mit seiner *Boring Company* unterirdische Autobahnen? Weil er denkt: »Dreidimensionale Räume bieten mehr Platz als zweidimensionale Flächen.« Folglich weicht man dem endlosen Stau am besten in die Luft und unter die Erde aus. Die Freunde von Analogien hingegen meinen: »Autos sind immer auf der Erdoberfläche gefahren, also werden sie es auch in Zukunft tun.«

Warum baut *SpaceX* – ebenfalls eine Elon-Musk-Firma – Raketen, die automatisch aus dem All zurückkehren und rückwärts auf ihrem Hinterteil landen? »Weil Wegwerfen teurer ist als Wiederverwerten.« Musks neue Rakete Starship – mit 100 Tonnen Nutzlast der größte Raumfrachter aller Zeiten – kommt vollständig und senkrecht zur Erde zurück. Einen neuen Start gibt es zum Preis des Auftankens für sensationell niedrige 15 Millionen Dollar. Pro Kilogramm Nutzlast kostet der Transport mit dem Starship nur 1,5 Prozent von dem, was seine Wettbewerber veranschlagen. Dieser Frachter ist so groß, dick und mächtig, dass er mit 20 Passagieren auf dem Mond landen wird. Zum Vergleich: Das Apollo-Programm der US-Bundesbehörde für Raumfahrt (NASA) schaffte es lediglich, zwei Astronauten pro Flug zur Oberfläche zu bringen. Musk läutet damit eine neue Ära der Raumfahrt ein und löscht alle bisherigen Marktgesetze aus. Die meisten seiner Wettbewerber sind staatlich subventionierte Raketen wie Europas Ariane. Die Industrie, die sie baut, handelt weiter nach analogen Grundsätzen. Sie denkt: »Wir entwickeln morgen so wie gestern. Der größte Teil der Rakete verbrennt im All. Regierungen bezahlen weiter die Rechnung.« Die Ariane bringt 10 Tonnen für 100 Millionen Dollar ins All. Elon Musk hingegen 100 Tonnen für 15 Millionen. Seine neue Rakete drängt alle anderen Wettbewerber in unbedeutende Nischen ab. Und weil die Weltraumfracht damit spottbillig wird, zündet das

Starship eine Kettenreaktion von Innovationen. Für Satelliten wird dieser Frachter Ähnliches erreichen, wie das iPhone für Apps. Völlig neue Anwendungen entstehen.

Mit Unternehmungen wie *Tesla* und *SpaceX* stellt Elon Musk Altbekanntes auf den Kopf. Und so wie er verändern auch andere Life Changer unser Leben auf bislang unvorstellbare Weise. In späteren Kapiteln schauen wir uns das noch genauer an.

Was sie eint ist, dass sie mittels deduktiven Denkens das Abstrakte besser ins Konkrete überführen als andere. Das Konzept von First Principles klingt erst einmal hölzern. So wie die Formel $E = mc^2$ abstrakt klingt, bis man den Film eines Bombentests mit dem kilometerweit in den Himmel aufsteigenden Atompilz sieht. Formeln können ungeheure Folgen in der Wirklichkeit haben. Folgen, die im Fall von Elon Musk schon heute konkret zu besichtigen sind: Im Dezember 2020 besuche ich zum ersten Mal die Baustelle für *Teslas* deutsche Gigafactory. Mit diesem Werk nagelt Musk seine Thesen so donnernd an die Tür der Autoindustrie wie Martin Luther damals seine Lehren an die Schlosskirche von Wittenberg. Grünheide liegt 30 Autominuten östlich des neuen Flughafens. Zum Alexanderplatz dauert es eine Stunde. Auf dem Weg zur Factory fährt man durch Wälder; auf der Autobahn ist viel los; der Lastwagenverkehr mit dem nahen Polen scheint nie stillzustehen. Das Gelände wirkt schon auf den ersten Blick größer, als ich es mir vorgestellt hatte. Unsere Besuchergruppe unternimmt eine Busrundfahrt, geführt vom Interims-Werksleiter. Auch er hat eine dieser typischen Elon-Musk-Geschichten zu erzählen. Eigentlich leitete er die Lackiererei. Bis eines Nachts ein Anruf von Musk kam: »Unser neuer Chef für Grünheide kommt nicht aus seinem Vertrag raus. Kannst du bitte so lange übernehmen, bis er da ist?« Ende des Gesprächs. Ein gewaltiger Vertrauensvorschuss, der diesem eher jungen Mann Adrenalin in die Adern pumpt. Man spürt förmlich, dass er nicht ruhen und nicht rasten wird, bis alles perfekt und fertig ist.

Mein Sitznachbar im Bus deutet auf einen Baum-Harvester am Waldrand. »Schau mal, in den paar Minuten, die er jetzt gesprochen hat, hat die Maschine da draußen schon fünf Kiefern abgeknipst und sie auf dem Truck verstaut.« Noch vor neun Monaten war hier nichts als ein Wald. »Kiefernplantage« nannte die Politik den Wald, um etwaige Demonstranten zu beruhigen. Nun erstreckt sich hier ein riesiger Klotz von Fabrik, so weit das Auge reicht. In den Boden gerammt, anfangs ohne Baugenehmigung, weil Behörden und Verfahren länger brauchen als *Tesla* zum Errichten einer ganzen Fabrik. Heute hängt in der Eingangshalle tatsächlich eine frisch gerahmte Genehmigung, während dahinter schon Elektroautos vom Band laufen. Bis zur Genehmigung baute *Tesla* auf eigenes Risiko. Die Aktionäre riskierten es, ihren Turmbau zu Babel wieder abreißen und an dessen Stelle Kiefernsetzlinge ausbringen zu müssen. Doch scheinbar bekümmerte sie das nicht. Der Aktienkurs stieg lange stetig an, bis Elon Musk sein Publikum bei *Twitter* fragte, ob er Teile seiner Aktien verkaufen solle. Ermuntert von einem Ja der Mehrheit und getrieben vom Wunsch, Steuern zu sparen, entledigte er sich vieler Anteile und löste damit eine Abwärtsbewegung aus, die dazu führte, dass im Jahr 2021 sogar *Daimler* und *Ford* höhere Kursgewinne verbuchen konnten als *Tesla*. Was Elon Musk in seinem Depot anstellt, bewegte *Tesla*-Aktionäre offenkundig stärker als das Rückbaurisiko in Grünheide. Geschwindigkeit schien wichtiger als Risikovermeidung. Und womöglich war das Risiko auch gar nicht so groß. Denn welcher Politiker oder Richter würde schon ein funktionstüchtiges Werk mit bereits heute 12 000 und potenziell 40 000 Arbeitsplätzen schließen wollen? Noch dazu eines, das der politisch hocherwünschten Nachhaltigkeitsindustrie angehört? Schließlich geht es bei *Tesla* um Elektroautos und eine benachbarte gigantische Batteriefabrik. Fakten schaffen ihre eigene politische Wirklichkeit, auch wenn das Wasserproblem in Grünheide unter Elon Musks PR-Schwall lange genug nicht ernst genommen wurde und auf Dauer noch zu erheblichen Problemen führen könnte.

Ein mobiler Kran hebt einen haushohen Betonstempel von einem Tieflader. Jeder dieser Stempel führt in der Nähe seines Schwerpunkts eine kreisrunde Aussparung. Arbeiter fädeln Ketten hindurch und hängen sie an den Haken des Krans, bevor dieser herumschwenkt. Die Füße der Stempel verschwinden in vorgefertigten Schäften des Fundaments. Während der halben Stunde, die wir zuschauen, landet fast ein halbes Dutzend dieser Stempel wie Kerzen auf einer Geburtstagstorte. Die Stempel bilden die senkrechten Knochen eines Gerippes und werden im nächsten Arbeitsschritt mit vorgefertigten Wänden beplankt. Schön wird die Fabrik von außen nicht. Eher sachlich und schmucklos. Ein Plattenbau mit geringerem Fugenmaß als in der DDR, aber mit freundlicherer Farbe und Solarpaneelen auf dem Dach. Für den hyperschnellen Bau der Fabrik in nur 861 Tagen feuert Musk seinen ersten Bauleiter, weil er den Behörden zu wenig Druck machte, reist immer wieder persönlich an, schläft auf einer Pritsche im Containerdorf, stapft zu nachtschlafender Zeit in Gummistiefeln über das Gelände und zerbricht sich den Kopf über Pressen, die ideale Abfolge von Lacktauchbädern für changierenden Karosserieglanz, wie ihn die Welt noch nicht gesehen hat, und vor allem über die perfekte Choreografie für sein Ballett von Industrierobotern, die das Auto zusammenbauen.

Elon Musk ist ein Automatisierungsfreak. Wenn er einen Star-Wars-Film im Kino sieht, rumort in seinem Unterbewusstsein die Frage, wie man die Droiden C3PO, R2D2 und BB-8 in Fabrikarbeiter umbauen könnte. Die Satelliten seines 5G-*Starlink*-Netzwerks, über das wir im Kapitel »Kommunikation« sprechen, entstehen in fast vollständig automatisierter Produktion, obwohl die gesamte restliche Weltraumindustrie, inklusive der modernsten Start-ups, ihre Satelliten bis heute von Hand montieren lässt – einfach deswegen, weil die Stückzahlen so klein sind.

Warum aber baut Elon Musk so schnell? Weshalb automatisiert er so aggressiv? Weil auch hinter diesen Handlungen ein First Principle steckt. Streng genommen sogar zwei.

Erstens geht es ihm um den Preis. Diesen Gedanken haben wir oben schon kennengelernt. Absatzprobleme bekommt angeblich derjenige nie, der die beste Fabrik besitzt. Wer Elon Musk nicht glaubt, mag *Volkswagen*-Chef Herbert Diess in den Zeugenstand rufen. »Tesla baut Autos in zehn Stunden, wir brauchen dafür 30«, schrieb er seinen Managern auf einer Führungskräftetagung hinter die Ohren. Außerdem schaltete er Elon Musk als Videogast hinzu, um seinen Leuten den Kannibalen in Person zu zeigen. Die beiden schätzen einander. Diess versteht Musks Erfolg als sportlichen Ansporn und Quelle der Inspiration. Doch das Establishment in Gestalt der Betriebsratsvorsitzenden Daniela Cavallo reagierte mit der typisch deutschen Mischung aus Realitätsverweigerung und Heimatverklärung. Sie warf Diess vor, *Tesla* zu verherrlichen und *Volkswagen* kleinzureden. Dem 10-Stunden-versus-30-Stunden-Argument setzte sie öffentlich jedoch faktisch nichts entgegen, sondern forderte nur trotzig, dass die Belegschaft in Sollstärke erhalten bleibt. Seitdem Cavallo im Amt ist, kämpfte Diess um seinen Job, bis er einen Burgfrieden schloss und mit teilweisem Machtverlust bezahlte. »Er nimmt die Leute nicht mit«, wirft man ihm vor. »Sein Ton ist ruppig und sein Handeln erratisch.« Daran ist manches sicher richtig. Tatsache aber bleibt: Beurteilt wird Diess nach Haltungsnoten. Beim First Principle aber wären solche B-Noten nicht so wichtig. Entscheidend wäre, ob er inhaltlich recht hat oder nicht.

Zweitens geht es Elon Musk um Zeit. Eine brisante Folge deduktiven Denkens muss man sich immer vor Augen halten, denn sie birgt viel Sprengkraft. Bei analogem Denken geht es nie um absolute Zeit, sondern immer nur um relative. Man muss stets nur besser, also schneller sein als sein Konkurrent. Humpelt der gemächlich vor sich hin, kann man selbst es auch locker angehen lassen. Bei deduktivem Denken geht es hingegen um absolute Zeit. Was die Wettbewerber tun, ist unerheblich. Man ermittelt die benötigte Zeit durch drei hintereinander geschaltete Fragen und erhält als Antwort ein präzises Datum und eine genaue Ressourcenliste. Die erste Frage lautet: »Folgt es zwingend aus einem Prinzip, dass eine bestimmte Technologie entwickelt werden muss?« Lautet die Antwort Ja, dann folgt als zweite Frage: »Welches ist der kürzestmögliche Zeitraum, in dem sich die Technologie technisch einwandfrei entwickeln lässt?« Schließlich kommt die dritte Frage: »Welche Ressourcen benötigen wir, um das Projekt in der ermittelten minimalen Zeit abzuschließen?« Im Unterschied zum analogen Denker stellt der deduktive Denker die Frage nach den Ressourcen nie zuerst, sondern immer zuletzt. Er besorgt sich die nötigen Mittel erst, nachdem er die kürzestmögliche Zeit errechnet hat. Im First-Principle-System stellt man die Ressourcen in den Dienst des Prinzips, statt umgekehrt sein Ziel in den Dienst des Budgets, wie analogisch denkende Menschen es meist tun.

Ein First-Principle-Jünger wie Elon Musk käme nie auf die Idee, seine eigene Geschwindigkeit an der seiner Wettbewerber zu messen. Ihm geht es ausschließlich um absolute Maßstäbe. Warum? Weil, wenn ein Prinzip einmal wahr ist, es immer wahr ist. Nehmen wir mal an, ich erkenne ein Prinzip als wahr. Dann habe ich diese Erkenntnis jetzt, sofort. Wenn das der Fall ist, dann bedeutet jeder Aufschub, der mich davon abhält, dieser Erkenntnis konkrete Taten folgen zu lassen, ein Mangel an Effizienz. Jede Ineffizienz aber verstößt gegen das wirtschaftliche Prinzip des optimalen Umgangs mit knappen Gütern. Und weil Menschen und Märkte beinahe naturgesetzlich nach Effizienz streben, richtet sich jeder Markt irgendwann automatisch in Richtung der gewonnenen wahren Erkenntnis aus. Daraus folgt: Wahre Prinzipien entfalten Schwerkraft, der sich niemand entziehen kann. Jedes Leugnen erhöht nur die Kosten. Übersetzt auf die Autoindustrie heißt das für Musk: Bis auf wenige Ausnahmen fahren alle Autos der Zukunft autonom und elektrisch, schlicht, weil es wahren Prinzipien entspricht, dass beide Eigenschaften wünschenswert sind. Jeder Tag, den ein brandenburgisches Amt einen Antrag im Eingangskorb schlummern lässt, jede Minute, die ein Harvester länger zum Umlegen einer Kiefer benötigt, jede Stunde, die Roboter und Menschen länger am Model Y schrauben, trennt *Tesla* vom Gravitationszentrum dieser unumstößlichen Wahrheit.

Natürlich können First-Principle-Unternehmer irren. Elon Musk sitzt immer noch auf der Kante seines Stuhls, als ich ihn nach einem möglichen Irrtum frage. Was ist, wenn er sich vertut? Er nickt mir zu; seine hochgezogenen Augenbrauen signalisieren Zustimmung. Nicht die Spur eines Rechtfertigungsversuchs folgt jetzt, keine Brandrede zur Verteidigung seiner Entscheidungen, keine Aktenordner voller unwiderlegbarer Fakten. So würden viele andere Manager reagieren, nicht aber Musk. Irrtum ist für ihn ein wichtiger Bestandteil des Systems, kein Grund, ihn zu leugnen. »Sehen Sie, letztlich ist alles auf der Welt eine Folge von Physik«, erklärt er. »Physik bestimmt alle natürlichen Phänomene. Kein einziges Ereignis im Universum kann sich der Physik widersetzen. Naturwissenschaftliche Theorien stellen Hypothesen auf. Sie kennen ja Karl Popper: Nichts ist jemals wahr, es ist nur noch nicht widerlegt.« Ohne Irrtum kann es keine wissenschaftlichen Erkenntnisprozesse geben. Jeder Irrtum falsifiziert eine These und schafft Raum für eine bessere Theorie. »Mich selbst sehe ich als Ingenieur und Physiker«, sagt er. »Unternehmer bin ich eigentlich nur im Nebenberuf. Ich mache den ganzen Tag lang nichts anderes, als Maschinen zu bauen, die im Sinne der physikalischen Gesetze möglichst gut eingestellt sind.«

Schon klar: Elon Musk treibt Clownerien, macht derbe Späße und schlechte Witze, er schickt Kryptowährungen mit einzelnen Tweets in die Höhe und Tiefe, er ist laut, polemisch, selbstverliebt, angeberisch, ungeduldig, gehetzt, launisch, aufbrausend, ein Showstar, Lebemann, Exzentriker, Nerd, Workaholic, Eremit, Eigenbrötler, Party Animal, Einzelgänger, Gruppentier, Maulheld und Größenwahnsinniger. Millionen von Artikeln, Posts und Fotos im Netz zeigen ihn in seinen jeweiligen Aggregatzuständen, Verkleidungen und Gemütsverfassungen. Doch all dieses Funkeln und Flirren zeigt lediglich seine Fassade, die er mit großer Freude immer wieder neu streicht.

Am liebsten ist er Ingenieur und Physiker. Auf der Homepage seines 5G-Satellitennetzwerks *Starlink* steht ganz weit oben: »Mit hochmodernen Satelliten in einer erdnahen Umlaufbahn ermöglicht *Starlink* Videoanrufe, Online-Spiele, Streaming und andere Aktivitäten mit hohen Datenübertragungsraten, die in der Vergangenheit mit Internetverbindungen über Satellit nicht möglich waren.« Und dann: »Benutzer können an den meisten Standorten Datengeschwindigkeiten zwischen 100 Mbit/s und 200 Mbit/s und Latenzzeiten von 20 ms erwarten.« Genau das ist der typische Elon Musk. Ein Mann, der unlösbare Probleme löst. *Starlink*-Satelliten umrunden die Erde mit 27 400 km/h. Die Flugzeit über Deutschland beträgt knapp über zwei Minuten. Musk schafft das, was niemand zuvor hinbekommen hat: ein System zu bauen, das stabiles, schnelles Internet mit Antwortzeiten von 20 Millisekunden, also 0,002 Sekunden aus dem Weltraum ins Allgäu, die Prignitz, ins Berchtesgadener Land und an jeden anderen Fleck der Landkarte bringt. Ohne dass die Verbindung abbricht, obwohl der Satellit, mit dem man gerade spricht, schon wieder hinter der Landesgrenze verschwunden ist. Warum tut er das? Weil ein Prinzip besagt: »Alle Menschen wollen schnell miteinander verbunden sein, auch wenn kein Glasfaserkabel vor ihrer Haustür liegt.« Wenn das Prinzip stimmt, muss er ihm folgen.

Life Changer verhelfen First Principles zum Durchbruch. Im Fall des schillernden Elon Musk haben wir es mit einem Kosmopoliten zu tun. Aufgewachsen in Südafrika, tätig in den USA, Staatsbürger Kanadas, eng vertraut mit Dutzenden von Ländern und aktiv rund um die Welt. Doch es gibt Tausende anderer Life Changer wie ihn auf der Erde, und überdurchschnittlich viele von ihnen leben und arbeiten in Deutschland. Inmitten eines technisch demotivierten Landes, eingeschlossen im Investitionsstau und zermürbt von einer Kultur des Aussitzens, haben zahlreiche Unternehmerinnen und Unternehmer den staatlichen Trägheitsbefehl einfach nicht entgegengenommen. Sie leisten Widerstand und bauen einen Zukunftspark von Weltrang auf. Wir haben allen Grund, voller Optimismus auf diese Bewegung zu schauen. Sie bringt Eindrucksvolles zustande und schafft Veränderungen, die unser Leben zum Besseren verändern. Wer sind diese Leute? Was treibt sie an, und was haben sie vor? Davon handelt das nächste Kapitel. Lösen wir eine Eintrittskarte in den Zukunftspark und schauen, was die Menschen bewegt, die ihn bevölkern.

Investition:
Warum plötzlich Milliardensummen
auch an deutsche Erfinder fließen

Spätestens seit den Umbrüchen der Coronapandemie profitieren Menschen mit neuartigen Ideen wieder von einem risikofreudigen Anlegerklima. Sie nutzen das Geld, um Probleme zu lösen, die vorher niemand ernsthaft knacken wollte. Viele ihrer ehrgeizigen Projekte wären gar nicht zu finanzieren, wenn die in Deutschland investierten Summen nicht steil in die Höhe schnellen würden.

> *»Jede hinreichend fortschrittliche Technologie*
> *ist von Magie nicht zu unterscheiden.«*
> ARTHUR C. CLARKE, BRITISCHER PHYSIKER
> UND SCIENCE-FICTION-AUTOR

Laurin Hahn, ein schlanker Abiturient mit braunem Haar, wissbegierigem Blick, Grübchen in den Wangen und lässigem Zehntagebart, gab Anlass zu bedeutenden Hoffnungen. An der Münchner Rudolf-Steiner-Schule hatte er soeben die letzte Abschlussprüfung geschrieben. Physik und Kunst waren seine Leistungsfächer, Autos seine Leidenschaft. Wenn alles glatt ging, würde er sich in Berlin, München oder Aachen für Maschinenbau einschreiben. Auslandssemester in Stanford oder am MIT, dazu Praktika in Großunternehmen wären nur logisch gewesen. Danach hätte ihm die Welt offen gestanden. Ein Job als Chefdesigner oder Produktionsvorstand in der Automobilindustrie hätte später niemanden gewundert. Seine Aufstiegschancen standen gut.

Doch es ging nicht alles glatt. Laurins Uni- und Konzernkarriere implodierte noch vor dem Start. Zum Schrecken der Eltern verschwand er gleich nach dem Abitur mit seinem Kumpel Jona Christians von der Bildfläche – nicht auf eine Weltreise, nicht zu einem Yoga-Retreat in Indien, nicht auf einen Travel-and-Work-Trip in Australien, nicht einmal auf Interrail-Tour durch Europa. Viel schlimmer: Laurin und Jona verschwanden in der elterlichen Garage. Gleich nach den Abiprüfungen gingen sie hinein und sollten erst drei Jahre später wieder herauskommen. Kein Druckfehler. Laurin und Jona tauchten nicht drei Tage, nicht drei Wochen oder drei Monate in der Garage ab, sondern geschlagene drei Jahre. In dieser Zeit kam es zu keiner Immatrikulation, keiner Alma Mater, keinen Credits, keiner WG, keinen Zwischenprüfungen, zu gar nichts. Kinder ohne Ziel und Plan sind ohnehin schon der Schrecken vieler Eltern. Doch Familie Hahn hatte ein besonders schweres Los gezogen. Laurin und Jona schraubten an einem Wolkenkuckucksheim. Sie hatten sich vorgenommen, die hartnäckigsten Probleme der Autoindustrie im Alleingang zu lösen. Eine aberwitzige Idee. Die Automobilindustrie erwirtschaftet weltweit einen Umsatz von 2,7 Billionen Dollar. Rund 20 Millionen Menschen arbeiten für sie. Mehr Menschen, als in der Schweiz und Österreich zusammengerechnet leben. Dennoch waren Laurin und Jona wild entschlossen, diesen Autoleuten zu zeigen, wie man es richtig macht – zu zweit und von ihrer Garage aus. Der Plan war vermessen, wenn nicht verrückt.

Geschichten wie diese gehen oft übel aus. Für Größenwahn, Hybris und Selbstüberschätzung bietet die Welt der Wirtschaft wenig Raum. Geplatzte Träume, gescheiterte Tüftler und ruinierte Laufbahnen sind leider der Normalfall. Auf jeden Gottlieb Daimler und Enzo Ferrari kommen 1000 Unglückliche, die es nicht geschafft haben. Doch die Geschichte von Laurin und Jona ist deswegen so interessant, weil sie gerade nicht in einem Desaster endete. Sie nahm ein gutes Ende, und das belegt, wie außergewöhnlich die Zeiten sind, in denen wir leben. Aus Beispielen wie diesen dürfen wir Hoffnung schöpfen. Es sind zukunftsweisende Dinge auch in Deutschland möglich, die vor einigen Jahrzehnten noch an Beharrungsvermögen oder Fantasielosigkeit, mindestens aber an Geldmangel gescheitert wären. Laurins und Jonas Produkt wurde ein beeindruckender Erfolg – und verspricht tatsächlich, die Branche in Aufruhr zu versetzen.

Ihr Unternehmen heißt *Sono Motors* und gilt als einer der vielversprechendsten Hersteller elektrischer Autos, manche nennen sie schon die »Mini-Teslas«. Das Unternehmen ist mittlerweile an der amerikanischen Technologiebörse Nasdaq in New York notiert. Zehn Jahre nach seiner Gründung erlöste *Sono Motors* mit seinem Initial Public Offering (IPO) umgerechnet 120 Millionen Euro und schoss im ersten Handelsmonat auf einen Wert von 2,3 Milliarden Euro. In den kommenden Jahren wird dieser Wert voraussichtlich wild schwanken. Unter dem Druck der Kurskorrekturen im Technologiesektor litt Anfang 2022 auch *Sono Motors*. Ein Totalausfall ist für die Zukunft nicht ausgeschlossen, ebenso wenig ein dauerhafter Erfolg. Doch ganz gleich, wie die Geschichte weitergeht, ihre ersten zehn Jahre bis zum Börsengang legen beredtes Zeugnis darüber ab, wie viel Hoffnungsvolles und Aufsehenerregendes gerade im Lande geschieht. Zwei Abiturienten konnten von ihrer heimischen Garage aus *BMW, Daimler* und *General Motors* den Fehdehandschuh hinwerfen, und statt dafür ausgelacht zu werden, wie es früher der Fall gewesen wäre, holte die Wall Street sie in den exklusivsten Börsenclub der Welt und machte sie zu Dollarmilliardären. Und das nicht aus irgendeinem obskuren Grund, sondern weil sie ein Auto mit einer bahnbrechenden technischen Grundlage entwickelt haben, die den etablierten internationalen Multis schlicht nicht eingefallen ist. Oder zu der sie sich nicht getraut haben.

Was macht den Sion, das erste Modell von *Sono Motors*, so attraktiv? Laurin Hahn und Jona Christians haben in ihm drei außergewöhnliche Eigenschaften miteinander kombiniert. Erstens: Der Sion lädt sich mit in allen Teilen der Karosserie eingebauten Solarzellen selbsttätig auf. Für die durchschnittlichen Fahrten zur Arbeit reicht das aus. Nur für längere Strecken muss er an die Ladesäule. Das Aufladen über eingebaute Solarzellen spart Zeit, Geld und Nerven. Die »Electric Anxiety« entfällt – die Angst der Fahrer, mit leerer Batterie stehen zu bleiben. Zweitens: Mit nur 25 000 Euro Kaufpreis kommt das Auto ziemlich preiswert daher und ist für viele Leute auch mit geringeren Einkommen erschwinglich. Und drittens: Es ist darauf ausgelegt, seine Eigentümer nicht nur Geld zu kosten, sondern ihnen auch Geld einzubringen. Ein eingebautes Car-Sharing-System erlaubt es Besitzern, den Wagen beliebig oft zur Vermietung freizugeben. Das trägt dazu bei, die monatlichen Kosten zu senken und bei regem Vermietgeschäft sogar Überschüsse zu erwirtschaften. Als ich Laurin Hahn treffe, schildert er seine Überlegungen bei der Gründung so: »Menschen brauchen pro Tag nicht mehr Reichweite als im Schnitt 16 Kilometer. Das ist die mittlere Pendeldistanz. Sie wollen nicht ständig darüber nachdenken, wo sie ihr Auto aufladen können. Und sie wollen möglichst wenig Geld für Mobilität ausgeben, idealerweise sogar Geld damit verdienen.«

Aus Beobachtungen wie diesen leitete das Team die Spezifikationen des Sion ab: Das gewünschte Auto musste sich per Solarzellen selbst aufladen, einen eingebauten Car-Sharing-Modus besitzen, und – um den ehrgeizigen Verkaufspreis zu erreichen – aus Standardkomponenten zusammengesetzt sein, die es überall preiswert zu kaufen gibt. »Wir haben uns gefragt: Was muss passieren, dass ich und du uns ein Elektroauto wirklich leisten und damit von A nach B fahren können, ohne unseren Alltag dafür zu stark umzustellen?«, berichtet Hahn. »Herausgekommen sind Solar-Integration, das bidirektionale Laden, ein Sharing-System, das in eine App integriert ist, und ein Preis von gerade mal 25 000 Euro. Zum Vergleich: Als wir begonnen haben, kostete *Teslas* Model S noch 120 000 Euro.« Ähnlich wie Elon Musk verwenden die *Sono*-Gründer die First-Principle-Methode. An ihrem Beispiel sehen wir, dass Elon Musk diese Form des Argumentierens nicht für sich allein gepachtet hat. Auch Gründerinnen und Gründer in Deutschland bedienen sich des Verfahrens und demonstrieren seine Vorzüge. Unser Land ist also keineswegs abgehängt, sondern arbeitet methodisch auf dem neuesten Stand der Dinge, zumindest unter den Pionieren.

Laurin Hahn und Jona Christians möchten Mensch und Umwelt miteinander versöhnen. Das ist ihr innerer Antrieb, auf Neudeutsch »Purpose«. »Aber warum erleichtert ihr dann gerade die Mobilität?«, frage ich Hahn. »Weshalb predigt ihr nicht Verzicht? Wieso entwickelt ihr nicht das bessere Zoom, damit die Leute per Videokonferenz von zu Hause aus arbeiten, anstatt die Straßen auf dem Weg zum Büro zu bevölkern?« Seine Antwort: »Weil es ein Grundbedürfnis des Menschen ist, sich frei zu bewegen. Ja, wir Menschen müssen unseren Konsum drastisch reduzieren – darunter zählt natürlich auch die Anschaffung von Neuwagen. Gleichzeitig aber müssen Unternehmen wie unseres mit Green Tech, also grüner Technologie, versuchen, den Bedürfnissen der Menschen gerecht zu werden, die nun mal nicht verschwinden.«

Auch bei dieser Überlegung handelt es sich um eine Anwendung der First-Principle-Methode. In den Augen von Laurin Hahn und Jona Christians steht am Anfang aller Überlegungen das Urbedürfnis des Menschen, andere Menschen persönlich zu sehen und dafür gewisse Distanzen zu überwinden. »Der Radius menschlicher Bewegung hängt mit der Größe sozialer Gruppen zusammen«, sagt Hahn. »Je kleiner unsere sozialen Gefüge, desto größer unser Bewegungsdrang.« Weil wir anders als in früheren Zeiten mit unseren Kollegen und Freunden nicht mehr in einer Höhle, einem Bauernhaus oder einem Dorf leben, streben wir danach, den Mangel an sozialer Dichte durch Reisen auszugleichen. Wir laufen und fahren unseren verlorenen Kollegen und Freundinnen gewissermaßen hinterher. »Dieses Bedürfnis hält

39

uns dermaßen im Griff, dass der Drang nach Mobilität von keiner Verzicht predigenden Rhetorik unterdrückt werden kann.« Daraus folgt für *Sono Motors*: Wer Mensch und Umwelt miteinander versöhnen möchte, der muss ressourcenschonende, autonome Mobilität entwickeln.

Ist das nicht eigentlich eine Selbstverständlichkeit? Könnten nicht andere Autohersteller das auch? Ja, das könnten sie. Doch interessanterweise geschieht das nicht. Hieran erkennen wir die begrenzte Reichweite der First-Principle-Methode. Auch wenn deutsche Gründerinnen und Gründer sie schon in ihr Herz geschlossen haben, folgen althergebrachte Unternehmen meistens der traditionellen analogischen Methode. Die Logik klassischer Autokonzerne könnte man so beschreiben: Sie verkaufen die Autos – für das Tanken oder Laden fühlen sie sich nicht zuständig. Das ist traditionell Sache der Mineralöl-Multis wie BP, Esso oder Shell. Wir erkennen hieran wieder das Muster der analogen Argumentation. Daraus, dass es immer schon so war, wird gefolgert, dass es am besten genauso bleibt. Konkret heißt das: Die Benzinhändler bauen mit ihren Tankstellen das Versorgungsnetz, und letztlich bleibt es am Kunden hängen, wo er sich die nächste Tankfüllung oder Ladung besorgt. Damit ist der Markt für den Individualverkehr klar aufgeteilt. Verkauft werden Autos stets ohne Treibstoff. Also liegt den Entwicklungsabteilungen der traditionellen Autobauer der Gedanke fern, selbst für den Sprit oder die nächste Ladung zu sorgen – ganz zu schweigen davon, gleich Solarzellen in Autos zu integrieren.

Das ist auch der Grund, warum es *Tesla* möglich war, ein weltweit dichtes Netz von Superchargern aufzubauen, bevor *BMW*, *Volkswagen, Daimler, Ford* oder *GM* überhaupt auf eine solche Idee kamen. Heute gibt es in Europa rund 600 Supercharger mit jeweils durchschnittlich zehn Ladesäulen, also gut 6000 *Tesla*-Ladesäulen. Insgesamt existieren in Deutschland 25 000 Ladestellen, *Tesla* nicht mitgerechnet. Doch dabei handelt es sich um zusammengestoppelte Netze Dutzender Anbieter, von denen viele nur regional auftreten. Wer sein Auto laden möchte, trägt einen Fächer von Zugangskarten mit sich herum und bleibt an manchen Säulen ohne den dringend benötigten Strom, weil er sich ausgerechnet bei diesem Anbieter noch nicht registriert hatte. Ganz anders funktioniert das bei den *Tesla*-Superchargern. Man steckt einfach den Stecker in die Buchse des Autos. Fertig. Säule und Auto reden miteinander und stimmen sich ab. Ladekarten sind überflüssig. Deutsche Premium-Autohersteller bauen eine derart elegante Lösung erst jetzt mit jahrelanger Verspätung auf. Sie fühlten sich bislang nicht zuständig. Natürlich hätten sie das technische Geschick und die finanzielle Kraft besessen, *Tesla* in Sachen der Ladeinfrastruktur alt aussehen zu lassen, aber sie probierten es nicht einmal. Ein schwerer Fehler, wie sich später herausstellen sollte. Ein Fehler, der nun mühsam wieder ausgebügelt werden muss.

Überhaupt sind Autos mit so kleinen Reichweiten wie der des Sion ganz und gar unvorstellbar für herkömmliche Hersteller. Die Autoindustrie baut aus ihrer Tradition heraus Multitalente – Autos, die von der kurzen Fahrt zur Arbeit bis zur Urlaubsreise nach Spanien alles können. Fahrzeuge, die für Alleinfahrten von Pendlern ebenso taugen wie für den Wocheneinkauf und den Sonntagsausflug fünfköpfiger Familien. Warum aber produziert die Autoindustrie solche Universalkutschen? Weil ihre aberwitzig teuren Produktionsstraßen und Entwicklungsprozesse große Stückzahlen benötigen, um wirtschaftlich arbeiten zu können. Auch an diesem Kontext erkennen wir die Gefahren analogischen Denkens. Große Stückzahlen erreicht man nur mit den kleinsten gemeinsamen Nennern, also mit Fahrzeugen, die möglichst viele Wünsche möglichst vieler Menschen auf einmal bedienen. Für Spezialwünsche kleiner Zielgruppen – also beispielsweise für urbane Pendler, die mit ihrem Auto nur zu Arbeit fahren möchten und sonst nichts – gibt der üppige Kostenrahmen keine Nischenlösung her.

Genau hier setzt *Sono Motors* an. Und genau dieser Umstand schafft Anlass für gute Laune, denn endlich greift jemand im Heimatland der Autoindustrie althergebrachte Gewissheiten an, die viel zu lange nicht herausgefordert worden waren. Der Sion ist absolut untauglich für die Massen. Er gefällt nur einer winzigen Gruppe von Aficionados, und dies ist kein Zufall, sondern ein Konzept. Der Automarkt der Zukunft – so die aus First Principles abgeleitete These – wird aus Myriaden solcher Nischen bestehen. Sie alle können deshalb wirtschaftlich bedient werden, weil komplett neue Produktionsmethoden eine schlanke Entwicklung und kosteneffiziente Fertigung erlauben. Klassische Hersteller entdecken diese Chancen gar nicht erst für sich, weil ihr gewaltiger Kostenapparat sie im ewigen Hamsterrad der Suche nach dem am breitesten gefächerten Absatzmarkt hält. Neu gegründete Autobauer hingegen laufen wie freie Löwen durch die Savanne. Sie schaffen Profitabilität mit Stückzahlen, die so niedrig sind, dass *Volkswagen* sie niemals kostenneutral erreichen könnte. Wir dürfen uns freuen, dass solche Innovationen heute möglich sind.

Noch einen weiteren Vorteil führen Laurin Hahn und Jona Christians ins Feld. Auch er markiert eine Charaktereigenschaft, die der »Generation Aufbruch« zu eigen ist. Sie besitzt ein feines Gespür für verborgene Widersprüche zwischen den Wünschen normaler Menschen und den öffentlichen Narrativen, mit denen Institutionen diesen Menschen sagen, was sie zu denken und was sie sich zu wünschen haben. Im Alltag fallen uns diese Widersprüche kaum auf. Sie kommen leise daher. Doch wenn wir unsere Ohren spitzen, schreien sie uns geradezu an. Besonders beim Thema Mobilität wimmelt es von solchen Konflikten. Ein Beispiel: Die meisten Menschen denken: »Ich möchte schnell, unkompliziert und individuell zur Arbeit kommen.« Die Umweltpolitik aber hält ihnen entgegen: »Du sollst bitte öffentliche Verkehrsmittel benutzen.« (Übrigens sagt die Steuerpolitik per Pendlerpauschale das genaue Gegenteil.) Wer trotzdem individuell zur

Arbeit fahren möchte, um auf dem Weg zur Bushaltestelle nicht nass geregnet zu werden und auf dem Rückweg noch eine Kiste Sprudel mitbringen zu können, gilt schnell als Umweltsünder. Das ist ein Konflikt zwischen persönlichem Wunsch und öffentlichem Imperativ. Doch dieser Widerspruch ist auflösbar. Individualverkehr ist nur dann schädlich für Umwelt und Stadtbild, wenn er die Luft verpestet und den öffentlichen Raum verstopft. Solarbetriebene Miniautos könnten den Widerspruch zwischen privatem und öffentlichem Interesse daher auflösen. Während die klassische Autoindustrie frontal gegen die Umweltpolitik ankämpft und selbst Elektroautos in den Dimensionen von Spähpanzern auf den Markt bringt, üben sich Life Changer in der Kunst der Dialektik. Sie lösen These und Antithese in geschickten Synthesen auf. Diese Tugend verschafft ihnen Wettbewerbsvorteile. Endlich tut das mal jemand! – möchte man ausrufen.

Solche Beispiele gibt es massenhaft, allein auf dem Gebiet des Verkehrs. Ein Weiteres: »Ich möchte möglichst wenig Geld für Mobilität ausgeben«, denken die meisten Menschen. Doch die Autoindustrie vermittelt das genaue Gegenteil und behauptet, Autofahren verschaffe so viel Freude, dass man dafür gerne 500 bis 1000 Euro im Monat ausgibt. So viel kostet ein typisches Auto nämlich schnell. Glänzend fotografierte Bilder und Filme schnittiger Limousinen auf leeren Küstenstraßen und Bergpässen prägen das Bild der Autowerbung. Mit der Realität wirbt die Autoindustrie aus Prinzip nicht. Sie betreibt bewusste Realitätsverleugnung. Wann hätte man in der Autowerbung je ein Foto vom Ratinger Dauerstau im Novemberregen gesehen? Oder von der Endlosblechlawine rund um Stuttgart? Das gibt es einfach nicht. Staus kommen im Narrativ der traditionellen Autoindustrie nicht vor, obwohl es ja unbestritten die Autos sind, die Staus verursachen. Dieser offenkundige Fakt fällt in den Chefetagen und Marketingabteilungen der Autobauer offenbar einem Schweigegelübde über die Realität zum Opfer.

Die suggestive Auswahl von Bildmotiven ist durchaus kein Zufall. Autokonzerne brauchen das Versprechen von Freiheit, Glück und Abenteuer, um die enormen Kapital- und Betriebskosten des Konsumenten zu rechtfertigen. Ihre Kommunikation entspringt weniger dem Bedürfnis nach Wahrhaftigkeit als der Logik betriebswirtschaftlicher Kalkulation im System Massenproduktion. Nur so rutscht das Auto in der persönlichen Bedürfnishierarchie der Kundschaft noch über den Sommerurlaub – denn in Geld ausgedrückt steht es da über so gut wie allem anderen. Fast nichts in unserem Leben kostet so viel Geld wie das Auto – vom Wohnen mal abgesehen. Wollen wir das wirklich? Oder fallen wir auf ein betriebswirtschaftlich erzwungenes Narrativ herein? Es sind die Start-ups, die uns den vermeintlichen Spaß am Weihnachtsmann verderben und ungeniert die Wahrheit sagen. *Sono Motors* und Wettbewerber wie *Next.e.Go* aus Aachen entlarven Widersprüche und entwickeln Systeme, in denen Autos kein Geld verschlingen, sondern sogar welches verdienen. Und sie entwerfen Produktionsmethoden, mit denen Autos gar nicht erst so teuer werden, wie sie es bisher immer waren. Dass mehr Wahrhaftigkeit und ein Anspruch auf ein höheres Maß an Ehrlichkeit in die Kommunikation der Automobilbranche einziehen, ist ein weiterer Pluspunkt, den wir einer neuen Generation von Innovatoren hoch anrechnen dürfen.

Wissen wir heute schon, ob Laurin Hahn und Jona Christians mit ihren Thesen recht behalten werden? Nein, das wissen wir nicht. Legen sie uns unwiderlegbare Beweise für die Richtigkeit ihrer First Principles vor? Nein, das tun sie nicht. Das Geschäftsmodell von *Sono Motors* beruht auf Hypothesen, und wie bei jeder Hypothese können wir niemals wissen, ob sie wahr sind; wir wissen nur, dass sie noch nicht für falsch befunden wurden. Fast alle neuartigen Produkte und Technologien verstehen sich als Hypothesen. Man sollte Annahmen von Unternehmen über den Markt nicht ungeprüft für wahr halten. Das tun noch nicht einmal die

Gründer. Ständiges Misstrauen ist angebracht, auch sich selbst gegenüber. Hypothesen sind gewissermaßen die Kandidaten bei »Deutschland sucht den Superstar«, und die Wirklichkeit spielt die Rolle der Jury. Nur dass diese spezielle Jury in Dauersitzung tagt und jederzeit für falsch erklären kann, was gerade noch als plausibel gegolten hat.

Moderne Gründer können ihre Hypothesen heute auch deswegen leicht am Markt ausprobieren, weil Technik und Kapitalmarkt von hinten mit anschieben. Das liegt vor allem an drei Faktoren:

- Erstens: Enorm hohe Summen von Wagniskapital fließen in neue Technologien. Für Deutschland sind die Zahlen schwer zu ermitteln, da es weder offizielle Definitionen oder Metho-

Kapitalschwemme für mutige Innovatoren

Anzahl der deutschen Startups, die 2021 Finanzierungen erhalten haben, aufgeschlüsselt nach Bundesländern (links) und Wert der Finanzierungsrunden insgesamt in Milliarden Euro (rechts)

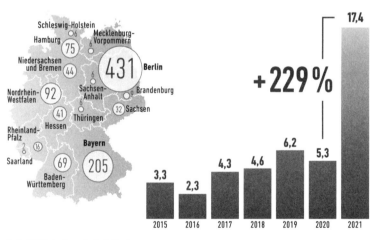

Quelle: E&Y Startup-Barometer Deutschland

Endlich bekommen viele junge Technologie-Unternehmen das Geld, das sie zum Wachsen benötigen. Berlin und Bayern hängen andere Regionen bislang weit ab.

den noch ein amtliches Register gibt. Eine vergleichsweise verlässliche Quelle ist das Start-up-Barometer der Prüfungs- und Beratungsgesellschaft *Ernst & Young* (EY). Nach dieser Untersuchung hat sich der Gesamtwert aller Risikokapitalinvestitionen in deutsche Jungunternehmen im Jahr 2021 von 5,3 auf fast 17,4 Milliarden Euro gesteigert und damit gegenüber dem Vorjahr mehr als verdreifacht (plus 229 Prozent). Mehr als die Hälfte davon floss nach Berlin, genauer gesagt 10,5 Milliarden Euro. »Damit zog die Berliner Startup-Szene 60 Prozent des gesamten in Deutschland investierten Kapitals auf sich. Bayern kommt mit 4,4 Milliarden (Vorjahr: 1,5 Milliarden Euro) auf einen Marktanteil von rund 26 Prozent«, schreibt *Ernst & Young*. In diesen Zahlen steckt Grund für eine Menge Zuversicht. Als ich im Jahr 2014 »Silicon Valley« und 2016 »Silicon Germany« schrieb, hatte ich diese Größenordnung noch für unerreichbar gehalten. Damals lagen die Venture-Investitionen in Deutschland noch bei 677 Millionen Euro beziehungsweise 1.066 Milliarden, und es gab wenig Hoffnung auf Besserung.

Doch Skeptiker, zu denen auch ich gehörte, sind eines Besseren belehrt worden. Im Verlauf von sieben Jahren ist die Venturesumme um den Faktor 25, im Verlauf der vergangenen fünf Jahre um den Faktor 17 gestiegen. Seit diesen Zeiten ist unzweifelhaft ein Ruck durch Deutschland gegangen. Investoren haben ihr Herz für Start-ups entdeckt. 2021 fanden in Deutschland 1160 Transaktionen statt. Mit diesem Oberbegriff bezeichnet man Kapitalrunden, Seed-Finanzierungen, Börsengänge oder Übernahmen. Bei Kapitalrunden fließt neues Geld in eine Firma, um ihren Finanzbedarf zu denken. Seed-Geld ist Startkapital für die Frühphase von Unternehmen. Börsengänge bringen Anteile von Firmen in den öffentlichen Handel, und bei Übernahmen wird eine Firma durch ein anderes Unternehmen gekauft. In Kapitel »Deutschland« beschäftigen wir uns mit einer besonderen Herausforderung, vor der wir hierzulande stehen. Zwar fließt viel Geld in deutsche Start-ups, doch der größte Teil kommt nicht von deutschen Adressen. Vor allem Investoren aus den USA und Asien langen zu. Deutsche Versicherungen, Geldanleger, private Vermögensverwalter oder Fonds halten sich noch immer zurück. Dadurch entstehen gravierende Nachteile für die deutsche Volkswirtschaft. Mehr dazu später. Für jetzt dürfen wir das überschäumende Engagement internationaler Investoren als Grund zur Freude werten. Zwar findet gerade ein Ausverkauf europäischer Firmen an internationale Investoren statt, doch in »Ausverkauf« steckt das Wort »Kauf«, und Kauf ist immer noch besser als die totale Flaute früherer Jahre.

- Zweitens: Breit verfügbare Technologie erlaubt es Gründern, ihre Erfindungen aus Standardkomponenten zusammenzubauen, anstatt die Elemente zeit- und kostspielig selbst entwickeln zu müssen. Laurin Hahn und Jona Christians zum Beispiel konnten Chips, Elektromotoren und Batterien leicht über das Internet bestellen. In früheren Jahren hätten sie sich mit Chipdesign, Spulenentwicklung oder Batteriechemie selbst herumschlagen müssen. Doch das mussten sie nicht, denn der Rückenwind durch Standardisierung treibt inzwischen viele verschiedene Branchen an. So zum Beispiel auch die Raumfahrt: Wer heute Satelliten entwickelt, baut preiswerte Schaltkreise, Sensoren und Speicher aus Smartphones mit ein. Für den Einsatz im Kosmos waren früher speziell zertifizierte Komponenten nötig, die zehnmal mehr kosteten und überdies schwerer zu beschaffen waren. Traditionelle Raumfahrtbehörden wie NASA und ESA bestehen bei ihren Lieferanten immer noch auf die Verwendung solcher Teile.

Start-ups befreien sich von derlei Zwängen. Dieser unkonventionellen Beschaffungspolitik dürfen wir fast uneingeschränkten Beifall spenden, denn sie beschleunigt Innovation sowohl bei den Herstellern von Gerätschaften als auch bei ihren Lieferanten. Standardbauteile aus Smartphones fallen nach ein paar Jahren zwar aus, weil sie im Weltall von der Strahlung gegrillt werden – anders als auf dem Erdboden schützt sie keine Atmosphäre und Magnethülle. Doch dieser Verschleiß spielt in der Kalkulation moderner Satelliten keine Rolle mehr. Bau und Transport sind so preiswert geworden, dass die Hardware nur noch vier Jahre durchhalten muss statt früher 40 Jahre. Mit diesem Phänomen beschäftigen wir uns eingehend im nächsten Kapitel.

Für jetzt verbuchen wir die Erkenntnis, dass Innovationen der einen Branche heute einer anderen Branche viel mehr Antriebskraft verleihen als dies früher der Fall war. Das Karussell der Erneuerung dreht sich schneller denn je, und das bringt auch die Drehzahl der Erfindungen in Schwung. Weil Ersatz ständig billiger wird und eine neue Generation von Geräten sowieso zügiger auf den Markt kommt als früher, gibt es keinen Grund mehr, das Gewohnte in Dauerserie weiterzubauen. Große technische Sprünge in immer kürzeren Abständen sind zum Standard geworden. Jeder neue Innovationszyklus mischt das Spiel neu. So haben wir in Deutschland viel öfter als früher die Chance, einen neuen Markt zu erfinden oder ihm frühzeitig beizutreten.

- Drittens: Moderne Plattformen erlauben es Erfindern, ihre Produkte eigenständig auf den Markt zu bringen, anstatt den zeitraubenden und ungewissen Weg durch das Entscheidungsdickicht etablierter Konzerne zu wählen. Früher hätte ein genialer Konstrukteur seine Zeichnungen bei *BMW* oder *Daimler* vorgeführt und wäre Monate oder Jahre später mit einem gesenkten oder gehobenen Daumen beehrt worden. Heute bringt die brillante Ingenieurin ihr Auto in Eigenregie auf den Markt. Lohnfabriken fertigen es in ihrem Auftrag, der Vertrieb findet über eine Website statt, und die Steuerelektronik laden Nutzer sich im App Store herunter. Alles, was die Ingenieurin für Design, Produktion, Vertrieb, Marketing oder Buchhaltung braucht, findet sie als Tools im digitalen Ökosystem. Für kleine Münze puzzelt sie sich einen virtuellen Konzern zusammen. Fixkosten fallen kaum an; alles wird nach Verbrauch und Erfolg entlohnt. Die Kosten für den Start eines neuen Autos fallen von Milliarden auf Millionen und bald auf ein paar Hunderttausend oder nur Tausend Euro. Ökonomisch bedeutet dieser Trend den massenhaften Einsturz von Markteintrittsbarrieren wie bei einem Dominospiel. Heute können Leute Märkte prägen, die man früher nicht einmal bis zur Garderobe vorgelassen hätte. Diese neuartige Freiheit des Marktzutritts entfesselt Kreativität und Tatkraft, da ein viel größerer Teil des Talentepools Chancen auf Mitwirkung erhält. Für wagemutige, einfallsreiche Menschen beginnt eine neue Ära des Aufbruchs und der Selbsterprobung.

Diese drei Faktoren schaffen Opportunitäten in Serie. Neue Ideen kommen heute so zügig und in dichter Folge auf den Markt wie früher nur Butterbrezeln. Längst legt es nicht mehr jede und jeder darauf an, in traditionellen Unternehmen mit dem Lift in die Chefetage hochzufahren oder den Weg mühsam über die Feuertreppe zu erklimmen. Viele heuern lieber bei der Wilden 13 an und widmen sich Projekten, die in Konzernen entweder im Shredder, in der Ablage P, in der Schublade oder im Vielfrontenkrieg der Innenpolitik gelandet sind. Opulentes Jahresgehalt, Dienstwagen und Pensionszusagen gelten nicht mehr automatisch als erstrebenswert, wenn der Preis dafür endlose Entwicklungszyklen, hinausgezögerte Entscheidungen, Festhalten am analogen Denken und systematisches Arbeiten gegen First Principles ist. Viele möchten ihr Leben nicht mehr unter Mottos wie »Der Diesel ist eine Zukunftstechnologie« stellen. Nicht alle möchten für die Status-quo-Politik des Verbands der Automobilindustrie in Haftung genommen werden oder die öffentlichen Flächen in ihren Städten mit großen Limousinen zubauen. Vielen leuchtet nicht mehr ein, warum ein neues Auto beim ersten Umdrehen des Zündschlüssels ein Fünftel seines Werts verliert, weshalb es ein Viertel des Haushaltseinkommens verschlingt und warum es nicht wie andere Investitionen eine Rendite abwerfen kann.

Neu ist neben diesem Mindset auch die explosionsartige Vermehrung frischer Hypothesen, also der Versuch, altbekannte Probleme auf unbekannten Wegen anzugehen. In Deutschland geht es gerade zu wie beim Zünden eines Tischfeuerwerks bei einer etwas in die Jahre gekommenen Abendrunde. Plopp! Plötzlich sprenkelt Konfetti die Champagnertorte, die Seidenroben und die Smokings. Gerade ging alles noch gesittet seinen wohlsituierten Gang, und plötzlich fliegt revolutionäres Gedankengut umher. Eine Truppe junger Heißsporne sprengt das Souper. Wer das Musical »Hair« gesehen hat, kennt die berühmte Szene, in der Hippies zum Tanzen auf den Tisch springen, während frappierte Hausgäste das Porzellan unter ihren Füßen wegziehen. Die aufsässige Jungschar in »Hair« erklärte den Vietnamkrieg für Wahnsinn und bot eine Handlungsalternative an: »Love, Peace and Happiness.« Die Revoluzzer von heute nehmen den Kampf gegen voreilig abgeheftete Grundsatzfragen auf. Sie verweigern dem Status quo ihre Gefolgschaft, weil sie ahnen, dass es auch anders geht. Ihre Geschichten lesen sich wie Wirtschaftskrimis, Fantasynovellen, Coming-of-Age-Romane und Forschungsabenteuer.

Neben den Gründern von *Sono Motors* ist auch Daniel Wiegand von *Lilium* in München, einem der wertvollsten Start-ups des Landes, ein Beispiel dafür. In der Luftfahrt – *Liliums* Arbeitsgebiet – gelten seit jeher zwei eherne Grundsätze. Erstens: Senkrechtstarter funktionieren nicht; alle vertikal abhebenden Flügelflugzeuge der Geschichte waren teure Flops. Zweitens: Elektrischer Antrieb taugt nicht für Luftfahrzeuge, weil die Energiedichte von Batterien nicht hoch genug ist für ausreichend langen autonomen Betrieb. Kraft und Gewicht stehen bei Kerosin in besserem Verhältnis als bei Batterien. Was folgert Daniel Wiegand aus diesen überlieferten Weisheiten? Er kombiniert das Unmögliche mit dem Unerreichbaren und baut elektrische Senkrechtstarter. Warum und wie, das sehen wir nachher im Kapitel »Mobilität«.

Aber auch Daniel Metzler von *Isar Aerospace* in München und Stefan Brieschenk, Jörn Spurmann und Stefan Tweraser von der *Rocket Factory Augsburg (RFA)* stehen für diesen revolutionären Zeitgeist. Sie finden sich nicht damit ab, dass Starts von Weltraumraketen über 100 Millionen Dollar kosten, nur alle paar Monate stattfinden, lange Zeit im Voraus gebucht werden müssen und Satelliten, die an Bord gehen sollen, von Europa aus erst noch Tausende von Kilometern zu den Startrampen am Cape Canaveral, in Französisch-Guayana oder in Kasachstan geflogen werden. *Isar Aerospace* und *RFA* planen preiswerte Kleinraketen zum Preispunkt von drei bis zwölf Millionen Euro pro Start, also für rund ein Zehntel des heutigen, regulären Kostenpunkts. Starts sind wöchentlich geplant, kurzfristige Buchungen willkommen und spontane Aufträge problemlos machbar. Die Startrampe steht zunächst einmal in Norwegen. Später soll eine schwimmende Rampe auf deutschem Hoheitsgebiet in der Nordsee die Aufgabe übernehmen. Von dort aus wird man Raketen zwischen Norwegen und Grönland in Richtung Pol hochschießen können, ohne dass sie bewohntes Gebiet überfliegen müssen.

Anna Alex, Gründerin von *Planetly* in Berlin und eine weitere echte Life Changerin, fand sich nicht damit ab, dass Nachhaltigkeitsberichte von Unternehmen nur einmal pro Jahr erscheinen und die Daten daher stets veraltet sind. Warum, fragte sie sich, können Führungskräfte den Umsatz ihrer Unternehmen auf Smartphone-Apps in Echtzeit an der roten Ampel nachschauen, nicht aber ihre Kohlendioxidemissionen? *Planetly* filtert Umweltdaten in Echtzeit aus Datenströmen heraus und visualisiert sie auf Dashboards. Was man nicht misst, das ändert man nicht, weiß

Anna Alex. Dass in Sachen Klima bislang so wenig geschah, lag auch daran, dass die jährlich erscheinenden Nachhaltigkeitsreports so wenig Dringlichkeit signalisierten und inhaltlich so überholt waren.

Weshalb fährt ein Drittel der Lastwagen leer durchs Land und verpestet dabei die Luft? Warum sind die restlichen zwei Drittel meistens nur teilweise beladen? David Nothacker wollte das nicht hinnehmen und gründete *Sennder,* ein Unternehmen, das Ladungen und Fahrten von Lastkraftwagen optimiert.

Miriam Wohlfarth ärgerte sich darüber, dass Kunden von Onlineshops in Deutschland, Österreich und der Schweiz nur per Kreditkarte oder *PayPal* bezahlen konnten – Methoden, die aus den USA importiert sind, obwohl die meisten Menschen in deutschsprachigen Ländern ihre Einkäufe lieber per Rechnung, Rate oder Lastschrift berappen. Sie beseitigte das Ärgernis durch die Gründung von *Ratepay.* Die Software der Firma bindet alle erdenklichen Webshops mühelos, sicher und mit voller Ausfallgarantie in die hierzulande beliebten Zahlungsmethoden ein.

Nico Rosberg, der Formel-1-Weltmeister, nutzt sein Geld und seinen Einfluss, um Klimaschutztechnologien aufzupäppeln. Einen quirligen, turbulenten Fachkongress für grüne Technologien, das Green Tech Festival, gründete er noch dazu.

Stephan Bayer sah nicht ein, warum Lernen für Kinder nur in der Schule und nur in Präsenz stattfinden sollte. Er gründete *Sofatutor* und schuf damit eine digitale Ergänzung zu Schule und Nachhilfe.

Christian Hecker, besorgt über die Rentenlücke, brachte mit *Trade Republic* eine moderne Version der Altersvorsorge auf den Markt: Schnell, einfach, kostengünstig und per App sparen vor allem junge Menschen mit Fonds gegen die drohende Altersarmut an und sichern so ihre Zukunft.

Jan Beckers und Hendrik Krawinkel räumten damit auf, dass die meisten Manager aktiv verwalteter Anlagefonds die Technologie und Geschäftsmodelle junger Firmen an der Börse nicht verstehen, in die sie investieren. Mit *BIT Capital* gründeten sie Fonds, die getrieben werden vom inhaltlichen Sachverstand ihrer Manager, allesamt tief in der Technologieszene verwurzelt. *BIT Capital* hebt die Wissensbarriere zwischen Aktien und Investoren auf und denkt damit die Altersvorsorge neu. In Rekordzeit stieg *BIT Capital* zu einer der erfolgreichsten Fondsgesellschaften des Landes auf.

Josef Brunner ging dagegen vor, dass Unternehmen Milliarden in Maschinen investieren, die allzu oft stillstehen, weil sie defekt oder nicht ausgelastet sind. Mit *Relayr* schuf er eine Datenplattform zur Fernwartung und Schadensvorhersage. Später ergänzte er sie gemeinsam mit der *Münchner Rück* um ein Pay-per-use-Modell. Firmen müssen ihre Maschinen nicht mehr kaufen oder leasen, sondern zahlen nur noch für die Nutzung. Sogar für Coffeeshops funktioniert das. Früher konnte der Barista seinen Laden für den Tag zusperren, wenn die Espressomaschine streikte und der Techniker nicht schnell genug kam. Heute streikt die Maschine erst gar nicht, weil sie ihre Macken vorab an den Service meldet, bevor sie überhaupt den Geist aufgibt. Und der Barista muss die Maschine auch nicht mehr kaufen, sondern zahlt die Nutzung pro Tasse.

Johannes Reck erfand mit *GetYourGuide* eine aufregendere Form des Reisens. Damit bucht man nicht mehr erst das Hotel und fragt dann den Concierge in Rom nach Tipps für die Führung durchs Kolosseum. Denn auf *GetYourGuide* findet man den sympathischen, gebildeten Archäologen mit Fachwissen und einer Sonderbegabung für spannendes Erzählen schon vorab. Reisen ins Blaue waren früher oft genug Reisen ins Schwarze, weil in Madrid der Prado leider schon ausverkauft war und auch sonst nicht viel klappte. Heutzutage finden Touristen schon vor der Abreise die passenden Experten fürs Surfen, Segeln, Motorradfahren, Shoppen oder den Museumsbesuch.

Moritz von der Linden von *Marvel Fusion* in München forscht mit seinem Team an kalter Kernfusion, um Kohle endlich aus dem Energiemix zu verbannen. Ihn lernen wir nachher ausführlicher im Kapitel »Energie« kennen.

Eva-Maria Meijnen von *PlusDental* gibt Erwachsenen, die sich für ihre schiefen Zähne schämen, das unbefangene Lächeln zurück. Unsichtbare, personalisierte Schienen aus dem 3D-Drucker drücken die Zähne unauffällig in Reih und Glied zurück.

Und das Team von *AlphaFold,* inzwischen eine *Google*-Tochter, setzt künstliche Intelligenz auf Proteinforschung an. Innerhalb weniger Monate gelang es dem Unternehmen 1000-mal mehr komplizierte Eiweiße zu entschlüsseln, als die gesamte Forschung im Verlauf mehrerer Jahrzehnte decodiert hatte. Von dieser bahnbrechenden Innovation erfahren wir mehr im Kapitel »Gesundheit«.

Von Beispielen wie diesen gibt es Tausende in Deutschland und Abertausende in der Welt. Ungeheure, nie da gewesene Summen von Wagniskapital – allein 2021 waren es global mehr als 500 Milliarden Dollar – fließen in Innovation und Gründungen. Selbst kühnste Projekte finden Geldgeber. Früher nahmen nur Staaten das Risiko auf sich, Kernfusion für Zwecke der Energieerzeugung zu erforschen. Milliarden versickerten in diesen Projekten, und Jahrzehnte vergingen, ohne dass ein Fusionsreaktor jemals mehr Energie erzeugt hätte, als in ihn hineingeschossen wurde, um die Fusion zu zünden. Fusion galt als Synonym für Geldverbrennung. Kein privater Investor wäre diesem Himmelfahrtskommando zu nahe gekommen. Selbst Staaten entwickelten nagende Zweifel am Sinn der Übung.

Zur Überraschung vieler gibt es heute jedoch bereits rund 30 Kernfusion-Start-ups auf der Welt, also ausgerechnet auf jenem Gebiet, das als nur für Staaten bezahlbar galt. Alle diese Gründungen sind privat finanziert, und sie alle forschen an Reaktoren, die den Menschheitstraum von sauberer Energie erfüllen sollen. Die Fusion, falls sie funktioniert, würde keine klimaschädlichen Gase ausstoßen, keinen radioaktiven Abfall erzeugen und auf nahezu unerschöpflichen Treibstoff zugreifen können. Falls das gelänge, käme es einem Wunder mit heilsamer Wirkung für das Klima gleich. Davon wie gesagt gleich mehr im Kapitel »Energie«.

Hunderttausende Menschen aller Altersgruppen, Geschlechter, Bildungsniveaus, Nationalitäten und Vermögensgruppen kehren traditionellen Unternehmen den Rücken zu und gründen ihre eigenen Vorhaben. Sie verschreiben sich Projekten, die noch vor wenigen Jahren als aussichtslos galten. In winzigen Gruppen lösen sie Probleme, die internationale Konzerne seit Jahrzehnten nicht bewältigt haben. Sie stürmen im Schnelltempo voran, während anderswo gezögert und geschlichen wird. Sie verbinden Wissensgebiete, die als unvereinbar galten. Sie reißen Denkverbote nieder und wischen alte Regeln beiseite. Sie entfachen einen Wirbelsturm von Innovation, wie ihn die Menschheit noch nie erlebt hat. All dies geschieht vor unseren Augen. Jede Woche kommt so viel bahnbrechend Neues in die Welt, dass selbst Leute den Überblick verlieren, die diesen Innovationssturm professionell beobachten.

Doch die Gründer besitzen kein Monopol auf Innovation. Ihr Eifer löst auch in vielen traditionellen Unternehmen Tatendrang aus. So hat zum Beispiel die neuerdings eigenständige und börsennotierte, ehemalige Siemens-Sparte *Healthineers* einen neuartigen Computertomografen entwickelt, der Bilder aus dem Körperinneren in einer Auflösung und Anschaulichkeit erstellt, die bislang als unvorstellbar galt. Das Gerät zählt einzelne Energiequanten aus dem Echo von Röntgenstrahlen, die den Körper durchquert haben. Quanten sind die kleinste Einheit der Physik. Nie zuvor war es medizinischer Apparatur gelungen, mit derart großer Auflösung in Herz, Niere, Lunge, Venen und Leber zu schauen. Radiologen erkennen jetzt Details, die sie früher nur erahnen konnten. Therapien werden schneller anschlagen, weil Diagnosen nicht mehr wie verzerrt durch Milchglas und Schleier gestellt werden müssen.

Was von all dem Neuen ist gut? Was bringt Menschen, Tiere, Pflanzen und den Planeten wirklich voran, was wird ihnen auf Dauer eher schaden? Welche Träume sind realistisch, welche enden in Albträumen? Warum geschieht so viel Neues ausgerechnet jetzt? Wie können wir den Überblick behalten? Was greift ineinander, was bleibt voneinander unberührt? Und warum sollte es überhaupt erstrebenswert sein, dass sich so viel ändert? Wären wir nach den vielen Enttäuschungen, die uns die Technologie schon beschert hat, nicht besser damit bedient, einen Gang herunterzuschalten? Warum erfinden wir immer noch neue Technologien, wenn uns doch schon die alten über den Kopf wachsen? Fragen wie diese müssen wir uns stellen. In allen folgenden Abschnitten werden wir das tun. Mit dem Scheitern vieler Hoffnungen beschäftigen wir uns im Kapitel »Niederlagen und Rückschläge«.

Vorher aber sollten wir uns systematisch Gewissheit darüber verschaffen, wo das Neue uns erwartet. Wo zieht Innovation ein, und woran erkennen wir sie? Davon handelt das nächste Kapitel.

Innovation:
Die ewige Jagd nach dem besseren Werkzeug

Neue Technologien versprechen, Herausforderungen zu meistern, an denen Menschen, Tiere und Umwelt schon lange leiden. Eine einzigartige Kombination von Faktoren bewirkt ungeahnten Fortschritt. Dabei löst Technik Probleme, die sie selbst geschaffen hat. Das klingt paradox, ist aber unumgänglich und schafft Nutzen.

»Ich finde heraus, was die Welt braucht.
Und dann erfinde ich es.«
THOMAS ALVA EDISON,
INGENIEUR UND UNTERNEHMER

Die Welt steht vor schier unlösbaren Aufgaben. Jeden Tag erreichen uns neue Schreckensmeldungen von Krieg, Klimawandel, Ressourcenknappheit, Armut, Hunger, Ungerechtigkeit, Krankheit, Pandemie, Gewalt, Despotismus und vielem anderen mehr. Der Mensch scheint im Konflikt zu stehen mit seiner Umwelt und sich selbst. Viele Herausforderungen sind es, die uns bedrängen. Sie verlangen schnelles und entschlossenes Handeln.

Die gute Nachricht lautet: Wir schaffen das. Eine neue Epoche technischer Durchbrüche hat begonnen. Die Zukunft liegt nicht in Verbot und Verzicht, sondern im klugen Management von Ressourcen und im menschlichen Erfindergeist. Alles, was wir für ein gesundes und nachhaltiges Leben brauchen, liegt in uns selbst verborgen. Um es zu erreichen, müssen wir uns aber nicht immer weiter einschränken, sondern lernen, unsere technische Intelligenz für den Planeten, statt gegen ihn einzusetzen. Wir brauchen einen realistischen Gegenentwurf zu Untergangsszenarien und Verbotsvisionen. Innovation liefert die Werkzeuge dafür. Die Chancen stehen gut für eine technologisch weiter fortgeschrittene Zivilisation, die endlich lernt, ihre eigenen Grundlagen zu schützen, statt sie zu zerstören.

Auch gehört die Zukunft nicht den Autokraten und Aggressoren. Wladimir Putin konnte die Ukraine angreifen, bombardieren und terrorisieren. Doch der Westen, der aus guten Gründen nicht zur Kriegspartei werden wollte und Putin mit erstaunlich wirksamen Sanktionen konterte, scheitert nicht an seiner Schwäche, wie kurz nach der Invasion vielfach geschrieben worden ist. Er ist – anders als es den Anschein haben mag – überhaupt nicht schwach, sondern stark. An einem Vernichtungskrieg mitten in Europa nicht mitwirken zu wollen und zu können, kann man auch als Voreingenommenheit für Zivilität deuten. Wir im Westen haben andere und bessere Dinge zu tun, als die Eroberungskriege des 19. und 20. Jahrhunderts noch einmal nachzuspielen. Deswegen sind wir ungelenk und ungeübt im Husarenhandwerk nationalistischer Politik. Wir müssen bessere Strategien entwickeln, aber dafür müssen wir uns nicht schämen. Das ist ein Grund, warum wir der Ukraine nicht besser helfen konnten. Wir haben uns seit 20 oder 30 Jahren in der Ukraine-Politik schwer verschätzt. Diese Fehler werden wir aufarbeiten und aus ihnen lernen. Freiheitliche Staaten sind in keiner anderen Disziplin so gut wie im Lernen. Das verdanken wir unserer offenen Debattenkultur. Deswegen dürfen wir hoffen, künftigen Putins auf dem Schachbrett ihrer Territorialpolitik klügere Gegenzüge bieten zu können.

Ablenken wird uns dieses Lernen aber nicht davon, dass wir an einfallsreichen Lösungen für die drängenden Probleme einer vielseits bedrohten Menschheit forschen. Dazu sind alle Länder eingeladen, doch nicht alle machen mit. Despoten wie Putin verwehren ihren begabten und oft bestens ausgebildeten Bürgerinnen und Bürger die Chance auf Teilhabe an solchen internationalen Projekten und zwingen sie stattdessen, unschuldige Menschen zu töten oder zu vertreiben. Die Sowjetunion ist nicht an der Aggression des Westens oder der Sabotage von innen gescheitert. Sie zerbrach an den wirtschaftlichen Folgen mangelhafter Informationsverarbeitung durch ein zentralistisches, diktatorisches Regime. Problemlösung bedarf der Kreativität, und Kreativität gedeiht am besten in Freiheit und Pluralität. Einparteiendiktaturen würgen Innovationen regelmäßig ab, da keine zentrale Behörde der Welt jemals in der Lage sein wird, alle Informationen einzusammeln und sachgerecht auszuwerten, die notwendig sind, um hartnäckige Probleme wirksam zu lösen. Obwohl Putin nach eigenem Bekenntnis emotional am Zerfall der Sowjetunion leidet, bekämpft er den Brand, den dieser Zerfall auslöste, nun mit Benzin. Militärisch kann ihn der Ukraine-Krieg stärken oder stürzen, in Sachen Entfaltung aber wirft er seine hochbegabte Nation noch weiter hinter ihre eigenen Möglichkeiten und hinter den Wettbewerb zurück. Die langjährige Weigerung des Westens, in der Logik nackter Gewalt zu denken, ist in Wahrheit seine Stärke, und das bittere Leid der Ukrainerinnen und Ukrainer wird Russland leider weiter schwächen. Putin versteht nicht, dass es nicht darauf ankommt, Land zu besitzen, sondern Köpfe und Herzen für sich einzunehmen. Die Ukraine flüchtet nach Westen, nicht nach Osten. Das sagt alles. Auch wenn wir alles tun sollten, der Ukraine zu helfen und Diktatoren wie Putin zu stoppen, so dürfen wir es darüber nicht versäumen, weiter an den großen Gemeinschaftsthemen der Welt zu arbeiten. Diese Projekte sind durch Russlands Aggression nicht gescheitert, sondern heute wichtiger denn je. Wir dürfen uns von Putin nicht die Agenda früherer Jahrhunderte aufdrängen lassen. Wir haben eine eigene Agenda, und die ist nicht weniger wichtig. Putin kämpft den Leugnungskampf eines Verlierers, anstatt die weit offene Tür zu Wachstum und Frieden durch Erfindungsgeist, Wissenschaft und Kooperation zu durchschreiten.

Um uns herum, oft noch im Kleinen und Verborgenen, bringen Kreativität und Kapital überraschende Lösungen hervor, die bislang als undenkbar galten. Trotz oder gerade wegen der russischen Großmachtpolitik wird das weitergehen. Zu schön, um wahr zu sein? Im Gegenteil: Zum ersten Mal könnten wir Wachstum und Nachhaltigkeit, Wohlstand und Gerechtigkeit, Gesundheit und Teilhabe miteinander versöhnen. Und wir können sie Millionen von Menschen zugänglich machen, die bislang ausgeschlossen sind. Manche Fortschritte sind zum Greifen nah, andere stecken noch in der Entwicklung. Wir werden Zeugen einer Explosion technischer Kreativität, wie es sie in dieser Dichte und Vielfalt nie zuvor gegeben hat. Meisterleistungen von Ingenieurinnen und Ingenieuren, die früher Jahrzehnte gedauert haben, finden heute in wenigen Monaten und Jahren statt. Die einzigartige Kombination wichtiger Faktoren beschleunigt die Entwicklung neuartiger Technologien, die unser Leben von Grund auf verändern werden. Kein Bereich des Lebens, der nicht davon erfasst werden wird. Wir stehen an der Schwelle zu einem neuen Zeitalter, in dem wir hartnäckige Probleme, die uns seit jeher als unlösbar erschienen, endlich werden lösen können. Das gehört zu dem, was wir Putin entgegenzusetzen haben, und dies ist es, was uns auch in Zukunft moralisch wie wirtschaftlich stärken wird.

Vieles von dem Neuen, das jetzt passiert, spielt sich in Deutschland ab. Nach Jahren der Selbstzufriedenheit und des Stillstands strebt dieses Land wieder an die Spitze der technologischen Revolution. Die neue Ära der Erfindungen ist gleichzeitig die Geschichte vom Aufbruch eines revitalisierten Landes. Deutschland wird zu einem Zentrum der Erneuerung. Wo früher Lähmung vorherrschte, bildet sich heute neuer Optimismus. Wie wird unsere Welt in fünf, zehn und 20 Jahren aussehen? Und was geschieht, wenn uns vieles von dem, was jetzt entwickelt wird, gleichzeitig erreicht und sich gegenseitig beeinflusst? Wie greifen die vielen Disziplinen, die unser Leben umzukrempeln versprechen, ineinander?

Schon heute leben wir in einem Zirkus technologischer Sensationen. Das ist es, was viele rückständige Autokraten auf Dauer schwächen wird. Dies ist einer der Gründe, warum ein Drittel der Wirtschaftsleistung der Welt in den USA und der EU erwirtschaftet wird, obwohl diese beiden Regionen zusammen nur 15 Prozent der Weltbevölkerung ausmachen. In der Manege konkurrieren die unglaublichsten Maschinen, die ausgefallensten Erfindungen und die aberwitzigsten Ideen miteinander. Ihre Anwendungsmöglichkeiten und Implikationen übertreffen jedes Vorstellungsvermögen früherer Jahre. Keine Science-Fiction hätte vorhersagen können, was heute bereits möglich ist. Dennoch bekommen wir von vielen Errungenschaften um uns herum kaum etwas mit. Oder aber wir haben uns schon so an sie gewöhnt, dass wir sie schlicht übersehen. Bevor wir also abschätzen können, was im Wunderhorn der Zukunft steckt, braucht es den bewussten Blick auf die Gegenwart. Denn in ihr begegnen uns ständig technologische Wunder, die wir zu schnell für selbstverständlich halten. Sie verdienen mehr Aufmerksamkeit.

Mir wird das einmal mehr bewusst, als ich an einem Samstagnachmittag im Spätsommer 2021 im *The Barn* am Rosenthaler Platz in Berlin sitze und einen Kaffee trinke. Von der vierten Welle der Coronapandemie und neuerlichen Einschränkungen ist zu diesem Zeitpunkt noch keine Rede. Ein knappes halbes Jahr nach Ende des zweiten Lockdowns scheint das Leben auf diesem Platz so alltäglich und normal, dass die Vorstellung von geschlossenen Geschäften und leeren Straßen schon wieder fremd und unwirklich scheint – fast so, als habe es sie nie gegeben. Ich bemühe mich um einen aufmerksamen Blick und nehme Notiz von den vielen Selbstverständlichkeiten, die zeigen, wie schnell Technologien unsere Welt verändern. Viele fallen uns gar nicht mehr auf. Vielleicht stechen sie mir jetzt aber auch ins Auge, weil ich schon so lange keinen Espresso mehr auf einem öffentlichen Platz getrunken habe. Versuchen Sie es ruhig mal selbst: Wenn wir eine alltägliche Straßenszene genau beobachten, dann sehen wir auf einmal, wie viele bemerkenswerte Errungenschaften unser Leben seit der jüngsten Vergangenheit prägen.

The Barn bereitet den besten Espresso weit und breit zu. Mit seiner ruhigen Musik und seinen konzentriert arbeitenden, meist schweigenden Gästen schaut man wie aus einem Achtsamkeits-seminar auf den geschäftigen, ausgelassenen Großstadttrubel. An diesem Samstagnachmittag liegt etwas Besonderes in der Luft. Dieses Flirren ist auf einmal wieder da, diese aufregende Hitze der Metropole. Wer die Pandemie irgendwie überstanden hat, wer Todesfällen in der Familie, wer Long Covid, Arbeitslosigkeit oder Bankrott entkommen ist, findet jetzt nichts schöner, als Freunde zu treffen und einen Kaffee in der Sonne zu trinken.

Ein guter Ort, um den Wandel zu beobachten. Der Rosenthaler Platz ist ein Nährboden und Versuchsraum für Neues. Ein Labor für Experimente im großen Stil. Eine überfüllte Sternkreuzung aus fünf Straßen, wild verknoteten Straßenbahnlinien und einer verwegenen Mischung aus Bio-Restaurants, Dönerbuden, Spätis mit Biergartentischen vor der Tür, einem deplatzierten, seelenlo-sen *Ben & Jerry's,* dafür umso echteren portugiesischen Cortado-Shops, Bistros mit russischen und französischen Spezialitäten, einem Bärte-Barbier gleich neben der Nägel-Gelmodellage, einer Manufaktur für Seidentofu, einer Apotheke, die oft in der *Tagesschau* erscheint, weil sie Passanten durch eine Luke Nasen-abstriche für Coronatests abnimmt, dem *Haus am See,* einem Hipster-Club, der nachmittags Kaffee und Kuchen serviert, und dem *Café St. Oberholz,* Europas erstem Co-Working-Space. Von hier aus explodierte die Berliner Start-up-Szene in ihre heutige Größe und Form. Unicorns wurden hier erträumt, Dax-Konzerne wurden hier erfunden. Und Tausende anderer Ideen kamen hier unter die Räder.

Elektroscooter, Leihroller und Fahrradkuriere surren um mich herum; *Gorillas*-Fahrer liefern Rosenkohl aus, *Wolt*-Boten

Sturm von Innovationen auf vielen Feldern

Auswahl von Kenndaten neuer Geschäftsfelder, die im Zuge der Digitalisierung entstanden sind. Branchen, die es vor einigen Jahrzehnten noch nicht gab, treiben heute die Wirtschaft an

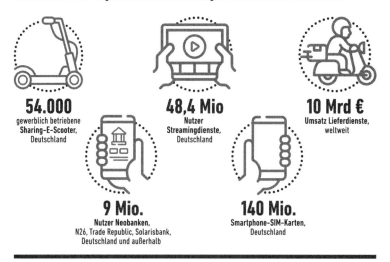

54.000
gewerblich betriebene
Sharing-E-Scooter,
Deutschland

48,4 Mio
Nutzer
Streamingdienste,
Deutschland

10 Mrd €
Umsatz Lieferdienste,
weltweit

9 Mio.
Nutzer Neobanken,
N26, Trade Republic, Solarisbank,
Deutschland und außerhalb

140 Mio.
Smartphone-SIM-Karten,
Deutschland

Vielen Neuerungen liegen oft gemeinsame Schlüsseltechnologien zugrunde. Die abgebildeten Angebote beispielsweise wären alle ohne Cloud-Server kaum möglich.

schaukeln mit quadratischen Pizzarucksäcken über das Pflaster, ein *Flaschenpost*-Fahrer parkt in der zweiten Reihe, wird angehupt und schleppt Mineralwasser über den Bürgersteig. Auf der anderen Straßenseite posiert ein Mädchen für Selfies, ein anderes schminkt sich vor dem Handy, ein Mann lacht in seine AirPods, mein Nachbar im Café hält seinem Freund ein Handy mit der geöffneten *Trade-Republic*-App unter die Nase und lobt sein Portfolio voller Cloud-Aktien. Der Freund nickt unmerklich und starrt weiter auf sein iPhone, auf dem *DAZN* ein Dortmund-Spiel überträgt.

Am Handgelenk eines Joggers leuchtet eine *Apple* Watch in Neonfarben. Würde sein Herz aus dem Takt geraten, erschiene ein Warnhinweis auf der Uhr: »Bitte konsultiere einen Kardiologen.« Hoch oben über dem Platz rasen tieffliegende Radarsatelliten durchs All und vermessen die Ausdehnung der Spree zwecks Hochwasserschutz. Die Satelliten sind nicht zu sehen, doch sie sind da, und ich habe gerade gestern mit einem Weltraumunternehmer über sie gesprochen. Kameras im Orbit melden Landwirten, wann ihre Felder zu trocken sind und ob sie das Wasser aufdrehen sollen. *Starlink,* eine Flotte aus bald 14 000 Satelliten, gegründet von Elon Musk, versorgt jeden Winkel der Welt mit schnellem 5G-Internet. Auch in Deutschland ist der Dienst jetzt zu empfangen. Weiße Flecken auf der Breitband-Landkarte verschwinden; auch durch den überraschenden Glasfaserboom auf dem flachen Land. Investoren überbieten sich plötzlich beim Versuch, selbst Dörfer ans Hochgeschwindigkeitsnetz anzuschließen.

Satelliten und ihre Analysecomputer am Boden wissen, wie gut der Kaffee auf den Plantagen Südamerikas oder Indonesiens reift. Sie melden Prognosen an Einkäufer und Hedgefonds, die ihr Geld mit Wissen verdienen, über das sie früher als andere verfügen. Es ist der Kaffee, den ich demnächst hier trinken werde. Meine künftige Nachfrage fließt in Zukunftsmodelle mit ein, die Kaffeebauern auf der gegenüberliegenden Erdseite mitteilen, ob sie gemächlich oder mit Hochdruck arbeiten sollen. Durch ein unsichtbares Band mathematischer Formeln und magnetischer Speicherzustände bin ich wirtschaftlich mit Menschen auf der anderen Seite der Welt verbunden. Wir stehen in ökonomischem Echtzeitaustausch, ohne einander jemals zu begegnen. Zwischen uns wirken komplexe Systeme von Logistik, Finanzmärkten und Produktion und gleichen selbst die kleinsten Gefälle von Angebot und Nachfrage spielend aus. Der Endverkaufspreis meines Espressos von 2,50 Euro kommt in winzigen Tranchen Hunderten, vielleicht Tausenden von Transaktionspartnern zugute. Niemand in dieser Kette kennt die anderen Teilnehmerinnen und Teilnehmer. Sie und ich gehen für die Dauer eines elektronischen Wimpernschlags eine Zweckbindung miteinander ein, und wissen nur, dass diese virtuelle Gruppe schon beim nächsten Wimpernschlag anders zusammengesetzt sein wird. Viele Mitwirkende sind dabei nicht mal Menschen, sondern Bots, also Algorithmen. Sie laufen auf weltweit verteilten Servernetzwerken, und selbst Experten können nicht immer genau bestimmen, welcher Teil einer Formel gerade auf welchem Erdteil berechnet wird. Die Höhe des Profitanteils eines jeden Teilnehmers schwankt von Nanosekunde zu Nanosekunde im Takt hochfrequenter CPU-Chips. Nur Computer sind noch in der Lage, Gewinn und Verlust zu berechnen. Ohne Computer wüsste kein Händler, ob und wie viel er mit meinem Kaffee verdient hat. Allein das System des Kaffeehandels ist heute komplexer als es vor 100 Jahren die gesamte Weltwirtschaft war. Aber warum dieser Aufwand? Nur damit wir Konsumenten unseren Espresso in gleichbleibender Qualität und zu recht stabilen Preisen genießen können. Das System nährt die Illusion von Beständigkeit und Ruhe, doch in Wahrheit läuft und arbeitet es auf Hochtouren.

Zurück in unsere Gefilde: In den Supermärkten rund um den Rosenthaler Platz wächst Basilikum lokal und energiesparend in senkrechten Minifarmen heran, genährt von winzigen, energiearmen Photonenquellen aus lichtemittierenden Halbleitern. Diese LEDs verwandeln fast alle zugeführte Energie in Licht; klassische Leuchten in Gewächshäusern hingegen verpulvern 90 Prozent als Wärme. Winzige Kameras beobachten das Basilikum bei der Aufzucht und steuern automatisch die Wellenlänge des Lichts nach, um für jede Phase des Wachstums die optimale Frequenz zu liefern. Ein Quadratmeter *Vertical Farming* im Supermarkt spart zehn Quadratmeter Ackerland und literweise Diesel samt kiloweise Kohlendioxidemissionen für den Transport. Ich bestelle die Rechnung, schlage Trinkgeld auf und halte mein iPhone zum Bezahlen an das Lesegerät. Ein Lichtblitz springt durch Glasfaserkabel einmal um die halbe Welt nach Kalifornien und gibt die Zahlung frei, schneller als ich eine Münze aus der Hosentasche fingern kann, um sie in die Kaffeekasse zu werfen.

All dies sind Ungeheuerlichkeiten, die noch beim Antritt Angela Merkels zu ihrer zweiten oder dritten Amtszeit schieren Unglauben hervorgerufen hätten. Warum sollte irgendjemand Brokkoli in zehn Minuten nach Hause geliefert bekommen wollen, statt schnell selbst in den Supermarkt um die Ecke zu gehen? Sind die Leute wirklich so ungeduldig, dass sie nicht mal zwei Stunden auf den Lieferdienst von Rewe oder Amazon warten können? Damals hätten die meisten Leute das bezweifelt, heute wissen sie es besser. Offenbar schlummerte da ein großer, unerkannter Markt für Blitzzustellung von Lebensmitteln. Heute konkurrieren Firmen wie *Gorillas, Flink* und *Getir* um urbane Kunden. In der Summe haben sie 3,4 Milliarden Dollar Wagniskapital eingesammelt, mit dem sie jetzt den klassischen Einzelhandel angreifen.

Auch Dr. Oetker, die Traditionsfirma aus Bielefeld, stellt nicht mehr nur Pizza, Bier und Pudding her, sondern liefert seit der Übernahme von *Flaschenpost* und der Fusion mit dem selbst gegründeten *Durstexpress* Lebensmittel bis ins Hinterhaus, fünfte Etage oben links. *Delivery Hero* wird im Dax notiert und stellt mehr als eine Million Mahlzeiten pro Tag zu. *HelloFresh* hat es mit vorgepackten Lebensmittelboxen ebenfalls in den Dax geschafft, *Zalando* mit einem Versandhandel für Mode. Dafür sind alte Schwergewichte wie *Commerzbank, Dresdner Bank, Continental, Lufthansa, Thyssen* und *Hoechst* aus der Börsenoberklasse verschwunden. Hätte das jemand 2000 oder 2010 geahnt?

Am Himmel sind wieder Kondensstreifen zu sehen. Auch die Luftfahrt erwacht langsam aus dem Lockdown. Wenn nicht gerade Corona herrscht, befinden sich normalerweise rund eine Million Menschen gleichzeitig in der Luft – eine unbegreiflich hohe Zahl. Heute entspricht die Anzahl der Menschen, die gleichzeitig den Flugverkehr nutzen, etwa der, die zu Lebzeiten von Julius Cäsar in Rom lebten, damals immerhin die Hauptstadt der westlichen Welt. Wir haben Rom über die Wolken verlegt. Wir haben eine Millionenstadt in den Lüften gebaut, und neue Einwohner dieser Aeropolis kommen ständig hinzu. So beeindruckend das sein mag, sind die Schäden dieses Booms für die Atmosphäre jedoch immens. Zwar gehen nur 2,8 Prozent der weltweiten CO_2-Emissionen auf das Konto von Fluglinien. Doch Fliegen ist leicht vermeidbar, entsprechend schwer lastet der Rechtfertigungs- und Veränderungsdruck auf Unternehmen und Passagieren. Gesucht wird das Fliegen ohne Reue. Eine nagelneue Branche experimentiert mit batteriebetriebenen Flugzeugen. Beim Start-up *Lilium* in München entstehen senkrecht startende Elektrojets, bei *Volocopter* und *Airbus* elektrisch betriebene Personendrohnen für den schnellen Trip zum Flughafen, ins Büro oder in die Nachbarstadt. Der erste Motorflug der Gebrüder Wright ist noch keine 120 Jahre her, Otto Lilienthals erster Segelflug genau 130 Jahre. Nun pochen bereits die nächsten Pioniere an die Pforte des Fortschritts. Es geht darum, die elektrische Ladung von Atomen zur Überwindung der Schwerkraft einzusetzen, also eine der vier fundamentalen Wechselwirkungen der Physik (Elektromagnetismus) gegen eine andere Kraft (Gravitation) in Stellung zu bringen. Falls das gelingt, werden wohl bald zehn Millionen Menschen gleichzeitig in der Luft schweben, dabei jedoch weniger Treibhausgase freisetzen als die Million Kerosinpassagiere von heute. Stand das zu erwarten? Nein. Der Traum vom Fliegen mit Strom galt wegen der geringeren Energiedichte von Batterien bislang als aussichtslos. Nun aber kann er zur Realität werden.

Batterien erobern Branche um Branche und bringen gleich die nächste Umweltkrise mit sich. *Tesla* baut neuerdings elektrische Autos in Grünheide vor den Toren Berlins, nur eine Stunde vom Rosenthaler Platz entfernt. *Volkswagen* eröffnet riesige Batteriefabriken und gewaltige Fertigungsstraßen für elektrische Fahrzeuge. Bei *WeShare*, *VW*s Carsharing-Angebot, sind überhaupt nur elektrische Golfs und ID.3 oder ID.4 im Einsatz. Ohne Batterien wären auch Smartphones undenkbar. Einem *Nokia*-Tastenhandy Mitte der 1990er Jahre reichte einmal Aufladen pro Woche.

Inzwischen haben wir uns an Laufzeiten von maximal einem Tag gewöhnt. Immer neue Anwendungen zehren an den Akkus. Auf jedem Bildschirm eines jeden Smartphones erscheint jeder Stau an vielen Orten der Welt in Echtzeit. Ein *Google*-Widget zeigt mir die Verkehrslage der Stadt live auf meinem iPhone an. Jeder Ministau von drei Autos vor einer Ampel erscheint sofort mit roter Markierung über dem entsprechenden Straßenabschnitt. Ein anderes Widget verrät die Ankunft jeder U- und Straßenbahn und jedes Busses automatisch angepasst an meinen Aufenthaltsort. Bezahlt werden diese Echtzeitdienste mit enormem Stromverbrauch für das Smartphone, den Sendemasten und die Serverfarmen.

Die halbe Welt lebt heute als digitaler Zwilling im Netz. Bis 2030 gehen vermutlich 13 Prozent des gesamten weltweiten Energiebedarfs auf das Konto von Servern und Rechenzentren. Rechenzentren fressen schon heute mehr Strom als die Stahlindustrie. Der neuen Mobilfunkstandard 5G etwa wird bis 2025 allein in Deutschland wohl 3,8 Terawattstunden benötigen. Die Stromnetze fahren auf Volllast; Kohle trägt wieder die Hälfte zum Strommix bei, Gasversorgung wird durch Russlands Aggression zum Problemfall und Erpressungsmittel, immer neue Windräder und Solarpanels erzeugen Strom, der dann aber oft mangels geeigneter Kabel nicht vom Produktionsstandort zum Verbraucher transportiert werden kann, wenn dieser sich zu weit weg befindet. *E.ON* warnt schon jetzt vor einem Zusammenbruch der Netze. Ein Ende des Trends aber ist nicht absehbar. Immer mehr Reales verschwindet im Netz. Selbst Spielekonsolen werden von der Cloud geschluckt, und was heute noch in den Läden steht, dürfte die letzte Generation sein. Alles Weitere findet in der Cloud statt. Das Fernsehen ist auch schon da: Die Deutschen streamen über alle Plattformen hinweg fast viereinhalb Stunden am Tag, während sie nur noch zwei Stunden analoges Fernsehen schauen.

Die Cloud hat unser Leben in vergleichsweise kurzer Zeit umgekrempelt. Nur anderthalb Jahrzehnte nachdem *Apple* 2008 mit *MobileMe* die erste Cloud ins Netz brachte, hat diese Idee traditionsreiche Branchen wie Fernsehen, Radio, Musik, Kino oder Banken erschüttert und von Grund auf reformiert. Netzwerktechnik und Servertechnologie weltweit zu installieren, war im Verlauf von anderthalb Jahrzehnten vergleichsweise einfach möglich. Doch so viele Geschäftsmodelle umzustellen und so viele Sehgewohnheiten zu verändern, dafür war diese Zeitspanne überraschend kurz. Dass die junge Frau am Rosenthaler Platz heute Selfies aufnimmt und postet, dass die beiden Freunde Aktienportfolios auf Trading-Apps diskutieren und im Café Dortmund-Spiele auf dem Smartphone schauen – das alles wäre ohne Cloud-Technologie nicht möglich.

Das größte aller Wunder an diesem Sommernachmittag ist jedoch der mRNA-Impfstoff gegen das Coronavirus. Es ist zugleich das allerjüngste unserer technologischen Mirakel. Geschätzte zwei Drittel der Menschen am Rosenthaler Platz tragen an diesem Tag Virusantikörper in ihren Adern, die durch eine Impfung hervorgerufen wurden. Diese Teilchen wurden in ihren eigenen Zellen künstlich durch eine von außen verabreichte Messenger-Ribonukleinsäure erzeugt. Nur 18 Monate nach Forschungsbeginn hat der neuartige Impfstoff eine Durchdringungsrate von 70 Prozent beim Publikum erreicht. Noch nie hat sich die Menschheit so wirksam vor einer derart gefährlichen ansteckenden Krankheit geschützt. Und bei allen zu beklagenden und tragischen Verlusten, lag die Zahl der Todesopfer einer brandgefährlichen Ansteckungskrankheit im Verhältnis zur Gesamtbevölkerung noch nie so niedrig wie heute.

Bis zum Jahresende 2021 kam es weltweit zu 5,2 Millionen Covid-Todesfällen. Im Verhältnis zu den 7,95 Milliarden Menschen, die unsere Weltbevölkerung ausmachen, sind das 0,07 Prozent. Zahlen wie diese sind zwar mit Vorsicht zu interpretieren. Definitionen und Messmethoden schwanken, zahlreiche interessierte Parteien legen es auf Verzerrungen in die eine oder andere

Richtung an, viele Staaten messen oder veröffentlichen Zahlen gar nicht erst oder nur ungenau. Auch steckt hinter jedem Todesfall die traurige, persönliche Geschichte eines einzigartigen und unverzichtbaren Menschen. Niemals dürfen wir Statistiken von Todesfällen so funktionalistisch wie Bundesligatabellen oder Verkaufsberichte lesen. Und doch hilft es, uns die Potenz der technologischen Macht vor Augen zu führen, die über uns wacht.

Schutzengel führen heute ein scharfes Schwert. Gefährliche Seuchen bedeuten nicht mehr zwangsläufig den Tod eines Viertels oder Drittels der Menschheit. In früheren Zeiten war das anders. Die Attische Seuche raffte 430 v. Chr. mit einem unbekannten Erreger ein Drittel aller Athener dahin; die Antoninische Pest im zweiten Jahrhundert nahezu zehn Millionen Menschen (damals rund 5 Prozent der Menschheit); die Pest im 14. Jahrhundert 100 bis 125 Millionen und damit ein Drittel der damaligen Bevölkerung Europas; die Beulenpest um die Jahrhundertwende vor dem Ersten Weltkrieg zwölf Millionen (0,6 Prozent); die Spanische Grippe nach dem Krieg 27 bis 50 Millionen (2,2 Prozent) und AIDS 36 Millionen (0,7 Prozent). Im Verhältnis zur Zahl der Gesamtbevölkerung verlief die Spanische Grippe vor 100 Jahren damit 40-mal tödlicher als Covid-19. Anders ausgedrückt heißt das: Müssten wir Corona mit den technologischen Mitteln von damals begegnen, wären heute weltweit anstelle der 5,2 fast 180 Millionen Tote zu betrauern – mehr als alle Einwohner Deutschlands und Frankreichs zusammen.

Wir sollten uns unseren Sinn für Wunder bewahren. Vielleicht sagen wir besser *Innovationen* statt *Wunder*. Denn Wunder sind unerklärlich und stammen von höheren Mächten. Innovationen hingegen unterliegen dem Kausalitätsprinzip und sind vom Menschen gemacht. Scooter an jeder Ecke, die man mit dem Smartphone entriegelt und mit denen man dann einfach losfährt? Vorhersage der Kaffee-Ernte durch tieffliegende Radarsatelliten? Permanente Herzrhythmuskontrolle nicht in der Klinik, sondern am Handgelenk? Impfung nicht mit einem abgeschwächten Erreger, sondern mit einem ausführbaren, in Ribonukleinsäure kodierten biologischen Programm? Noch vor fünf, zehn oder 15 Jahren hätten wir abgewunken und entgegnet: »Wie bitte soll das funktionieren? Was sind überhaupt Smartphones? Wie können Batterien leicht und stark genug für Tretroller werden? Was soll das sein – ein ausgewachsener Computer am Handgelenk? Wer bitte schickt denn 1000 teure Satelliten in den Orbit, um scharfe Radarbilder von Details auf Kaffeeplantagen zu liefern? Was sollte Zellen dazu bringen, genau jene Proteine zu synthetisieren, die wir uns wünschen?« Und vor 100 Jahren noch hätten wir gerufen: »Ganz Rom in der Luft? Selbst Otto Lilienthal hüpft doch nur einige Meter weit.«

Was vor Kurzem noch als Wunder galt, fällt uns schon bald kaum noch auf. Denn alltägliche Dinge, an die wir uns einmal gewöhnt haben, entgehen regelmäßig unserer Aufmerksamkeit. Deswegen nehmen wir die Geschwindigkeit und Vielschichtigkeit des Wandels um uns herum nur durch einen stark dämpfenden Filter wahr. Unser Urteilsvermögen leidet. Könnten wir aus unserem Alltag heraustreten und die Zeichen der Zeit gänzlich unvoreingenommen betrachten, wäre klar: Wir sind Zeugen einer Explosion von Kreativität, die sich durch Rückkopplung und Vernetzung selbst verstärkt. Wir erleben eine neue Renaissance. Ihr Nutzen übersteigt den Schaden bei Weitem, auch wenn der, etwa in ökologischer Hinsicht, natürlich nicht vergessen werden darf. Denn in Summe führt sie zu mehr Wohlstand, Sicherheit, Nachhaltigkeit und Teilhabe. Das ist es, wovon Putin Russland abkoppelt. Doch auf dem Weg dorthin müssen wir Beulen, Schnitte und Dellen einstecken. Ist der Nettoeffekt unserer technologischen Fortschritte wirklich positiv? Überwiegt der Nutzen die Kollateralschäden? Sind die Nebenwirkungen überhaupt akzeptabel? Ist wirklich alles neu, oder sind nur frische Dompteure erschienen, die neue Tricks des alten Löwen präsentieren?

Bevor wir uns diese Fragen stellen und sie beantworten können, trainieren wir klugerweise den ganzheitlichen Blick auf die Lage. Dabei müssen wir uns selbst überlisten, denn unsere Wahrnehmung ist durch die Evolution darauf geeicht, uns ein trügerisches Bild der Wirklichkeit zu vermitteln. Sie funktioniert anders als eine Fotografie. Unsere Wahrnehmung arbeitet wie ein Foto, auf dem vieles von dem wegretuschiert wurde, was im Moment der Aufnahme noch sichtbar war. Die Kamera in unserem Kopf blendet aus, was uns bekannt vorkommt und verzeichnet nur das Neue. Das ist der Grund, warum uns die geschilderte Alltagsszene auf dem Rosenthaler Platz so gewöhnlich erscheint. »Nothing to write home about«, wie man in England sagt. Richtig interpretieren können wir die Lage erst, wenn wir die Retusche rückgängig machen und gewissenhaft analysieren, was aus welchen Gründen wann aus dem Bild ausgeblendet wurde und welche Kräfte daran einen Anteil hatten.

Nicht nur ignoriert unser Gehirn alles Altbekannte. Es betreibt darüber hinaus systematische Geschichtsklitterung. Keine andere Aufzeichnung fälschen wir so rücksichtslos wie das Tagebuch unseres eigenen Lebens. Jedes Mal, wenn wir etwas lernen, deuten wir das früher Erlernte um. Der amerikanische Psychologe und Wirtschaftsnobelpreisträger Daniel Kahnemann nennt das Gehirn in seinem Buch »Schnelles Denken, langsames Denken« ein *sinnstiftendes Organ:* »Wenn ein unvorhergesehenes Ereignis eintritt, korrigieren wir unsere Sicht der Welt umgehend, um dieser Überraschung Rechnung zu tragen.« Das bedeutet: Wir bilden uns ein, das soeben Erlebte schon immer gewusst zu haben. Wir löschen den bisherigen Geisteszustand einfach von der Festplatte. Wissenschaftliche Faktentreue ist unserem Gehirn fremd. Ihm geht es ausschließlich um das biologische Überleben. Und dieses Überleben gelingt im Prozess der Evolution am besten durch radikales Lernen. »Unsere Unfähigkeit, frühere Überzeugungen zu rekonstruieren, veranlasst uns zwangsläufig dazu, das Ausmaß zu unterschätzen, in dem wir durch vergangene Ereignisse überrascht wurden«, weiß Kahnemann.

Das Gehirn versucht, die maximale neuronale Verarbeitungskapazität für echte Überraschungen zurückzuhalten. Ein Fuchs, der nachts am anderen Ende einer schlecht beleuchteten Straße durch den äußersten Rand unseres Blickfeldes huscht, löst sofort Alarm aus, während der Schlüssel, den wir minutenlang händeringend suchen, gleich neben der Kaffeetasse vor unseren Augen liegt und unserer Wahrnehmung einfach entgeht. Kommt derselbe Fuchs ein zweites oder drittes Mal des Weges, ohne uns beim ersten Mal angegriffen zu haben, fällt er bald genauso durch das Netz unserer Wahrnehmung wie ein Baum, Auto oder Spaziergänger am Straßenrand.

Überraschende Ereignisse versetzen uns in Alarmzustand, weil sie gefährlich sein könnten. Geht keine unmittelbare Gefahr von einer Situation aus, buchen wir sie als ungefährlich ab und bemerken sie schon bald nicht mehr. Weil der allergrößte Teil der alltäglichen Erscheinungen tatsächlich harmlos ist, leben wir meist unter dem Eindruck konstanter Sicherheit. In diesem Zustand fühlen wir uns geborgen. Wir streben ihn aktiv an und stellen ihn selten in Frage.

Hierbei laufen wir jedoch in eine Wahrnehmungsfalle, die unser Verhältnis zur Technologie entscheidend prägt. Was eigentlich nur *konstante Sicherheit* darstellt, interpretieren wir als *sichere Konstanz*. Das aber ist ein Unterschied mit erheblichen Folgen für die Beurteilung von Situationen. Da unsere Wahrnehmung auf die Reduktion von Sinneseindrücken gepolt ist, interpretieren wir die Welt als weitgehend statisch, obwohl Tornados von Innovationen ständig neue Schneisen schlagen. Wir sind jedoch blind für diese Tornados, ähnlich wie die Probanden in dem berühmten Experiment mit dem Kindergarten und dem Grizzly: Den Teilnehmern wurde ein Video vorgespielt, das in einem Kindergarten aufgenommen worden war. Da man die Probanden vorab darum bat, auf die Ball spielenden Kinder zu achten und sie sich schnell an diesen Anblick gewöhnten, sahen sie schlicht nicht, wie im Hintergrund ein ausgewachsener Grizzly durchs Bild lief.

Dieser neurologische Gewöhnungseffekt und das daraus resultierende Beharrungsvermögen manipulieren unser Verständnis von Wandel. Die Welt kommt uns *beständig* vor, weil sie beständig *sicher* ist. Wir verlieren dabei aus dem Blick, dass diese Sicherheit Ergebnis ungeheurer Unruhe ist. So entsteht ein bemerkenswertes Paradoxon. Je angriffslustiger Innovation unsere Welt umkrempelt, desto inbrünstiger glauben wir deren Stillstand. Je sicherer die Welt wird, für umso statischer halten wir sie. Dabei ist in Wahrheit das Gegenteil der Fall. Würde unser Gehirn ein wahrheitsgetreues Bild von Innovation vermitteln, kämen wir uns wie in einem Hochgeschwindigkeitszug vor, an dem die Landschaft vorbeifliegt; vielleicht sogar wie in einem Zug, der aus den Gleisen springt. So aber leben wir in einer Illusion von Bewegungslosigkeit. Wir dürfen diesen Effekt nicht verwechseln mit dem trivialen Lamento über das rasante Tempo von Technik. Wenn Opa klagt: »Ich komme mit dem Internet nicht zurecht. Kannst du bitte für mich bei Amazon bestellen? Und diese neuartigen Telefone sind auch nichts für mich. Das tue ich mir nicht mehr an«, dann ist dieses Lamento nicht gleichzusetzen mit echter Überforderung durch Innovation. Derselbe alte Mann legt sich anstandslos in einen Magnetresonanztomografen, akzeptiert den Nierensteinzertrümmerer und schaut Florian Silbereisen per Streaming zu. Was er am Browser oder Smartphone kritisiert, ist der mangelhafte Komfort der Oberfläche. Liefert ihm Technologie jedoch leichten Zugang, verfällt Großpapa in die gleiche Illusion von Veränderungsarmut wie alle anderen auch. Sein früheres Leben ohne Blutverdünner und unsichtbares Hörgerät ist ihm entglitten.

Wählen wir ein alltägliches Beispiel aus der Zahnheilkunde. Wir nehmen Zahnkrankheiten bis ins hohe Alter nicht mehr als Problem wahr. Deswegen vergessen wir, wie prägend faule Zähne früher einmal waren. Goethe, Beethoven und Napoleon – alle drei waren Zeitgenossen – standen immer wieder unter dem Eindruck irrwitziger Zahnschmerzen. Ärzte konnten ihnen kaum helfen. War ein Zahn vereitert, suchte man einen Dentisten auf, und der brach den Zahn dann mit einer nicht sterilisierten Zange einfach aus dem Mund heraus – eine monströse Prozedur mit hohem Infektionsrisiko. Goethe verlor viele seiner Zähne schon während der Kindheit und Jugend. Mit 51 Jahren war er länger als ein Jahr erkrankt, zuletzt lebensbedrohlich, bedingt wohl auch durch seine Zähne. Mit 60 verlor Goethe fast alle verbliebenen Vorderzähne und konnte kaum noch vorlesen. Als er mit 82 Jahren starb, steckten noch acht verfaulte, kariöse Restzähne in seinen Kiefern, wie Untersuchungen seines exhumierten Schädels zeigten.

Heute gehören derartige Torturen zum Glück der Vergangenheit an. Ich bin – ohne mich mit ihm vergleichen zu wollen – 215 Jahre nach Goethe zur Welt gekommen und habe in einem Alter, in dem Goethe schon mehrfach an ernsthaften Zahnleiden erkrankt war, noch keinen einzigen Zahn verloren, wenn man von jenen absieht, die aus kieferorthopädischen Gründen absichtlich gezogen werden mussten. Doch noch in den 1960er und 1970er Jahren war Karies allgegenwärtig. Wissenschaftlicher Fortschritt und bessere Hygiene haben den Kariesbefall in dem halben Jahrhundert seit meiner Kindheit erfolgreich eingedämmt.

Nach der jüngsten vorliegenden Studie der Bundeszahnärztekammer zur Mundgesundheit – erhoben 2013 und 2014 – sank die Quote der 13- und 14-Jährigen mit Kariesbefall, Zahnverlust oder Füllungen seit der Wiedervereinigung von 4,9 auf 0,5 Prozent. Das Vorkommen solcher Erkrankungen ist also in nur zweieinhalb Jahrzehnten auf ein Zehntel gesunken. Erhoben wurde auch die Quote der Jugendlichen, die noch nie in ihrem Leben Karies bekommen haben. Sie stieg im selben Zeitraum von 13,3 auf sensationelle 81,3 Prozent. Völlige Zahnlosigkeit plagte zu Wendezeiten noch ein Viertel der 65- bis 74-Jährigen. 2014 war nur noch ein Achtel davon betroffen. Die enorme Verbesserung der Zahnhygiene ist das Ergebnis technischen und prozessualen Fortschritts. Heute besuchen die meisten von uns mehrmals jährlich eine Ultraschall-Zahnreinigung, die es in meiner Kindheit weder als Technologie noch als Hygieneroutine gab. Ultraschallzahnbürsten für den Hausgebrauch existieren seit 1992.

Probleme verschwinden durch Technologie nicht nur von der Agenda, sondern auch aus dem Bewusstsein und aus der kollektiv abrufbaren Geschichte. »Faust« wird an den Schulen als Schlüsselwerk deutscher Dramatik gelehrt, von Goethes Zahnschmerzen aber ist keine Rede, obwohl ihre ständige Präsenz zu Goethes *Condition Humaine* gehörte und obwohl der Verfall des Menschen zu den grundlegenden Themen zählt, die im »Faust« behandelt werden. Ein lebendiges Bewusstsein für den Fortschritt, den wir erreicht haben, müssen wir uns immer wieder neu erarbeiten. Es fällt uns nicht von allein zu. Wir brauchen dieses Bewusstsein. Nur so können wir die Geschwindigkeit des Fortschritts ermessen. Nur so können wir abschätzen, was in den kommenden Jahren und Jahrzehnten auf uns zukommt. Und nur so kann Technologie richtig bewertet werden. Skepsis vor Technik und Wissenschaftsfeindlichkeit wachsen dort besonders gut, wo die Leistungen von Innovation in Vergessenheit geraten sind. Wer nicht weiß, wie elendig Menschen früher unter Zahnschmerzen gelitten haben, wer nicht weiß, dass Kinder früher qualvoll an Diphtherie erstickt sind, bis Emil Behring 1913 endlich den rettenden Impfstoff erfand, wem also der Wert dieser enormen technologischen Errungenschaften für unser aller Leben nicht bewusst ist, der erteilt auch neuer Technologie eher zu früh und zu leichtfertig eine Absage. Geschichtsbewusstsein ist eine Voraussetzung für die sachgerechte Auseinandersetzung mit Chancen der Zukunft.

Aus der Alltagsszene am Rosenthaler Platz nehmen wir noch eine andere wichtige Beobachtung mit: *Technologie löst Probleme, die Technologie geschaffen hat.* Jede Technologie setzt neue Probleme in die Welt, die ihrerseits nur durch innovative Technologien beherrschbar werden. Am Beispiel Covid lässt sich das gut ablesen. Künstlich induzierte Antikörper gegen Coronaviren müssten wir gar nicht erst in uns tragen, wenn wir nicht im 8200 Kilometer entfernten chinesischen Wuhan Viren aus Fledermäusen über einen Nassmarkt oder ein Labor in den Organismus von Menschen eingeschleppt hätten und wenn wir den Erreger danach nicht rasant per Flugzeug, Schiff, Auto und Zug über die Erde verteilt hätten – eine makabre Meisterleistung der Logistik.

Zwischen den Kondensstreifen der Jets hoch oben am Himmel über dem Rosenthaler Platz und den einprogrammierten Antikörpern gegen Covid-19 in den Menschen rund um das Café besteht ein enger kausaler Zusammenhang. Internationaler Luftverkehr basiert auf Technologien und Geschäftsmodellen, die Flüge extrem preiswert gemacht und die Sitzkapazität enorm gesteigert haben. Vor Corona wurden mehr als vier Milliarden Passagiere pro Jahr gezählt, unterwegs waren sie mit knapp 23 600 Maschinen. In den zwei Jahrzehnten seit der Jahrtausendwende hat sich die Zahl der Passagiere weltweit mehr als verdoppelt. Zwei Milliarden Passagiere, die jährlich mehr fliegen als zu Zeiten der Wiedervereinigung, können 20 Milliarden andere Menschen mit Viren anstecken, wenn sie nur zehn Kontakte pro Person aufnehmen. Stehen diese zehn Kontakte mit jeweils zehn weiteren Bekannten im Austausch, wächst die Risikogruppe bereits auf 200 Milliarden an. Nicht jeder Kontakt führt zu einer Infektion; die Reproduktionszahl lag in den meisten Ländern Ende 2021 leicht unter oder über eins. Doch gibt es auch keine 200 Milliarden Menschen auf unserem Planeten, sondern nur acht. Und für deren Infektion fällt die nötige Kettenreaktion eben weit kürzer aus.

Der Luftverkehr hat das Virus so perfekt verteilt, wie der Erreger – wenn er denken und fühlen könnte – es sich komfortabler und gründlicher kaum hätte wünschen können. Unser System von Flughäfen und Jets ist neben seiner Hauptfunktion – dem Transport von Menschen und Handelswaren – eine gewaltige Feinverteilungsanlage für ansteckende Krankheiten. Viren sind immer als blinde Passagiere mit an Bord. Vor 100 Jahren wäre Corona mangels Jetverkehr ein lokales oder regionales Ereignis geblieben. Züge, Kutschen und Schiffe hätten Covid zwar auch damals in die Welt getragen, so wie die Spanische Grippe, doch längst nicht so schnell und so flächendeckend. Hätte das große Mobilitätsversprechen unserer Zeit einen Beipackzettel, dann stünde da im Kleingedruckten: »Kann zu massenhaftem Sterben durch übertragbare Krankheiten führen.«

In gewisser Weise dürfen wir Covid-19 als Biomarker für weltumspannenden sozialen Austausch interpretieren. Die vielen farbig ausstaffierten Weltkarten der Pandemie bilden grafisch anschaulich zwei Hauptparameter ab: den Grad sozialen Austauschs einzelner Landstriche und Nationalstaaten sowie deren Fähigkeit, die unerwünschten Nebenwirkungen ihres Kommunikationsverhaltens rechtzeitig in den Griff zu bekommen. Dunkelrot oder schwarz auf den Karten bedeutet: viel Austausch und / oder wenig Geschick beim Bekämpfen seiner hässlichen gesundheitlichen Folgeerscheinungen.

Jede andere Technologie, über die wir verfügen, weist ein ähnliches Muster auf. Autos, Atomkraft, Social Media, Windräder, 5G, Smartphones, Röntgen, Internet, Gen-Editing, Dünger, Pflanzenschutz, Plastik, Kaffeekapseln, Streaming, erschwingliches Fleisch, bezahlbare Textilien – nichts davon kommt ohne negative Nebenwirkungen aus. Nichts wirkt ausschließlich segensreich. Keine Technologie ist einfach nur gut und ohne Schattenseite. Jede Anwendung jeder Methode richtet früher oder später auch Schaden an. Es ist wie verhext. Egal, was wir erfinden, die zerstörende Wirkung unseres Erfindergeistes wird immer frei Haus mitgeliefert. Sie klebt an jeder Innovation wie ein Menetekel, fast so, als wolle es ein höheres Wesen seit unserer Vertreibung aus dem

Paradies tatsächlich darauf anlegen, uns das Leben so schwer wie möglich zu machen. Wer an einen rachsüchtigen Gott glauben möchte, dem steht das frei. Alle anderen jedoch finden stichhaltige naturwissenschaftliche Erklärungen für unsere Kalamitäten vor. Damit beschäftigen wir uns ausführlich im Kapitel »Niederlagen und Rückschläge«.

Wir stehen vor einer Gretchenfrage. Bei Goethe lautete sie: »Nun sag', wie hast du's mit der Religion? Du bist ein herzlich guter Mann. Allein ich glaub', du hältst nicht viel davon.« Gestellt hat sie Margarete, eine leichtgläubige junge Frau. Gerichtet war sie an Heinrich Faust, der einen Pakt mit dem Teufel eingegangen war. Bei uns lautet die Gretchenfrage in einer modernen Fassung: »Wie halten wir es mit Innovation?« Mephistopheles höchstpersönlich hätte sich das Dilemma, vor dem wir stehen, nicht perfider ausdenken können. Entweder praktizieren wir Verzicht und üben uns in Enthaltsamkeit, um die nachteiligen Folgen unserer Zivilisation abzumildern. Oder wir begeben uns in ein ewiges, nie enden wollendes Rennen um das Entwickeln neuer Technologien, um die Schäden ihrer Vorgänger zu beseitigen. Entweder sind wir der Asket oder der Sisyphos. Entweder bescheiden wir uns oder kreiseln in einer Endlosschleife. Entweder fliegen wir nicht mehr, oder wir fliegen klimaneutral und entwickeln Impfstoffe gegen ansteckende Mitbringsel.

Dieses Buch plädiert für den zweiten Weg. Daten belegen eindrucksvoll, dass wir es schaffen können, die Begleitkosten unserer Zivilisation zu senken. Deswegen haben wir allen Grund zum Optimismus und können jedem Bildersturm mit überzeugenden Argumenten unsere Mitwirkung verweigern. Wir können unseren Urlaub in Kapstadt durchaus mit der Schonung der Welt in Einklang bringen. Wir verstehen es bravourös, uns aus Schlingen herauszuwinden, die wir selbst gelegt haben. Der Mensch ist ein Werkzeugmacher. Unser Problem ist nicht, dass wir Werkzeuge nutzen, sondern unser Problem ist, dass diese Werkzeuge nicht gut genug sind, um die Hinterlassenschaften alter Werkzeuge zu beseitigen. Wir haben kein Menschenproblem. Wir sind nicht das Gift für den blauen Planeten. Wir haben ein Werkzeugproblem und werden es bis in alle Ewigkeit nicht loswerden. Das liegt nicht an uns, sondern am Werkzeug selbst. Werkzeuge sind nie perfekt. Sie sind – wenn alles gut geht – immer nur besser als ihre Vorgänger. Unsere Aufgabe ist es, unser Werkzeug ständig weiter zu verfeinern. Nicht etwa, weil eine höhere Macht uns das befohlen hätte oder weil es das Schicksal so bestimmen würde. Sondern schlicht deshalb, weil wir unter den Tieren dasjenige sind, das sich auf den Bau von Werkzeugen spezialisiert hat. Niemand verdammt uns dazu, der Sisyphos der Technologie zu sein. Wir leben einfach nur unser spezielles Talent aus. Und weil wir das besonders gut können, wird es bis zum Ende unserer Tage unsere Hauptbeschäftigung sein.

Doch zu welchem Zweck gestalten wir diese neuen Werkzeuge? Welchem Nutzen sollen sie dienen, und von welchen Einflusszonen halten wir uns klugerweise fern? Werkzeuge zu bauen, reicht alleine nicht aus. Das gäbe nur Mord und Totschlag. Tief in uns wurzelt Zerstörungslust, der wir klugerweise keine ausgeklügelte Hochrüstung angedeihen lassen sollten. Wir brauchen irgendeine Form sittlicher Richtschnur. Ohne eine Ethik der Innovation wird es nicht gehen. Deswegen müssen wir uns die Frage stellen: Was genau ist Fortschritt eigentlich und was nicht? Davon handelt das nächste Kapitel.

Fortschritt:
Was ist das eigentlich, und wie löst er die wichtigsten Probleme der Menschheit?

Innovation treibt die Welt voran. Sie entsteht in der Regel aus Verbesserung von Technologien, über die wir bereits verfügen. Die größten Probleme der Menschheit aber verlangen nach einer besonderen Form von Innovation: bahnbrechenden Errungenschaften, die das Leid mindern und das Leben von uns allen verbessern.

»Technologie ist die Voraussetzung für Klimaschutz.«

OMID NOURIPOUR,
BUNDESVORSITZENDER BÜNDNIS 90/DIE GRÜNEN

Beginnen wollen wir dieses Kapitel mit einer Begegnung, die mir eindringlich den Erfindungsgeist einer neuen Generation vor Augen führte und gleichzeitig symbolisiert, welche bahnbrechenden Neuerungen uns in der Folge neuer Technologie bevorstehen. Die Geschichte, die ich kurz erzählen möchte, spielt in Helsinki. Ihre Hauptfigur ist Rafal Modrzewski, Gründer und Chef der Satellitenfirma *Iceye*. Er nimmt uns mit auf eine Führung durch seine Firma und wir machen gerade halt vor einem Reinraum. Eine Glasscheibe trennt den Reinraum vom Flur. Rafal Modrzewski zeigt durch die Scheibe: »Das hier ist die Montage.« Ein junger Ingenieur im weißen Overall und mit Haube über dem Haar greift zum Schraubenzieher. Konzentriert beugt er sich über eine Apparatur. »Und dieser Aluminiumwürfel ist der Satellit.« Modrzewskis Finger deutet auf die Arbeitsplatte. Ich schaue erst daran vorbei, rechne mit anderen Dimensionen. Das Gerät, auf das der Ingenieur zeigt, ist jedoch kaum größer als ein Laserdrucker. Es passt bequem auf den Bürotisch. So hatte ich es mir nicht vorgestellt. Einen Kaventsmann hatte ich erwartet, so groß wie ein Auto, keinesfalls kleiner. Das Ding hier ist eine Bonsai-Ausgabe im Vergleich zu den gewaltigen *Galileo*-Navigationssatelliten, die ich einige Monate zuvor bei einem Besuch bei OHB in Bremen gesehen habe, dem größten Satellitenwerk Deutschlands. Sperrig wie Busse hängen die *Galileos* dort an beweglichen Arbeitsbühnen. Laufkräne unter der Decke heben die voluminöse Last später aus den Bühnen heraus. Modrzewskis Satellit hingegen fährt auf einer Art Teewagen von Station zu Station. Leichter geht's kaum. In einem *Galileo*-Satelliten könnte die Mannschaft, die ihn baut, bequem campieren. Dieser Aluwürfel hingegen würde beim Camping als Gaskocher durchgehen.

Neben dem Ingenieur liegen auf dem Arbeitstisch Kabel, Elektromotoren, Chips und Schräubchen wild durcheinander. Der Mann greift nach einem Schräubchen. Vorsichtig dreht er es in den Rahmen. »Der Drehmomentschutz ist im Schraubenzieher mit eingebaut«, erklärt Modrzewski. »Er kann das Schräubchen nicht überdrehen.« Eine überdrehte Schraube, ein einziges Staubkorn an der falschen Stelle, eine winzige statische Entladung aus den Hosenbeinen, und schon wäre der Vier-Millionen-Euro-Satellit ruiniert. »Schutz vor Elektrostatik ist das größte Problem«, sagt Modrzewski. Aus den Hosenbeinen der Overalls hängen deswegen metallische Laschen in die Socken hinab. Sie erden den Monteur und schützen die Schaltkreise.

Die Hälfte der Komponenten sitzt bereits im Alurahmen; die zweite folgt in den kommenden Wochen. Viele Bauteile stammen aus der Massenproduktion von Auto- und Telefonindustrie. Sie sind also nicht eigens für die Raumfahrt konstruiert. Auch das spart Geld. Diese Methoden neuartigen Konstruierens hatten wir zu Beginn des Buches schon einmal kennengelernt. *Iceye* liefert einen überzeugenden Beleg, wie tief damit das Gaspedal der Innovation durchgedrückt werden kann. »Sechs Monate brauchen wir für die Produktion«, sagt Modrzewski und bestätigt damit die ehrgeizige Schaffensweise seiner Gleichgesinnten. Sechs Monate sind ein Wimpernschlag in einer Industrie, die typischerweise mehrere Jahre für den Zusammenbau benötigt. Dabei geschieht hier fast alles in Handarbeit. Wäre der Satellit aus Plastik, sähe er aus wie ein Bausatz von *Lego Technic.* Industrielle Massenfertigung? Weit gefehlt. Eine Werkbank wie daheim im Keller, ein Labor wie in der Universität, kreative Unordnung wie bei Daniel Düsentrieb, Teamgeist wie in Steve Jobs' Garage beim Bau des ersten *Apple*-Prototypen. In Le Brassus nahe Genf habe ich kürzlich einem Uhrmacher von *Audemars Piguet* über die Schulter geschaut, wie er eine *Royal Oak Grande Complication* aus winzigen Schrauben und Federn zusammensetzte. Neun Monate dauert das. Hier geht es ähnlich manuell zu. Nur dass der Satellit ein Vierteljahr schneller fertig ist als die Uhr. Auch dieses Detail gibt Zeugnis vom Hochgeschwindigkeitsmodus der neuen Technologie-Generation.

Am Stadtrand von Helsinki betreibt *Iceye* Europas modernste und größte Fabrik für Kleinsatelliten. Draußen pfeift der Wind, Schnee liegt in kleinen Haufen zusammengekehrt auf dem Parkplatz des Gewerbegebiets, die Sonne kommt im November nur für ein paar Stunden über den Horizont. Die Restaurants und Cafés der Stadt sind voll, die Straßen menschenleer, das Leben spielt sich drinnen ab, die Coronavorschriften sind streng. Doch die Innenstadt liegt 20 Minuten mit dem Auto entfernt. *Iceye* sitzt an der Peripherie gleich neben der Aalto University School of Science and Technology, benannt nach dem finnischen Architekten Alvar Aalto. Zusammengeschlossen haben sich in ihr die Technische Universität Helsinki, die Handelshochschule und die Hochschule für Kunst und Design im Jahr 2010. Inzwischen gilt die kurz Aalto University genannte Hochschule als ein führendes europäisches Zentrum für Raumfahrttechnologie. Rafal Modrzewski, heute Anfang 30, ist aus Polen zum Studieren hierhergezogen. So bedeutend der internationale Ruf der Schule, so unbestritten ihr Einfluss auf ihr direktes Umfeld: Rund um die Uni finden sich zahlreiche Ex-Studenten, die sich selbständig gemacht haben, aber die Infrastruktur der Uni nicht missen möchten. Menschen, die etwas bewegen wollen, vor allem im Weltall. Überall in Europa entsteht eine neue Raumfahrtindustrie. Helsinki ist einer ihrer Brennpunkte. Internationale Kooperation ist ein wichtiger Treiber des Fortschritts. Innovatoren geben Gastspiele mal hier und mal da. Für nationalistische Isolation bleibt kein Platz. Wer am weltumspannenden Austausch nicht teilnimmt, fällt technologisch unweigerlich zurück. Auch dies war ein Grund für die Implosion der Sowjetunion. Helsinki liegt auf dem Landweg nur 390 Kilometer von Sankt Petersburg entfernt, doch es klaffen Gräben zwischen diesen beiden Städten. Helsinki streitet mit Firmen wie Iceye an vorderster Linie der internationalen Raumfahrt und steht sinnbildlich für globalen Austausch, Sankt Petersburg wirkt am Überfall auf andere Länder mit. Es schottet sich ab und isoliert sich wie ganz Russland.

Zurück zu *Iceye*. Die Reinräume sind rein, aber nicht leer. Bei *Iceye* dienen sie zugleich als Zwischenlager für das benötigte Material. Alles liegt dicht an dicht beieinander. Das verkürzt die Wege. Auch der Überdruck der Luft ist nicht besonders hoch. Gerade hoch genug, um Staubteilchen hinauszupusten. Für diese Art von Reinraum braucht man keine teure Spezialimmobilie. Gespart wird, wo es geht. Gewöhnliche Büroräume als Satellitenfabrik zu nutzen, senkt die Kosten. Schon das Raumkonzept stellt somit eine Innovation dar. Hinzu kommt die räumliche Kompaktheit. Überall steht Gerätschaft herum. Lötkolben, Zangen, Materialschachteln, Drähte, halb ausgepackte Kartons. Dichte schafft Nähe; Entwicklung und Produktion liegen in Rufweite voneinander. Das steigert die Geschwindigkeit.

Auf der rechten Seite des Raums ist ein fast fertiger Satellit auf
Stativen aufgebockt. Zu beiden Seiten ragen die Radarantennen
heraus. Sie sehen aus wie Sonnensegel – flach, dünn, so lang wie
ein Fahrrad, filigran. Bestückt sind sie mit einem Schachbrett-
muster winziger Metallplättchen. »Das sind die Sender und Sensoren«, sagt Modrzewski. »Sie feuern Signale ab und fangen das
Echo auf, wenn es von der Erde zurückkommt.« Auch das ist eine
Innovation – *Iceyes* wichtigste Neuerung sogar. Die Antennen sind
so kalibriert, dass sie mit minimaler Energie die schärfsten und
detailreichsten Radarbilder liefern. Modrzewski spult die physikalischen Parameter herunter. Leitfähigkeit, ionisierte Strahlung,
Signallaufzeit, Frequenz, Energieverbrauch, Einfallswinkel, Pro-
zessorleistung, Funkverkehr mit der Erde – alles hat er parat. Seine
Satelliten sind Metall gewordene Formeln. Ihre Gestalt drückt
das Ergebnis penibel berechneter Optimierungsfunktionen aus.
Sein Produkt ist nie fertig. Die verschiedenen Versionen seiner
Satelliten lösen einander schnell ab. Jeder Montageingenieur ist
immer auch Entwickler. Ein etwaiger *Design Freeze* gilt stets nur
für ein paar Monate. Ständige Verbesserungen stehen hingegen
fest auf dem Programm. Auch das ist ein wichtiger Treiber von
Innovation: nie fertig zu sein und ständig an allem zu feilen. Auch
hiermit werden Maßstäbe gesetzt.

Ein Ergebnis seiner Anstrengungen ist die spektakulär geringe
Größe der Satelliten. Sie so klein zu bauen, galt vor wenigen Jahren noch als undenkbar. Startgewicht und Kosten sinken dadurch
dramatisch. Doch wie groß die Vorteile dieser Miniaturisierung
wirklich sind, wird in einem anderen Zimmer sofort sichtbar.
Dort steht eine silberne Kiste von der Größe eines Beistelltisches.
»Das ist unsere Transportbox«, sagt Modrzewski. »Auch die
haben wir selbst entwickelt.« Sie ist sensationell klein verglichen
mit den Frachtcontainern, in denen traditionelle Satelliten zu den
Startrampen in Florida, Französisch-Guayana oder Kasachstan
reisen. Knapp bis zur Hüfte reicht mir die Box. Ich könnte auf

ihr sitzen und die Beine baumeln lassen. Drinnen liegen Antennen und Sonnensegel eng gefaltet neben dem Aluminiumwürfel. Später, im Weltraum, klappen kleine Antriebsmotoren das Segel und die Antennen aus. »Die wichtigste Größenbeschränkung für unsere Satelliten ist der Aufzug,« witzelt Modrzewski. »Würden wir sie größer bauen, bekämen wir sie nicht mehr hinunter auf die Straße.«

Zur Startrampe reisen die Transportboxen übrigens mit normalen Kurieren. »Mit normalen Kurieren?«, frage ich. Klaviere und Flügel brauchen Spezialspeditionen, doch Satelliten kommen neuerdings per DHL zum Ziel, so wie Jeans und Anoraks? »Ja, so ist es. Kuriere bringen sie direkt zur Rakete. Unsere Leute packen sie dort aus, testen sie ein letztes Mal, laden sie in die Rakete und überwachen den Start.« Kurz danach sendet der neue Satellit schon Daten aus dem Weltall. So viel simple Effizienz macht wirklich Eindruck. Preiswerter könnte die Logistik kaum ablaufen. Vorbei sind die Zeiten, in denen riesige Stahlraupen in Cape Canaveral – von Scheinwerfern erleuchtet und von Millionen Menschen atemlos am Fernseher verfolgt – turmhohe Raketen aus dem senkrechten Vehicle Assembly Building zur Startrampe fuhren. Als Raumflüge nur alle paar Jahre stattfanden. Als tonnenschwere Satelliten in speziell umgebauten Jumbojets der Luftwaffe oder Raumfahrtbehörde zu den Abschussplätzen geflogen wurden. Weltraumflug ist heute so alltäglich geworden wie vor einigen Jahrzehnten das reguläre Fliegen. Der Postbote liefert den Satelliten mit seinem Sprinter aus, ein paar Techniker hieven das Leichtgewicht in die Cargobucht, ein Laptop initiiert das Startprogramm, und handelsübliche Smartphone-Chips, Gyroskop, Beschleunigungsmesser und GPS-Antennen steuern den Flug. Fertig ist der Satellit für jedermann.

In einem kleinen Büro gleich neben dem Reinraum liegt das Kontrollzentrum der *Iceye*-Flotte. Von hier aus steuern zwei Leute alle Satelliten. Das Pendant zum Kontrollzentrum in Houston,

Elon Musks SpaceX überflügelt ganze Staaten

Raketenstarts 2021, aufgeschlüsselt nach Ländern (rechts) und privaten Anbietern (links). SpaceX ist ein amerikanisches Unternehmen, ESA ist die europäische Weltraumbehörde

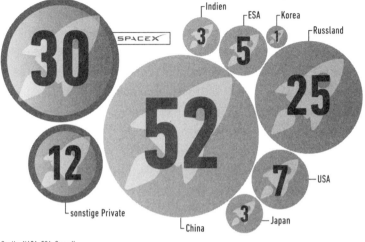

Quelle: NASA, ESA, SpaceX

Mit seiner Raketenfirma SpaceX hat Elon Musk nach Zahl der Raketenstarts sogar Nationalstaaten wie Russland überholt. Einzig China fliegt noch öfter ins All als er.

verfilmt in Hunderten Weltraumabenteuern, passt heute in einen kleinen Konferenzraum. Die Tausende Knöpfe, Lämpchen, Mikros, Lautsprecher und Monitore sind verschwunden. Nichts flackert dramatisch, kein Flugdirektor ruft energisch Befehle in den Raum, kein Stück der Hardware könnte man nicht morgen bei Media Markt oder anderen Fachmärkten nachkaufen. Nur die Visualisierung der Umlaufbahnen erinnert daran, dass *Iceye* mit dem Weltraum zu tun hat: hellrote Linien verlaufen in Kreisen über dem blauen Planeten, kleine Pünktchen rücken langsam auf ihnen vor.

All diese Faktoren drücken den Preis. *Rocket Science* ist heute keine Geheimwissenschaft mehr. Komponenten und Methode sind überall verfügbar. Jeder kann sie abrufen. Raketen- und Satellitenbau wird bald schon so einfach sein wie 3D-Druck. Als mein Vater sein Studium abgeschlossen hatte und 1962 bei *IBM* anfing, war Computerbau noch ein sagenumwittertes Geheimnis. Über Geräte, die seine Firma verkaufte, wachten Hohepriester hinter gesicherten Stahltüren. Doch schon 20 Jahre später, als ich 1983 mein Abitur ablegte, konnte man Festplatten, Platinen, Gehäuse, Netzteile, Bildschirme und Tastaturen überall erwerben und sich seinen Computer selbst zusammenbauen. Technik wurde demokratisiert. Bill Gates und andere brachten den Computer auf jeden Schreibtisch. Ohne sie hätte der Wohlstandszuwachs der vergangenen Jahrzehnte nicht stattgefunden. Von 1962 bis heute ist das deutsche Bruttoinlandsprodukt pro Kopf preisbereinigt auf das Doppelte angestiegen. Ähnliches passiert nun in der Raumfahrt. Der Transport ins All kostet keine 120 Millionen Dollar mehr wie früher, sondern heute nur noch zwölf und demnächst sogar nur noch drei Millionen Dollar. Bauzeiten und Satellitenpreise fallen um den Faktor zehn.

Satelliten wandeln sich durch diese enorm sinkenden Kosten vom Investitions- zum Gebrauchsgut. Damit werden sie zu idealen Rampen für eine Vielzahl anderer Technologien und Geschäftsmodelle. Die Folgen dieses Wandels werden tiefen Einfluss auf unser Alltagsleben nehmen. Doch die neue Methode des Weltraumflugs will erst einmal beherrscht werden. Was leicht klingt, ist in Wahrheit schwer. An folgendem Beispiel erkennen wir, wie dick die Bretter sind, die Innovatoren heute bohren: Die meisten der modernen Trabanten fliegen dicht über der Erdoberfläche. Die niedrigen Flugbahnen führen zu ständigen Kollisionen mit einzelnen Molekülen aus der Atmosphäre – Teilchen, die nach oben entwischt sind. Über die Zeit verlieren die Satelliten deshalb an Geschwindigkeit und Höhe. Nach vier Jahren verglühen sie endgültig in der Atmosphäre. Doch dieser Schwund ist bei *Iceye* mit einkalkuliert. Länger als vier Jahre sollen die Satelliten nicht halten. Bei Smartphones passiert etwas Ähnliches. Telefone könnten rein technisch gesehen länger genutzt werden, als Nutzer das möchten. Neugeräte werden schnell beschafft, auch wenn die meisten Leute wissen, welche Umweltschäden bei der Gewinnung der für ihre Produktion nötigen Seltenen Erden entstehen und wie rücksichtslos Menschen dafür ausgebeutet werden. Das hält aber nur die wenigsten vom Kauf ab. Denn neue Anwendungen benötigen immer mehr Speicherplatz, Rechenkapazität und Strom und verleiten so zum Kauf eines bereits weiterentwickelten Geräts. So bestimmt die Software über das Ende der Hardware, nicht die Hardware selbst.

Die Wegwerfgesellschaft expandiert in den Weltraum. Traditionelle Satelliten sind schwer, teuer und technisch schnell veraltet. Damit sie im Sonnenwind nicht verbrennen, wird jedes einzelne Bauteil aufwendig vor Strahlung geschützt und gesondert zertifiziert. Im bisherigen System staatlicher Raumfahrt spielten die damit verbundenen hohen Kosten jedoch keine Rolle. Der Staat kam für alle Ausgaben auf, und die Industrie optimierte ihre Produkte auf maximale Haltbarkeit. Viele politische und technische Faktoren flossen in das Design mit ein. Nur ein Aspekt wurde dabei meist kaum beachtet: Wie Daten aus dem Weltraum das Alltagsleben von Menschen auf dem Boden verbessern könnten. Dies ändert sich nun. Preiswerte Informationen aus dem Weltraum werden überragende Vorteile für Menschen, Tiere, Pflanzen, Klima, Ökosysteme, Meere und den Planeten mit sich bringen. In den nächsten Kapiteln gehen wir näher darauf ein. Moderne Weltraumunternehmen verzichten absichtlich auf aufwendige Panzerung gegen Sonnenwind. Das bezahlen sie mit Schwund, wie kürzlich Elon Musks Unternehmen *Starlink*, das im Februar 2022 nicht weniger 40 Satelliten verlor, die unter dem elektromagnetischen Druck des Sonnenwinds zurück zur Erde stürzten. Ärgerlich, wie das auch sein mag, ist der so verursachte Verlust viel geringer, als es die Kosten wären, um die ganze Flotte gegen jede Form der Störung von außen abzuschotten.

Zurück bei *Iceye*, zeigt Rafal Modrzewski auf eine Wandtapete in der Kaffeeküche. »Das ist die Bay Area von San Francisco. Ein Radarbild, aufgenommen von unseren Satelliten.« Auf mich wirkt das Bild wie eine Gespensteraufnahme aus einem Schattenreich. Radaraufnahmen zeigen niemals Farben. Die Strahlen dringen durch manche Dächer hindurch, durch Wasser aber niemals. Die Auflösung ist enorm, die Details sind verblüffend. Parks, Straßen, Einkaufszentren hoch, die Stanford-Universität, der Springbrunnen vor dem Hauptgebäude, die Pfeiler der Golden Gate Bridge, die Ausbuchtungen der Half Moon Bay, die Marschlande zwischen den Hauptquartieren von *Facebook* und *Google* – alles ist haargenau kartografiert. Mit dem Energiebedarf einer einzigen Glühbirne leuchten *Iceye*-Satelliten einen ganzen Landstrich aus. Will man eine Stelle genauer untersuchen, kann man die Energie auf einen Flecken von wenigen Quadratmetern bündeln. Radarsatelliten fotografieren bei Tag und Nacht, bei Wind und Wetter, bei Wolken und Nebel. Sie sind die anspruchslosen Arbeitspferde der Erdbeobachtung. Rund um die Uhr halten sie Wache. Satelliten hingegen, die mit Kameras für sichtbares Licht ausgestattet sind, brauchen die Sonne. Bei Nacht sind sie nutzlos; unter Wolken erkennen sie gar nichts. Radarsatelliten aber bringen ihre eigene Strahlenquelle mit.

Rafal Modrzewski ist ein überzeugter Radar-Mann. Gemeinsam mit seinem Freund und Kommilitonen Pekka Laurila hat er *Iceye* gegründet. Vor drei Jahren wählte *Forbes* die beiden in den Kreis der »30 wichtigsten europäischen Technologen unter 30«. »Wir können diesen Planeten nur retten, wenn wir ihn genau beobachten«, sagt Modrzewski. »Wir müssen Daten erheben und sie verstehen; am besten in Echtzeit.« Bilder aus dem Weltraum sind besonders wertvoll, wenn man sie mit früheren Aufnahmen vergleicht. Ein Fluss tritt über die Ufer. Bis wohin reichen die Fluten? Wie schnell steigen sie an? Ein Bild pro Jahr oder pro Woche hilft da nicht viel. »Man braucht täglich neue Bilder. Am besten sogar stündlich«, sagt er. Es ist wie im Film: Je mehr Bilder pro Zeiteinheit eingehen, desto ruckelfreier wirkt die Bewegung.

Besonders beim Thema Beobachtungshäufigkeit ist Innovation gefragt. Einen richtigen Sprung beim Management unseres Planeten werden wir erst machen, wenn wir jeden Ort der Welt permanent im Auge haben, um Veränderungen erkennen zu können (und dabei natürlich Rücksicht auf Datenschutz und Persönlichkeitsrechte nehmen). Laufend neue Bilder eines einzelnen Gebiets könnte ein geostationärer Satellit alten Typs zwar liefern. Er steht in 36 000 Kilometern Höhe über einem festen Punkt. Doch aus dieser riesigen Entfernung ergibt sich zwangsläufig eine geringere Auflösung. Ob eine Scheune unter Wasser steht, erkennt man aus dieser Distanz nicht mehr, denn das von der Erde reflektierte Licht kommt nur schwach an. Daher müssen die Belichtungszeiten lang sein – bis zu mehreren Minuten. Die Bilder verwackeln, denn die Erde dreht sich während der Belichtung weiter, und jeder Satellit wackelt ein bisschen um die Beobachtungsachse. Vor diesen Problemen stand auch das Militär. Um Abhilfe zu schaffen, gab es tiefffliegende Radarsatelliten schon vor Jahrzehnten in Auftrag. Doch wie so oft, dachte das Militär nicht daran, die erhobenen Daten mit der Zivilgesellschaft zu teilen.

Modrzewski und Laurila sind angetreten, diese Informationen zu demokratisieren. Anwendungsfälle gibt es zuhauf. Auch diese Absicht teilen sie mit vielen anderen Gründern. Demokratisierung ist ein Metatrend. *Iceye* nannten sie ihre Firma, weil ihre Satelliten zuerst über den Wasserstraßen des Nordens patrouillierten, um Schiffe vor Eisschollen zu warnen. Heute arbeiten sie vor allem für Versicherungen: Was wird gerade wie weit überschwemmt? Steht das Wasser bis zum zweiten oder dritten Stock? Sollten Städte flussabwärts gewarnt werden, oder hat die Flut ihren Scheitelpunkt bereits überschritten? Diese Daten ermöglichen eine völlig neue Qualität von Prognose und Schadenserhebung. »Als nächstes Thema nehmen wir uns Hagel, Feuer und

Sturm vor«, sagt Modrzewski. So einfach das klingt, so komplex ist doch jedes neue Thema. Jede Naturkatastrophe wirft andere Radarsignaturen in den Himmel zurück. Kaum eine liefert dem menschlichen Auge sofortigen Aufschluss, fast überall braucht es die Bildanalyse durch künstliche Intelligenz und den Abgleich mit anderen Daten. Die zweidimensionale Ausdehnung von Wasser, wie der Radarsensor sie misst, gibt Überflutungshöhen erst dann an, wenn man sie mit topografischen Höhenlinien aus digitalen Landkarten verbindet.

Insgesamt sitzen in Europa Stand Ende 2021 rund 280 junge Weltraumunternehmen, davon kümmern sich 31 um die Erdbeobachtung. Das sind fast genauso viele wie in den Vereinigten Staaten. Doch leider gibt immer noch zu wenige Geldgeber. Wenn Investitionen fließen, dann kommen sie meist aus den USA oder aus China. Der nächste Ausverkauf einer europäischen Hightechbranche ist in vollem Gange. Damit beschäftigt sich später das Kapitel »Deutschland«.

Viele dieser Unternehmen arbeiten an Innovationen zum besseren Umgang mit einem zentralen Problem der Erdbeobachtung: der Gravitation. Moderne tieffliegende Satelliten sind den Geschehnissen auf der Erde dank ihrer extrem niedrigen Umlaufbahnen 40- oder 80-mal näher als die teuren geostationären Satelliten früherer Generationen. Umso besser tragen sie zum Management des Planeten bei. Doch die Sache mit dem Tieffliegen hat einen Haken. Nur ihre hohe Geschwindigkeit bewahrt die Satelliten vor dem Absturz auf die Erde. Rund 25 000 Kilometer pro Stunde legen sie zurück, umrunden die Erde also etwa alle 90 Minuten. So gleicht die Zentrifugalkraft die Gravitation aus. Kaum sind sie über dem Horizont aufgetaucht, verschwinden sie schon wieder auf der anderen Seite. Mit einzelnen Satelliten richtet man aber bei dieser Geschwindigkeit gar nichts aus. Sie fliegen viel zu selten über eine Stelle. Folgerichtig denken Firmen wie *Iceye* in »Konstellationen«, dem Raumfahrt-Jargon für

»Flotten«. Je größer die Konstellation ausfällt, desto höher wird die Bildrate. Idealerweise würden Hunderte Satelliten im Gänsemarsch auf einer Umlaufbahn hintereinander herfliegen. Dann gäbe es alle paar Minuten ein neues Bild. Doch um die gesamte Landfläche der Erde abzudecken, wären Abertausende Satelliten notwendig.

Klingt aberwitzig? An so etwas tüftelt Elon Musk bereits mit seinem *Starlink*-Kommunikationsnetzwerk. Doch das verlangt Milliarden an Investitionskapital. Für die kommerzielle Erdbeobachtung lohnt sich das noch nicht. Kunden wie Versicherungen zahlen für Analysen maximal so viel Geld, wie ihnen der gestiftete Mehrwert zusätzlich einbringt. Und der ist zunächst niedriger, als man denkt. Warum? Weil da die Assekuranz auf Hunderte irdischer Datenquellen zugreifen kann. So pirschen sich beide Seiten des Marktes so gut wie möglich an den Idealzustand heran. Die Industrie versucht, aus preiswerten irdischen Daten so viel herauszulesen, wie irgend geht, und kauft sich nur Zug um Zug den besseren, aber teureren Überblick aus dem Weltall hinzu. Und die Satelliten-Firmen ihrerseits rüsten ihre Konstellationen Stück für Stück auf, gerade so viel, wie die Umsätze mit den Kunden hergeben. Mühsam und beschwerlich ist dieser Weg. Trotzdem glaubt Rafal Modrzewski fest daran, dass die Anstrengung sich lohnt: »Das komplexe Ökosystem Erde können wir nur gut managen, wenn wir es genau beobachten«, findet er. »Je besser die Daten, desto besser die Entscheidungen«.

Edmund Phelps, der Wirtschaftsnobelpreisträger, hat Innovationen einmal so definiert: »Innovation ist eine neue Methode oder ein neues Produkt, das irgendwo in der Welt zu einer neuen Praxis wird.« Damit hat er gut beschrieben, was Firmen wie *Iceye* tun. Innovation ist etwas anderes als Technologie, Technik oder Grundlagenforschung. Bei Innovation geht es darum, etwas Neuartiges anzuwenden und in der Praxis zu etablieren. Technologie entsteht sprunghaft und in großen Schritten, Innovation hingegen graduell, in vielen kleinen Verbesserungen. Rafal Modrzewski ist nicht der Erfinder des Radars. Der experimentelle Beweis der Reflexion elektromagnetischer Wellen durch metallische Gegenstände gelang erstmals Heinrich Hertz 1886 rund 100 Jahre, bevor Modrzewski geboren wurde. 1935 wurde zum ersten Mal ein Flugzeug per Radar geortet; im Zweiten Weltkrieg fand die Technik erstmals breite Anwendung. Modrzewskis Beitrag zur Innovation besteht in der praktischen Kombination bereits vorhandener Technologien und in der Umsetzung zahlreicher Verbesserungen in die Wirklichkeit. Modrzewski macht Radaraufnahmen aus dem Weltall billig und stellt sie potenziell Millionen Firmen und Menschen zur Verfügung, die früher keinen Zugriff darauf hatten. Er entreißt sie dem Monopol des Militärs. Er zivilisiert und demokratisiert die Technologie. Seine Rolle gleicht damit eher der von Thomas Alva Edison, Henry Ford oder Gottfried Daimler als der von Newton, Galileo oder Planck.

Matt Ridley, der britische Politiker, Unternehmer und Autor, hat mit »How Innovation Works« ein kluges Buch über Innovation geschrieben. Darin argumentiert er: »Innovation ist der wichtigste Bestandteil der modernen Welt, zugleich aber auch der am wenigsten verstandene.« Sie sei der Grund, warum die meisten Menschen heute wohlhabender lebten und weisere Entscheidungen treffen könnten als ihre Vorfahren, weshalb in den vergangenen Jahrhunderten enorme Reichtümer entstanden seien und weshalb sich extreme Armut zum ersten Mal in der Geschichte auf dem Rückzug befände. In seiner eigenen Lebenszeit sei die Quote bitterer Armut von 50 auf nur mehr 9 Prozent gesunken.

In einer ähnlichen Theorie spricht die amerikanische Professorin und Wirtschaftshistorikerin Deirdre McCloskey von »Innovationismus«: der Anwendung neuer Ideen zur vorsätzlichen Erhöhung des Lebensstandards. Innovationismus liefert aus ihrer Sicht die einzig nachvollziehbare Erklärung für den Wohlstandszuwachs der vergangenen Jahrhunderte. Alle anderen gängigen

Erklärungen schieden aus ihrer Sicht aus, da sie keinen direkten kausalen Zusammenhang böten: »Welthandel wuchs schon lange vor der jetzigen Wohlstandsperiode an, doch er brachte koloniale Ausbeutung mit sich und trug schon deswegen nicht nennenswert zur Steigerung der Durchschnittseinkommen bei«, argumentiert sie. Handel als solcher erzeuge nie genug Kapital zur Finanzierung neuer unternehmerischer Vorhaben. Auch stiege die Arbeitsproduktivität ohne Innovation nie weit genug an, um Menschen den Raum für neue Projekte zu schaffen. Ackerbau, Viehzucht und Manufakturen hätten in zurückliegenden Epochen alle verfügbaren Arbeitskräfte gefesselt. Niemand habe die Muße besessen, mit neuen Formen der Beschäftigung zu experimentieren. »Auch großartige Entdeckungen und Erfindungen wie von Galileo oder Newton trieben keinen Zuwachs von Wohlstand an«, schreibt McCloskey. Von Galileos Erfindung der wissenschaftlichen Methode oder seiner Kinematik konnte sich zunächst niemand ein Stück Brot kaufen, ebenso wenig wie von Newtons Gravitationslehre oder Himmelsmechanik. »Nur sehr wenige der Innovatoren, die echten Wandel brachten, waren ausgebildete Wissenschaftler.« Die Forscherin ist überzeugt: Innovation kommt in den allermeisten Fällen aus den Händen von Praktikern. Sie sind es, die den Wohlstand treiben.

Auch die Firma *Mynaric* aus München ist dafür ein gutes Beispiel. Bulent Altan stellt mit seinem Team Laserkommunikationssysteme her. Damit tauschen Satelliten Daten untereinander aus und funken sie zum Boden. Die genutzte Bandbreite ist dabei wesentlich größer als bei normalem Funk. Sein Unternehmen produziert die Infrastruktur für die Übermittlung großer Datenmengen aus dem Weltall. Ein bedeutender Schritt in die Zukunft, denn für die Lösung zentraler Probleme der Menschheit wird das wichtig werden.

Stefan Brieschenk, Jörn Spurmann und Stefan Tweraser von der *Rocket Factory Augsburg* wiederum bauen Raketen eines neuen

Typs, ebenso Daniel Metzler von *Isar Aerospace* in München. Die Raketen beider Unternehmen sind unerreicht billig und demokratisieren den Zugang zum All. Geplant ist bei den Münchnern mindestens ein Start pro Woche von europäischem Boden aus. Das heißt: Den Transport von Satelliten muss man nicht mehr Monate im Voraus buchen. Auch fallen die Wege zur Startrampe fiel kürzer aus. So kommt eine neue Generation von Innovation zu einem Bruchteil der bisherigen Kosten in den Orbit.

Welche Vorteile das hat, zeigt sich schon jetzt. Die Firma *One-Web* aus Großbritannien betreibt eine große Konstellation von Kommunikationssatelliten und gilt als europäisches Pendant zu *Starlink*. Mit Hilfe dieser Technik finden Landstriche Anschluss ans 5G-Internet, die bislang davon ausgeschlossen waren. Das Gefälle von Stadt und Land schwindet und mit ihm die Privilegien urbanen Wohnens, strukturschwache Regionen hingegen bekommen neue Chancen.

Planet Labs aus San Francisco mit Will Marshall an der Spitze unterhält eine riesige Konstellation optischer Fotosatelliten. Jeden Morgen um halb elf Uhr Ortszeit fotografieren sie jeden Fleck der Erde einmal von oben. Viel öfter und preiswerter als bisher können Oberlandleitungen, Kanäle, Lkw-Flotten, Gletscher, Polkappen, Wüsten, Wälder, Felder und Flüsse observiert werden. Die Satellitenleitzentrale von *Planet Labs* sitzt jedoch nicht in den USA, sondern am Potsdamer Platz in Berlin. Hier fand *Planet Labs* die passenden Experten und kann gegenüber der Politik reklamieren, Arbeitsplätze auch in Deutschland geschaffen zu haben – das ist hilfreich bei der Vergabe von staatlichen Aufträgen. »Geo-Return« nennen Fachleute das, also Umsatz in einem Land, auf dessen Territorium man Leute beschäftigt.

Picterra, ein Unternehmen aus der Schweiz, erkennt aus der Luft, ob Staudämme halten oder Wälder brennen. Eine andere Firma warnt vor umgefallenen Bäumen auf Bahnlinien und verrosteten Eisenklammern, mit denen die Schienen auf Schwellen fixiert sind. Das verhindert Unfälle und erhöht die Betriebsbereitschaft öffentlicher Verkehrsmittel.

All diese Unternehmen tüftelten so lange, bis es endlich geklappt hat. »Lieber entwickeln wir schnell neue Baureihen und lernen aus Fehlern, als von Anfang an ausschließlich auf Sicherheit zu setzen«, sagt auch Modrzewski. Bei der Europäischen Weltraumbehörde ESA hat noch nie ein Satellit gestreikt. Dafür sind die Geräte zehnmal so teuer und brauchen viele Jahre in der Entwicklung. »Wenn ich es mir aussuchen könnte«, sagt ein ehemaliger hochrangiger ESA-Manager, der nicht genannt werden möchte, »hätte ich es auch lieber schneller, preiswerter und fehleranfälliger gehabt. Unter dem Strich ist das besser. Man kommt dem Ergebnis durch Fehler und Lernen schneller näher. Doch leider gibt das staatliche System das nicht her.«

* * *

Szenenwechsel. Eine Neuerung ganz anderen Typs sind Blitzlieferdienste. Stiften sie ähnlich hohen Nutzen wie Satelliten? Sind auch sie innovativ? Tragen sie überhaupt zum Fortschritt bei? Kağan Sümer ist einer der prominentesten, dynamischsten, aber auch umstrittensten Gründer des Landes. Er hat den Blitzlieferdienst *Gorillas* aus seinem Wohnzimmer heraus gegründet. Sümer ist leidenschaftlicher Radfahrer. Aus dem Radfahren machte er kurzerhand ein Millionengeschäft. »Im Herz bin ich Rider«, sagte er dem *Spiegel*. »Ich bin madly in love mit Fahrrädern.« Das Nachrichtenmagazin zeigte sein Bild sogar ganzseitig auf dem Titelblatt einer Sonderbeilage zum Thema Innovation.

Auf Sümers Unterarm prangt das Tattoo eines Fahrrads, auf seinem Kopf trägt er fast immer eine Basecap. So entspannt sein Look, ist doch irgendwie auch Teil des Images und seine Geschichte wie gemacht für eine Öffentlichkeit, die Heldenstorys von Selfmade-Milliardären geradezu aufsaugt. Seine Physiognomie ist die eines Radathleten, nicht vom Typ Tour de France, sondern vom Typ Bike-Kurier in Manhattan. Mal fährt er glatt rasiert, mal mit Bartschatten, mal mit Zehntagebart. Er spricht eine Mischung aus Deutsch und Englisch. Kein Satz kommt ohne englische Brocken aus. Manchmal ist es der Slang der Rider, manchmal der Jargon der Unternehmensberater. Sümer hat sich hochgekämpft. Er ist der Sohn einer Ärztin und eines Arztes aus Istanbul, Jahrgang 1987, privilegierter Schüler an Privatschulen, Kapitän der türkischen Wasserball-Jugendnationalmannschaft, Absolvent der Mechatronik, getrieben von dem Verlangen, Unternehmer zu werden, besessen, es allen zu zeigen, geladen mit dem Drang nach Unabhängigkeit, fasziniert von der Lieferkultur für Lebensmittel in der Türkei. Aus taktischen Gründen absolvierte er zuerst eine Station als Berater bei *Bain & Company* in Istanbul. Drei Jahre hielt er es dort aus. Dann folgten der Ausbruch und Umzug nach Berlin. 100 Euro steckten in seiner Tasche, als er ankam, für 88 Euro kaufte er sich sogleich ein Fahrrad. Zuerst landete er bei *Rocket Internet*, der Firma der Samwer-Brüder, das sich mit der Finanzierung von Start-ups nach internationalem Vorbild einen Namen machte. Ein paar Jahre zuvor hatte Sümer fünf Bewerbungen dorthin geschrieben, aber keine Antwort erhalten. Jetzt wird er Co-Founder bei den *Rocket Internet Ventures*.

Doch für das betreute Gründen in großen Strukturen ist er nicht gemacht. Kağan ist ungeduldig mit sich selbst, mit der Welt um sich herum und mit seiner Karriere. »Ich habe noch nie bei Amazon bestellt. Dauert mir zu lange«, sagt er. Ihm fiel auf, dass Lebensmittellieferungen in Berlin viel zu viel Zeit kosten. »Das kann doch nicht sein. In der Türkei geht das im Handumdrehen.« Wie selbstverständlich bringen Kaufleute ihren Kunden dort die Ware in die Küche. Immer steht ein Lieferjunge parat, um der alten Dame zu helfen. »Meine Mutter hat das Fenster aufgemacht und gerufen. Zwei Brote, Eier und so weiter«, erzählte Sümer dem OMR-Podcast von Philipp Westermeyer. »Und der Kiosk gegenüber hat die Waren dann gebracht, und meine Mutter hat einen Korb heruntergelassen. Das Ganze hat zehn Minuten gedauert.« Aus dieser Tradition machte das Start-up *Getir* in der Türkei ein großes Geschäft. *Getir* zog den Service des Kaufmanns um die Ecke auf eine riesige Plattform und ist heute das zweitwertvollste Start-up des Landes. In den USA gibt es seit 2013 etwas Ähnliches: *Gopuff,* gegründet in Philadelphia, greift den Einzelhandel frontal an. Immer mehr Amerikaner setzen zum Einkaufen keinen Fuß mehr vor die Tür. *Gopuff* bringt die Lebensmittel, Amazon den ganzen Rest. Rund 40 Milliarden Dollar ist *Gopuff* Ende 2021 auf dem Papier wert und fast fünf Milliarden Dollar Wagniskapital sammelte es ein. Amazon selbst liefert unter der Marke *Fresh* ebenfalls Lebensmittel aus, konkurriert aber nicht mit den Blitz-lieferdiensten. Seine Logistik ist nicht dafür ausgerüstet, Kohlrabi mal eben die Straße hinunterzufahren, dafür besitzt der Konzern zu wenige Auslieferungslager und lokale Fahrer.

Kağan radelte durch Berlin. In seinem Kopf rumorte es. Zum Supermarkt sind es mit dem Rad doch nur drei Minuten, dachte er. Weshalb braucht der Rewe-Lieferdienst dann drei Stunden? Warum muss man sich ein lästiges Lieferfenster aussuchen? Viel-leicht hat man in zwei Stunden ja etwas anderes vor? Die Milch im Kühlschrank ist leer, der Flat White wird jetzt gebraucht, also muss der Bote jetzt kommen. Kağan kalkulierte Strecken und Kosten. Dann stellte er seine Wohnung mit Regalen voll, bis nur noch die Yogamatte seiner Frau hineinpasste. Er kaufte Waren ein, verteilte Handzettel in der Nachbarschaft, nahm Bestellungen an und fuhr die ersten Touren aus. Dann heuerte er die ersten Mitarbeiter an. Heute sind es 10 000. Verkaufen kann er. Ex-Kollegen bei *Rocket* erzählen, wie Sümer eines Tages *Zalando,* einer *Rocket*-Beteiligung, bei einem opulenten Offline-Ausverkauf in der Berliner Veranstal-tungshalle *Station* am Gleisdreieck aushalf. »Sümer stand an einer der Kassen, genau wie wir«, berichtet jemand. »Es gab viele Kassen. Jeder hatte die gleiche Chance auf Umsatz. Die Leute konnten sich überall anstellen. Doch am Ende des Tages hatte Sümer doppelt so viel Geld in der Kasse wie wir.« Sein Trick war einfach: »Passiv abkassieren kann er einfach nicht. Er ist der geborene Upseller. Eine Frau stellte sich an seiner Kasse an, und er sagte ihr: ›Die Bluse steht dir super, aber schau doch mal da hinten, da gibt es noch die passenden Leggings.‹ Schon ging sie los und holte sich auch noch die Leggings. So machte er es den ganzen Tag lang.«

Gern erzählt Sümer auch die Geschichte, wie er von Istanbul nach China mit dem Fahrrad fuhr. In Dörfern spielte er Schach um ein Pferd. Mit null Budget kam er neun Monate lang aus, und auf den 5500 Kilometern Strecke trommelte er 35 Fahrräder für bedürftige Kinder im indischen Anantapur zusammen. Als später seine *Gorillas*-Boten revoltieren, weil ihr Geld zu spät kommt, sie sich unterbezahlt fühlen und die Arbeitsbedingungen unerträglich finden, reagiert Kağan mit einer Radtour. Alle deutschen Filialen will er auf einer Rundreise abklappern. Wenn er vor den Auslieferungslagern steht, wirkt er etwas verloren zwischen seinen Leuten. Früher war er einmal einer von ihnen, jetzt ist er ihr Chef. Sein Herz schlägt für die Boten. Aber ihnen geben, was sie verlangen, das kann er trotzdem nicht. Dann wäre *Gorillas* pleite. Nur 1,80 Euro nimmt seine Firma pro Tour ein, und die Lebensmittel kosten nicht mehr als im Supermarkt. Eine hauchdünne Marge, von der nicht viel für die Boten übrig bleibt.

Gorillas gibt es seit März 2020. Noch nie ist ein junges Unternehmen in Deutschland so schnell so wertvoll geworden. Anderthalb Jahre später hat *Gorillas* 1,1 Milliarden Euro Wagniskapital erhalten und ist damit Ende 2021 rechnerisch 2,6 Milliarden Euro wert. *Delivery Hero* stieg jüngst mit 200 Millionen Euro ein. Der Umsatz liegt vermutlich zwischen 100 und 260 Millionen Euro. Das allein würde die hohe Bewertung aber noch nicht rechtfertigen. Doch das Wachstum ist nach wie vor immens. Monat für Monat steigen die Verkaufszahlen um zweistellige Prozentsätze. Kağan Sümers Expansionskurs ist so aggressiv und kompromisslos, wie es früher seine Radtour nach China war. Ende 2021 gab es Filialen in 23 deutschen Städten, außerdem in zwei belgischen, einer dänischen, fünf französischen, vier italienischen, zehn niederländischen, vier spanischen und fünf britischen Ortschaften. Ein Ende dieser Ausbreitung ist nicht in Sicht.

Gorillas sieht sich im Dienst eines höheren Guts. »Ich glaube nicht, dass es jemals einen Höhlenmenschen gab, der gesagt hat: Wir gehen jetzt nicht jagen, wir warten bis Samstag, und dann gehen wir alle zusammen auf die Jagd«, sagt Sümer. »Bedürfnisse aufzuschieben und zu sammeln und dann – wie einen Wocheneinkauf – in einem Zug zu erledigen, das steckt nicht in unseren Genen«. Ohne Zweifel hat *Gorillas* einen *Pain Point* seines Publikums gefunden, den es zu heilen versucht. Doch die Nachteile des Modells sind nicht zu übersehen.

Die Torstraße in Berlin läuft zwei Kilometer weit durch die östliche Innenstadt, sie trennt den Bezirk Mitte vom Prenzlauer Berg. Sanft biegt sie sich vom Soho House bis zur Chausseestraße und touchiert auf ihrem Weg den Rosenthaler Platz. Laut ist sie, verkehrsreich, voll und über weite Strecken hässlich. Doch wegen ihrer Nähe zur Start-up- und Technologieszene gilt sie als hip. In Hausnummer 205, direkt gegenüber der Metropolitan School, sitzt im Erdgeschoss eine *Gorillas*-Filiale. Sie macht diesen wenig charmanten Teil der Torstraße noch ungemütlicher. Die Fensterscheiben sind zugeklebt. Durch die offene Tür schaut man in ein vollgestelltes Lager. Im Winter fällt kaltes Neonlicht auf den Bürgersteig. Ein Dutzend Fahrradkuriere vertreibt sich im Halbdunkel die Zeit. Einige sitzen auf Bierkästen und spielen Karten. Es hagelt Beschwerden von Anwohnern: »Da lungern ständig Leute auf der Straße herum«, sagen viele. Kağan Sümer hat darauf reagiert und Aufenthaltsräume geschaffen. »Die Läden werden mit lauter Technomusik beschallt, um die aufgepeitschte, motivierende Stimmung in einer Wasserballer-Umkleide nachzuahmen«, sagt er. Doch viele Boten warten trotzdem lieber drau-

Blitzlieferdienste begeistern Investoren

Wagniskapital für Lieferdienste nach dem Zehn-Minuten-Modell weltweit in Milliarden Dollar für die Jahre 2018 bis 2021 nach Erhebungen der Informationsdatenbank Pitchbook

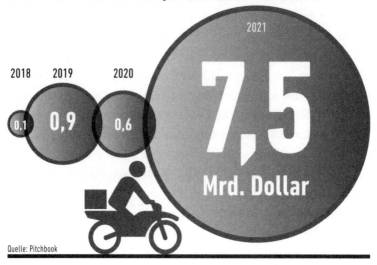

Quelle: Pitchbook

Viele institutionelle Anleger glauben an einen fundamentalen Wandel des Einzelhandels. Deswegen unterstützen sie neuartige Lieferdienste mit Wagniskapital.

ßen. Ihnen bleibt kaum eine Wahl. Bei *Delivery Hero* rücken die Fahrer erst an, wenn das Essen fertig ist. Sie laden die Pizza ein und radeln gleich wieder los. Bei *Gorillas* aber gehört das Warten vor Ort zum Geschäftsmodell. Die Boten stehen sich die Beine in den Bauch, bis der nächste Auftrag kommt. Wären sie nicht vor Ort, könnte die Lieferung in zehn Minuten niemals klappen. Zwischendurch können sie nichts anderes erledigen. Inzwischen hat sich das Bezirksamt eingeschaltet, schlägt jedoch bislang einen milden Ton an. Waren dürfen nicht auf dem Bürgersteig stehen. Aber man will das dynamische Start-up *Gorillas* auch nicht vergraulen. Schließlich fahren die Boten Fahrrad statt Auto, und die Stadt wird immerhin von einer rot-rot-grünen Koalition regiert. Fahrradboten passen ins Konzept.

Die Liste der negativen Begleiterscheinungen geht weiter. Zum einen ist da die soziale Frage. Im 19. Jahrhundert warteten Tagelöhner vor den Fabriken der Textilbarone. Der Dienstherr entschied an der Pforte, wer einen Job bekam. Alle anderen zogen wieder ab. Heute geht es härter zu. Die Leute vor den *Gorillas*-Türen sind keine Tagelöhner mehr, sondern Minutenlöhner. Es ist nicht länger ein Fabrikant, der die Aufträge verteilt, sondern eine App. Konkurrent *Getir,* mittlerweile auch auf Expansionskurs in Deutschland, agiert anders und stellt seine Fahrer bereits fest an. *Gorillas* und *Flink* werden vermutlich irgendwann nachziehen. Doch selbst mit sozialversicherungspflichtiger Beschäftigung entstehen hier nur prekäre Jobs mit extrem niedriger Wertschöpfung und Bezahlung. Kann dies ein Gegenmodell zum gut ausgebildeten, hoch bezahlten Facharbeiter der Industrie sein? Hat die Digitalisierung nichts anderes zu bieten als algorithmisch organisiertes Prekariat?

Auch für Straßenbild und Stadtleben sind Lieferdienste ein Rückschlag. Auf diesem Abschnitt der Torstraße entsteht ein totes, bedrückendes Stück Stadt. Bevor *Amazon, AboutYou* und *Zalando* Einzelhändlern den Garaus machten, hätte in diesem *Gorillas*-Lokal vielleicht eine Boutique oder eine Papeterie reüssieren können. Rundherum in den Nebenstraßen wohnt modernes, kulturbewusstes Bürgertum. Vielleicht hätte ein Bioladen eine Chance gehabt. Heute schaut dieses Publikum in die Tristesse der Gig Economy. *Gorillas* nimmt seiner Kundschaft den letzten Gang vor die Tür ab, verödet dabei aber unweigerlich den städtischen Raum. Blitzlieferdienste können nicht vom Gewerbegebiet aus operieren. Von dort aus wären die Wege zu lang. Blitzlieferdienste sitzen genau dort, wo früher der Grieche, der Italiener oder die Eckkneipe Flair und Leichtigkeit verbreiteten. Die Gastronomen aber wurden von Corona, *Wolt* und *Delivery Hero* schwer gebeutelt. Je mehr von ihnen aufgeben, desto stärker geraten die Mieten unter Druck. Erst ziehen *dm* und *Rossmann* ein, und wenn es auch die nicht mehr schaffen, greifen *Gorillas, Flink* und *Getir* die Flächen kostengünstig auf.

Je bequemer der Einkauf für Onlineshopper wird, desto rapider verfällt der öffentliche Raum. Marktplätze werden zu Logistikdrehscheiben. Restaurants, Blumenläden, Elektroläden, Einrichter und Handwerker räumen das Feld. Das hat auch Auswirkungen auf die körperliche Gesundheit. Zwar sitzt nicht jeder, der online bestellt, als Couch-Potato vor dem Fernseher oder als Gamer vor dem Rechner. Oft bestellen Menschen online, die etwas Besseres vorhaben als in der Supermarktschlange zu warten. *Gorillas* verschafft ihnen *Quality Time* für ihre Familie und zusätzliche Arbeitszeit für ihren Beruf. Dadurch entsteht sozialer und ökonomischer Nutzen. Arbeitsteilung bedeutet, sich auf das zu konzentrieren, was man am besten kann und womit man den höchsten Mehrwert stiftet. Einkaufen im Supermarkt stiftet wenig Wert, außer beim Supermarkt selbst. Fast jeder kann die Zeit des Einkaufens gewinnbringender anderswo einsetzen. Trotzdem kann Bequemlichkeit zur Sucht werden. Wenn alle Waren auf Knopfdruck nach Hause gelangen, werden bei manchen Menschen Kontaktarmut und Bewegungsmangel auf Körper und Gemüt schlagen.

Auch setzen wir uns der Gefahr aus, uns selbst noch stärker im Homeoffice auszubeuten als bisher. Eingeschlossen in endlosen *Zoom*-Calls, Minute für Minute durchgetaktet, kaum genug Zeit für ein Mittagessen und dann noch nicht einmal Obst, Gemüse und Milch einkaufen gehen, weil Chef und Kollegen dies angesichts von *Gorillas* als Zeitverschwendung erachten – eine solche Zukunft erscheint wenig attraktiv. Die Kosten-Nutzen-Bilanz der Blitzlieferdienste fällt also durchwachsen aus. Vieles ist gut, manches ist schlecht.

Auf welche Themen sollten Innovatoren sich also in den kommenden zehn Jahren konzentrieren? Sollte es mehr *Iceyes* oder mehr *Gorillas* geben? Ein interessanter Ratgeber in dieser Sache ist Karl Marx. Der Historiker Herfried Münkler hat in seinem Buch »Marx, Wagner, Nietzsche. Welt im Umbruch« beschrieben, wie Marx als Theoretiker und Ökonom auf Technik schaute. Dabei entpuppt sich Marx als Anhänger von Hightech. Er sieht Fortschritt vor allem dort, wo Innovation reales Leid bekämpft und das Leben zum Besseren wendet. Mit Verbesserung meinte Marx keine kleinen Gewinne an Bequemlichkeit, sondern weltverändernde Zuwächse an Qualität. In gewisser Weise forderte also schon Marx Life Changer ein.

Innovation galt ihm auch als Mittel zum Umsturz der Machtverhältnisse. »Kampf gegen die Bourgeoisie« nannte er das, was wir heute »Demokratisierung von Technologie« nennen würden. Herfried Münkler schreibt: »Für Marx standen bei der Charakterisierung der Gegenwart ihre Kraft und Energie, ihre weltverändernde Dynamik im Mittelpunkt. Marx bewunderte die Fortschritte der Technik, vor allem die der Naturwissenschaft.« Das lag auch mit daran, dass Marx, ähnlich wie Goethe, unter schweren Schmerzen litt. Schon Antibiotika hätten ihm helfen können, wenn sie zu seinen Lebzeiten bekannt gewesen wären. »Neben den Karbunkeln, die ihn seit 1863 quälten und bis zu seinem Tod nicht losließen, an denen er mithin zwanzig Jahre litt – auch bei seiner letzten Reise, der nach Algier und Monaco, musste er wegen eines faustgroßen Karbunkels am Rücken behandelt werden.«

Zudem quälten ihn Leberleiden und regelmäßig auftretende Lungenkatarrhe, die sich schnell zu einer Lungenentzündung auswachsen konnten. Marx fürchtete, diese Krankheiten von seinem Vater geerbt zu haben und an seine Kinder, zumal die beiden Söhne, weitervererbt zu haben. Münkler schreibt weiter: »Die Segnungen des wissenschaftlich-technologischen Fortschritts sollten dabei allen Menschen zugutekommen, gleich und gerecht. Leid und körperlicher Schmerz waren für Marx, zu einem erheblichen Teil jedenfalls, eine Folge davon, dass das (noch) nicht der Fall war. Wie das ›Reich der Notwendigkeit‹ zurückgedrängt werden konnte, um dem ›Reich der Freiheit‹ mehr Platz zu verschaffen, so sollten auch Schmerz und Leid so weit zurückgedrängt werden, wie dies der biologisch-medizinische Fortschritt zuließ.« Dass Schmerz und Leid dabei nicht restlos verschwinden würden, war Marx klar; auch würde das »Reich der Notwendigkeit« nie gänzlich verschwinden. »Aber wie viel Platz Leid und Schmerz im Leben der Menschen einnahmen, war vor allem eine soziopolitische Frage«, glaubt Münkler. »Marx war in dieser Hinsicht alles andere als ein Utopist, der über eine Verwandlung des menschlichen Leibes nachdachte und der Idee eines neuen Menschen anhing, der weder Schmerz noch Leid kannte. Ihm ging es um Befreiung – und nicht um Erlösung.«

Hiermit liefern uns Marx und Münkler hilfreiche Fingerzeige. Die Vermeidung von Leid und Schmerz sind wichtige Indikatoren für Fortschritt. Aus dem »Reich der Notwendigkeit« überzuwechseln in das »Reich der Freiheit«, ist ein Akt der Emanzipation. Fronarbeit abzulegen und Krankheit wie Hunger hinter sich zu lassen, ist ein Ziel, das Innovation helfen kann zu erreichen. Es kann also sinnvoll sein, den Begriff des Fortschritts sehr eng auszulegen. »Sie haben uns fliegende Autos versprochen, und bekommen haben wir 140 Zeichen«, hat *PayPal*-Gründer Peter Thiel einmal gesagt. Kann es das gewesen sein?

Vielleicht haben wir uns in den vergangenen 20 Jahren zu lang damit aufgehalten, soziale Netzwerke auszubauen und uns Pizza ins Haus liefern zu lassen. Beider Nutzen ist ambivalent. Vorteile werden scharf durch Nachteile kontrastiert. Dichte Vernetzung kam zum Preis von Fake News und der Untergrabung der Demokratie. Bequeme Lieferung beförderte prekäre Arbeitsverhältnisse, unausgewogene Ernährung, Verödung der Städte und Bewegungsarmut. Vielleicht sollten wir uns in den kommenden zehn Jahren auf Innovationen klareren Nutzens konzentrieren. Vielleicht legen wir es besser nicht mehr auf Vereinfachung, sondern auf Verkomplizierung an. Vielleicht bohren wir besser keine dünnen Brettchen mehr, sondern dicke Bohlen. Viel wäre schon gewonnen, wenn wir bahnbrechende neue Technologien erforschen und in die Praxis umsetzen würden. Technologien, die Hunger, Tod und Krankheit bekämpfen, das Klima retten, gut bezahlte Arbeit schaffen und mehr Gerechtigkeit in die Welt bringen. Billigjobs haben wir schon jetzt genug. In Zukunft wird es darauf ankommen, hoch qualifizierte Arbeit zu stattlichen Löhnen an möglichst vielen Orten der Welt zu schaffen. Das gelingt am besten mit Hightech.

»Die Welt steht erneut vor einer Dekade technologischer Disruptionen, unter anderem in der Medizin, der Ernährung, der Raumfahrt und beim Einsatz von Robotern«, schreibt *Handelsblatt*-Chefredakteur Sebastian Matthes, der seit jungen Jahren über Technologie berichtet. »Die vergangenen Jahre wurden von Technik-Apologeten immer wieder als verlorene Ära bezeichnet: Sprachassistenten sorgen immer noch für Verwirrung im Alltag ihrer Nutzer. Autos steuern immer noch nicht – wie von Elon Musk versprochen – autonom durch die Städte. Und die bekanntesten digitalen Innovationen der vergangenen Jahre waren die Zeittotschläger YouTube, Facebook und Twitter.« In den kommenden Jahren könne es aber endlich wieder um Themen gehen, die echten Nutzen stifteten: »Abseits der großen Hypes und Visionen hat sich das Fundament gebildet, die Basis für viele Innovationen, die in den nächsten Jahren bevorstehen.«

Doch ist es »echter Nutzen«, der da entsteht? Gibt es objektive Maßstäbe dafür, oder bleibt das Urteil dem persönlichen Geschmack jedes Einzelnen überlassen? Interessant sind in diesem Zusammenhang die Arbeitsergebnisse des Wirtschaftshistorikers Napoleon Hill (1883–1970), der den größten Teil seines Berufslebens darauf verwandte, die Erfolgsrezepte der bekanntesten Unternehmer seiner Zeit zu untersuchen. Von Andrew Carnegie bis zu Henry Ford gewährten ihm nahezu alle Größen seiner Epoche ausführliche Interviews. Aufschluss über »echten Nutzen« gibt seine Langzeitstudie deswegen, weil sie Momentaufnahmen zu Weisheiten destilliert. Sie stellt sozusagen die Essenz dessen statt, was mehrere Generationen von Innovatoren früherer Epochen beobachtet haben. Die Lektüre hilft dabei, Strömungen unserer heutigen Zeit in eine historische Perspektive zu setzen. Hill schrieb eine mehrbändige Studie über sein Thema und fasste die wichtigsten Thesen dann in einem populären Sachbuch namens »Think and Grow Rich« zusammen. Es wurde zu einem Weltbestseller. Auch heute noch gehört es in Deutschland zu den meistverkauften Wirtschaftsbüchern.

Von Hill lernen wir, dass großer Erfolg von Produkten auf der Bekämpfung tief sitzender Urängste beruht. Den Kern seiner Forschung fasste Hill so zusammen: Es gibt sechs Urängste des Menschen. Aus diesen Urängsten leiten sich alle weiteren Ängste ab. Innovation – so können wir Napoleon Hill interpretieren – schafft dann »echten Nutzen«, wenn sie dazu beiträgt, gegen diese Urängste anzugehen. Die sechs Urängste heißen im Text des amerikanischen Originals: »The fear of poverty. The fear of criticism. The fear of ill health. The fear of loss of love of someone. The fear of old age. The fear of death.« Armut, Kritik, Krankheit, Verlust eines geliebten Menschen, Alter und Tod sind also jene Dinge, die wir Menschen am dringendsten vermeiden möchten. Von Lieferservices, Fotosharing-Apps, Influencern und *TikTok* ist da keine Rede. Fortschritt können wir nach Napoleon Hill also als Innovationen definieren, die dabei helfen, Urängsten den Grund zu entziehen. »Echter Nutzen« ist das, was die Sorge um unsere Existenz mildert oder sogar unnötig macht.

Auch die Vereinten Nationen rufen dazu auf, an den grundlegenden Problemen der Menschheit und ihrer Umwelt zu arbeiten. Sie haben 17 Ziele für die nachhaltige Entwicklung definiert, die sogenannten »Sustainable Development Goals«. Bei diesen Zielen geht es um Ernährung, Gesundheit, Bildung, Gleichstellung, Wasser- und Sanitätsversorgung, nachhaltige Energie, nachhaltiges Wachstum, Infrastruktur, Gerechtigkeit, Städtebau,

Klimawandel, Meeresschutz, Landwirtschaft, Frieden und Partnerschaft. Herauslesen lässt sich aus ihnen etwas Ähnliches wie aus den Werken von Karl Marx und Napoleon Hill: Fortschritt ist, wenn Menschen und Tiere weniger leiden, Krankheiten schwinden, der Tod später eintritt, das Altern verlangsamt wird, Hunger ausgerottet wird und der Planet dabei intakt bleibt.

Die von Napoleon Hill beschriebenen Unternehmen genossen deswegen großen Erfolg, weil ihre Produkte den Kunden halfen, Urängste abzulegen. Gleichzeitig kann damit Gutes im Sinne der Entwicklungsziele der Vereinten Nationen getan werden. Im Folgenden werden wir uns den sechs drängenden Problemen der Menschheit widmen und sehen, wie aus diesem Drang Innovationen entstehen. Um sie und den Wert, den sie schöpfen, einordnen zu können, orientieren wir uns eng an Napoleon Hill und den Entwicklungszielen. Die folgenden Kapitel handeln von Energie, Kommunikation, Mobilität, Gesundheit, Ernährung und Gesellschaft. Wir untersuchen, wie Innovationen helfen können, pressierende Probleme auf diesen Feldern zu lösen. Dabei richten wir den Blick eher auf Firmen wie *Iceye* als auf Unternehmen wie *Gorillas*. Vielleicht ist das unfair gegenüber *Gorillas*. Doch nach Jahrzehnten der digitalen Steigerung unserer Bequemlichkeit ist es nun an der Zeit, unser Innovationsgeschick zur Behebung existenzieller Probleme anzuwenden. Vielleicht ist sogar die Zeit gekommen, über den unmittelbaren eigenen Nutzen hinauszudenken und vorsätzlich die ernsthaften Krisen anzugehen, vor denen unsere Erde und ihre Bewohner stehen. Eine Epoche von *Deep Tech* steht bevor, von lebensverändernden, technologisch anspruchsvollen Innovationen. Bahnbrechende Neuerungen lösen existenzielle Probleme aller leidensfähigen Lebewesen, also nicht nur der Menschen, sondern auch der Tiere. Diese Epoche tritt ein, wenn wir es wollen, bleibt aber aus, wenn wir der Innovation weiter nur *TikTok* und *Netflix* abverlangen. Wie die Geschichte weitergeht, liegt in unseren Händen.

Werfen wir zunächst einen gründlichen Blick auf das Thema aller Themen: auf Energie. Warum ist es so überragend wichtig? Weil alles, was wir in Zukunft tun werden, um unser Leben auf Erden von Leid zu befreien, unvorstellbare Mengen an Energie verschlingen wird. Wenn wir dieses Lebenselixier mit herkömmlichen Methoden produzieren, sterben wir vielleicht nicht mehr an Krebs, verbrennen aber in den Feuersbrünsten des Klimawandels. Am Anfang des Universums war nur Energie, und an seinem Ende wird nichts anderes übrig bleiben als Energie. Alle Materie besteht aus Energie, die für eine gewisse Zeit dingliche Form angenommen hat. Deswegen beginnen wir unsere Reise durch die sechs zentralen Arbeitsfelder der Menschheit mit dem Start- und Endpunkt aller Wesen: bei der Energie.

TEIL 2

MIKROSKOP: DIE WICHTIGSTEN PROBLEME DER MENSCHHEIT UND ANSÄTZE ZUR LÖSUNG

Energie:
Warum die Rettung des Klimas mehr Strom braucht, als wir heute produzieren, und woher er kommt

Die Klimapolitik der Nationalstaaten setzt auf Wind und Sonne, doch der Wandel bleibt weit hinter dem Notwendigen zurück. Eine gewaltige Energielücke klafft. Schließen lässt sie sich durch effizientere Technologie, mehr Versuch und Irrtum sowie durch Wasserstoffwirtschaft und eine Neuerfindung der Kernenergie.

»Die Energie ist tatsächlich der Stoff, aus dem alle Elementarteilchen, alle Atome und daher überhaupt alle Dinge gemacht sind, und gleichzeitig ist die Energie auch das Bewegende.«

WERNER HEISENBERG, PHYSIKER

In ihrem Kern ist die Klimakrise nichts anderes als eine Krise der Energie. Würden wir als Menschen zur Erfüllung unserer Wünsche und zur Verrichtung unserer Arbeiten keine Energie benötigen, wären unsere eigenen Lungen die größten menschengemachten Kohlendioxidemittenten der Welt, und über die Erhitzung des Planeten müssten wir uns keine Sorgen machen. Leider hat es die Natur nicht ganz so bequem für uns eingerichtet. Physiker widmen den größten Teil ihrer Zeit den Themen Materie und Energie sowie deren Wechselwirkungen in Raum und Zeit. Kein chemischer oder biologischer Vorgang läuft ohne Austausch und Umwandlung von Energie ab. Eine Welt ohne Beschäftigung mit

Energie wäre gleichzeitig auch eine Welt ohne Menschen, die sie beobachten können, denn jede Form des Sehens und Denkens verwandelt Energie von einem Zustand in einen anderen. Mit dem Lesen dieser Zeilen setzen meine Leserinnen und Leser Energie um, genau wie ich es beim Schreiben getan habe. Das Thema ist allgegenwärtig. Über Reformen unserer Energieversorgung lesen wir täglich in den Medien. So wichtig wie die Sache ist, verbreitet sie trotzdem eine gewisse Langeweile. Was wir zu lesen bekommen, sind endlose Geschichten von Mangelverwaltung. Auf die Dauer zehrt das an den Nerven. Schließlich besuchen wir alle lieber Kaufhäuser mit prall gefüllten Regalen als abgewirtschaftete Resterampen, deren Geschäftsführer uns händeringend von Lieferengpässen vorklagen. Fülle hat ihren Reiz, Mangel verbreitet Öde. So gesehen spinnt unsere heutige Energiewirtschaft die ödeste Geschichte von allen, die es zu erzählen gibt.

Beim Recherchieren und Schreiben dieses Buchs habe ich mir vorgenommen, der Langeweile ewiger Güterabwägungen und Trade-offs zu entkommen. Gab es nicht vielleicht etwas völlig Neues? Konnte nicht irgendjemand einen Traum träumen von unbegrenzter Energie ohne schädliche Folgen für die Umwelt? Wusste nicht irgendwer von einem Plan, der Gänsehaut hervorruft statt Gähnen angesichts des nächsten Streits über Abstand von Windrädern zu Wohnsiedlungen und den Verlauf von Stromtrassen über Kuhweiden? Hatte jemand eine Idee, wie wir uns unabhängiger machen können von Erpressung und Aggression durch Lieferanten wie Russland? Genau das würde die Welt gebrauchen können, um ihre ehrgeizigen Entwicklungsziele zu erreichen. Zum Beispiel ausreichend Trinkwasser für jeden Menschen auf der Erde, Bewässerung für Apfelplantagen mitten in der Wüste, Swimmingpools in jedem Garten, Duschen nach Herzenslust ohne Reue – das alles ist letztlich eine Frage der Energie. Salzwasser aus dem Meer lässt sich entsalzen. Diese Technologie beherrschen wir seit Langem. Doch Entsalzung verschlingt sündhafte Mengen von Energie. Fänden wir irgendwo den niemals versiegenden Jungbrunnen der Energie, wären damit schlagartig auch alle Wasserprobleme gelöst.

Die gute Nachricht ist: Es gibt tatsächlich Menschen und Firmen, die an unerschöpfliche Reservoirs von Energie glauben und daran forschen. Ist das naiv? Einerseits kann es uns nicht darum gehen, unseriösen Blütenträumen nachzuhängen, ohne Brief und Siegel für deren technische Machbarkeit vorweisen zu können. Andererseits gäbe es heute auch keine Telefone, wenn nicht irgendwann einmal jemand begonnen hätte, davon zu träumen, dass es effizientere Methoden der Nachrichtenübermittlung geben könnte als mit den Händen vor dem Mund in den Wind zu rufen. Lassen wir uns also kurz auf eine Fabelreise ein. Wie der Zufall es will, gibt es in Deutschland – mitten in München – eines der verwegensten, interessantesten und mutigsten Energieunternehmen der Welt. Wer diese Leute einmal kennengelernt und ihnen zugehört hat, der beginnt fast automatisch damit, ihnen die Daumen zu drücken, auf dass ihre Pläne gewinnen mögen. Die Rede ist von dem Start-up *Marvel Fusion*. Hören wir uns diese Geschichte für einen Moment an, nicht etwa, weil wir wüssten, dass diese spezielle Technologie ganz sicher Wirklichkeit werden wird, sondern um ein Gefühl für die Breite des Rahmens zu bekommen, den Innovatoren gerade aufspannen.

Marvel Fusion – was für ein Name! Wie eine Erfindung aus der Welt der Superhelden und Superschurken des Marvel Cinematic Universe klingt er. *Marvel Fusion,* das könnte eine geheime Atomanlage oder mysteriöse Kraftquelle von Captain America, Black Panther, Hulk oder Iron Man sein. Ein ganzer Spielfilm könnte davon handeln, wie die Avengers *Marvel Fusion* vor dem Zugriff eines wahnwitzigen Welteroberers bewahren. Die Wirklichkeit sieht etwas weniger dramatisch aus. *Marvel Fusion* residiert ganz zivil auf einer Etage des umgebauten Verwaltungsgebäudes der Stadtwerke in der Blumenstraße 28 im noblen Stadtteil Lehel.

Doch was ihre Gründer Moritz von der Linden, Karl-Georg Schlesinger, Georg Korn und Pasha Shabalin vorhaben, das würde selbst den begabtesten Storydesignern bei Marvel Entertainment Ehrfurcht einflößen. *Marvel Fusion* arbeitet an der kommerziell nutzbaren Kernfusion und damit an nichts weniger als der Erschaffung einer unerschöpflichen und gefahrlosen Energiequelle. In gewissem Sinne geht es dabei wirklich um die Rettung der Welt und das Besiegen von Schurken. Der Name ist also keine Übertreibung.

Doch der Schurke ist bei ihnen ein ganz anderer als die Widersacher der Comic-Superhelden. Wen sich die Münchner als Erzfeind auserkoren haben und wem sie mit ihrer Forschung den Kampf ansagen, das sind der Energiemangel der Welt und die bedrohlichen Folgen des Energiehungers auf das Klima. Gleichzeitig kämpfen sie dafür, dass auch die Armen Zugang zu Elektrizität bekommen. Beides ist wichtig. Raus aus dem Cinematic Universe – willkommen im Reich der Erfinder und Innovatoren.

Nach dem jüngsten Bericht der Internationalen Energieagentur (IEA) der OECD leben heute noch 700 Millionen Menschen ohne Strom. Sie sind somit von allen Segnungen der Elektrizität ausgeschlossen. Kein Internet, kein Fernsehen, kein Telefon, kein elektrisches Kochen, kein fließendes sauberes Wasser, kein Licht nach Einbruch der Dunkelheit, kein schneller Zugang zu medizinischer Versorgung. Diesen Menschen ist jede Teilhabe an der technischen Zivilisation versagt. Das kann so nicht bleiben. Bis 2030 die gesamte Menschheit ans Netz anzuschließen – ein Ziel, das etwa die von Ban Ki-moon, des ehemaligen Generalsekretärs der Vereinten Nationen, angestoßene globale Initiative Sustainable Energy for All (SEforALL) verfolgt –, erfordert es, bis dahin jedes Jahr das Leben von 100 Millionen Menschen zu elektrifizieren. Das allein wäre schon eine gewaltige Aufgabe; unverzichtbar, um Gerechtigkeit zwischen den Privilegierten und den Ausgeschlossenen zu schaffen. Doch das Ausmaß dieser Aufgabe wird noch bei Weitem überragt von den fast unüberwindlichen Schwierigkeiten, dem Klimawandel Einhalt zu gebieten. Es gilt, die Nettoemissionen von Treibhausgasen so schnell wie möglich auf null zu senken.

In ihrem »World Energy Outlook 2021« veröffentlichte die Internationale Energieagentur (IEA), eine autonome Einrichtung der OECD, unter der Überschrift »Eine neue globale Energiewirtschaft entsteht« folgende Einschätzung: »Diese neue Energiewirtschaft wird elektrischer, effizienter, vernetzter und sauberer sein. Sie ist das Ergebnis eines Segenskreises aus politischen Vorhaben und technologischer Innovation.« Schwung gewinnt dieser Kreislauf durch fallende Kosten. »In vielen Märkten stellen Wind- und Solartechnik nun die preiswerteste Form von Energie dar. Saubere Energie entwickelt sich zu einem wichtigen Arbeitsfeld für Investoren. Arbeitsplätze entstehen; internationale Kooperation und Wettbewerb nehmen zu.«

Doch auch wenn diese Lagebeurteilung optimistisch klingt: Ohne massive Eingriffe in den Maschinenpark unserer heutigen Energiegewinnung, ist der nötige Fortschritt nicht zu erreichen. Großes Aufräumen ist angesagt. Milliarden an Investitionen gehören abgeschrieben, weitere Milliarden müssen in neue Gerätschaften fließen. Das ist so, als würde man einer Familie sagen, innerhalb kurzer Zeit alle Maschinen im Haushalt vom Auto über den Thermomix und den Fernseher bis hin zur elektrischen Zahnbürste auszumustern und durch neue Apparaturen zu ersetzen – aber ohne dabei zwischendurch bankrott zu gehen. Eine echte Herausforderung, selbst wenn der nötige politische und wirtschaftliche Wille da ist. Im Fall des Klimaschutzes kann jedoch bekanntlich keine Rede davon sein, dass jeder Akteur diesen Willen mitbringt. Viele Protagonisten aus Wirtschaft und Staat taktieren und sehen das Einsparen von Kohlendioxid eher als Aufgabe der anderen als eine, der sie sich verpflichtet fühlen. Klimakonferenzen, wie zuletzt in Glasgow, legen Zeugnis davon ab. Selbst eine gemeinsame Absichtserklärung wurde von manchen der teilnehmenden Staaten bis zum Ende der Konferenz torpediert und schließlich nur in einer stark abgeschwächten Form ratifiziert. Die Menschheit tut sich schwer, ihre Maschinen auszuwechseln. Schließlich geht es um Billionen Dollar.

Bis zu einem gewissen Grad ist das sogar verständlich. Man kann jeden Euro oder Dollar nur einmal ausgeben. Viele andere wichtige Projekte wetteifern um Investitionen: öffentliche Gesundheit, Medizin, Ernährung, Bildung oder Transport zum Beispiel. Es sind also nicht nur Ignoranz oder Verblendung, durch die Klimakonferenzen oft weniger Beschlüsse zum Wohl der Ökologie zutage fördern, als ursprünglich erhofft. Viel Streit ergibt sich aus dem legitimen Ringen um das Setzen richtiger Prioritäten. Das macht die Sache nicht leichter.

Rund 200 Jahre nach Beginn der Industrialisierung erreichen wir einen geschichtlich einmaligen Punkt. Energie, Strom und Klima verschmelzen fast vollständig zu Synonymen. Das war jahrhundertelang nicht der Fall. Menschen verbrauchten Energie, ohne Strom zu erzeugen oder das Weltklima zu beeinflussen. Strom kam im 19. Jahrhundert als Transportmedium für Energie hinzu, übte aber aufgrund seiner vergleichsweise geringen Mengen und seines geografisch begrenzten Einsatzes keinen nennenswerten Einfluss auf das Klima aus. Heute hingegen sind die Volumina verheizter Energie so groß geworden, dass selbst ein robustes System wie das Weltklima sie nicht mehr einfach wegsteckt. Deswegen müssen wir Energie, Strom und Klima als das Gesamtsystem begreifen und behandeln, das es ist. Nur so finden wir aus dem qualmenden Massenbrand der Milliarden Feuer heraus, die wir rund um den Planeten entfacht haben. Sie alle blasen ihre Abgase in die Atmosphäre.

Würde eine außerirdische Intelligenz die Erde vom Weltall aus untersuchen, sähe sie eine überwältigende Vielfalt kleiner und großer Brände, beispielsweise in den Motoren von Autos, den

Turbinen von Flugzeugen, den Zylindern von Schiffsdieseln, den Öfen von Kraftwerken, den Kesseln von Heizungen, den Produktionsanlagen der Industrie und den Herden von Haushalten. Unter der Lupe würden die Außerirdischen keinen blauen, sondern einen flackernd roten Planeten erkennen. Wir Menschen haben das Lagerfeuer – eine unserer ältesten und bewährtesten Technologien überhaupt – milliardenfach kopiert und in fast jeden Winkel der Erde getragen. Prometheus hat das Feuer den Göttern entwendet und den Menschen gebracht. Noch immer sind wir dem Zeitalter des Prometheus nicht entwachsen. Das ist hinsichtlich des Klimas unser zentrales Problem.

Wir lösen es, indem wir so viele Feuer wie möglich löschen und so umfangreich wie möglich auf Elektroantriebe umstellen. Bei der Erzeugung der dafür notwendigen Elektrizität müssen wir darauf achten, möglichst wenig Klimagase zu emittieren. Was wir dafür brauchen, ist sauberer Strom in unfassbaren Mengen, die weit über das hinausgehen, was wir heute kennen. Hier gilt es, einem populären Missverständnis entgegenzutreten. Die Rettung des Klimas wird nicht weniger Strom als heute verbrauchen, sondern mehr. Warum? Weil wir die Milliarden Feuer nur löschen können, wenn wir elektrische Maschinen an ihre Stelle setzen. Aus Milliarden Feuern werden Milliarden Kupferspulen, durch die Strom fließt.

Um bis 2030 auf ein Netto von null Emissionen zu kommen und damit das Klimaziel von 1,5 °C maximaler Erhöhung der weltweit durchschnittlichen Temperatur halbwegs sicher zu erreichen, müsste die Kapazität von Solarpanels, Windkraftanlagen und anderen erneuerbaren Energiequellen nach Berechnungen der Internationalen Energieagentur bis zum Ende des Jahrzehnts um die Hälfte gesteigert werden. Auch der Verbrauch von Atomenergie müsste um rund 10 Prozent klettern, während der Einsatz von Erdöl um ein Drittel und der von Kohle um vier Fünftel fallen sollten. Nichts davon ist nach heutigem Stand realistisch. Die Vertragsstaaten des Klimaabkommens haben bei den erneuerbaren Energien nur knapp die Hälfte des Notwendigen zugesagt. Den Verbrauch von Erdgas und Erdöl wollen sie bis 2030 sogar steigern, statt ihn zu senken, und für Kohle sagen sie nur ein Sechstel des notwendigen Verzichts zu. Jeder Controller einer Firma würde bei einer derart krassen Abweichung zwischen Soll und Ist den Wirtschaftsprüfer alarmieren.

Heute produziert und verbraucht die Menschheit rund 25 000 Terawattstunden Strom pro Jahr. Eine Terawattstunde entspricht einer Milliarde Kilowattstunden. Wenn wir so weitermachen wie heute, wird der Verbrauch bis zum Jahr 2050 auf 40 000 Terawattstunden ansteigen. Wenn wir aber endlich auf den Netto-Null-Kurs einschwenken, nimmt der Stromverbrauch, wie gesagt, damit nicht von selbst ab, sondern steigt durch den für nachhaltige Energien nötigen Strom sogar auf 60 000 Terawattstunden pro Jahr an, also auf das Zweieinhalbfache des heutigen Werts. Dies ist die wichtigste Erfolgsvoraussetzung für unsere große Löschaktion. Feuerwehren brauchen Wasser in ihren Tanks, um Waldbrände zu bekämpfen. Klimaschützer benötigen sauberen Strom in ihren Leitungen, um Motoren und Heizungen aller Art dauerhaft stillzulegen. Diese Löschaktion sollten wir so schnell wie möglich ankurbeln. Dabei werden wir leider nicht jedes Feuer austreten können. Viele industrielle Prozesse, wie etwa die Stahlproduktion, erzwingen den direkten Einsatz von Primärenergie ohne den Umweg über Strom. Daran lässt sich bis auf Weiteres nichts ändern. Umso wichtiger ist es, konsequent alle Brände zu löschen, bei denen das technisch möglich ist.

Nehmen wir als Beispiel die Automobilindustrie. Trotz exorbitanter Kurssteigerungen der *Tesla*-Aktie und hämmernder Schlagzeilen zur Elektromobilität, steht die Löschaktion noch ganz am Anfang. Im Jahr 2020 gab es rund 1,42 Milliarden Kraftfahrzeuge auf der Erde. Im selben Jahre wurden weltweit aber nur drei Millionen Elektroautos verkauft. Das ist gerade einmal ein Fünfzigstel

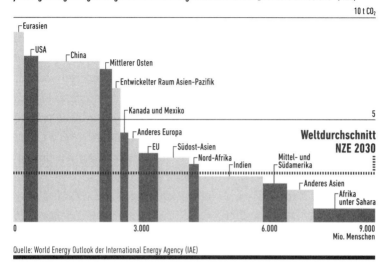

In Eurasien stoßen die Menschen am meisten Kohlendioxod aus. Pro Kopf sind es fast neun Tonnen. In China potenziert die Bevölkerungsgröße das Problem.

Promille des Bestands, also 0,00002 Prozent. Beim ganzen Rest brennen kleine Feuer in den Motoren. Selbst wenn die weltweite Flotte an Kraftfahrzeugen nur aus Vierzylindern bestünde, hätten wir es mit mehr als fünfeinhalb Milliarden Feuern unter den Kolben zu tun. Allein in den Autos dieser Welt brennen also fast so viele Feuer, wie es Menschen auf der Erde gibt. Bliebe es bei dem jetzigen Tempo des E-Autoverkaufs, würden wir ein halbes Jahrtausend brauchen, um die gesamte Flotte einmal mit elektrobetriebenen Fahrzeugen auszutauschen. Im Strategiemix der IEA für den Netto-Null-Kurs sind jedoch schon für 2030 mindestens 300 Millionen Elektroautos auf den Straßen der Welt geplant. Um das zu schaffen, müssen pro Jahr aber zehnmal mehr E-Autos verkauft werden als zurzeit. Selbst wenn das gelingen sollte, hören die Herausforderungen damit noch nicht auf. Denn dann gilt es, all diese batteriebetriebenen Autos auch zu laden. Dies treibt den Stromverbrauch weiter nach oben.

Ähnlich sieht der Wandel in anderen Branchen aus. Gas- und Ölheizungen sollten tunlichst aus den Häusern verschwinden, besonders nach Russlands Invasion. Optimale Kandidaten für ihre Nachfolge sind Wärmepumpen. Sie arbeiten wunderbar effizient und klimaschonend. Doch auch sie verbrauchen Strom. Nicht anders liegt die Sache in der Industrie. Öl und Gas sollten nur noch als Rohstoffe zum Herstellen von Produkten verwendet werden, jedoch nicht mehr zum Heizen. Auch dieser Austausch wird die Nachfrage nach Strom weiter beflügeln.

Experten haben die optimale Reihenfolge der Löschaktion errechnet. Anfangen sollten wir dort, wo die meiste Energie mit dem höchsten Ausstoß von Treibhausgas pro Energieeinheit verpulvert wird. In dieser Hinsicht gelten die Erzeugung von Strom und Wärme nach derzeitigen Produktionsstandards als die größten Übeltäter. Sie verbrauchen weltweit die meiste Kraft und stoßen pro Joule – der internationalen Maßeinheit für Energie – das meiste Kohlendioxid aus. Wir sehen, wie uns das Paradoxon immer wieder von hinten in die Wange kneift. Strom benötigen wir ohne Ende, doch ausgerechnet die Erzeugung von Strom stößt das meiste Kohlendioxid pro Joule in die Luft. Teufels Beitrag zum Energiesystem könnte kaum perfider aussehen. Auf Platz 2 der Dringlichkeitsskala folgt die Industrie, auf Platz 3 liegen die Gebäude, auf Platz 4 der Straßenverkehr und auf Platz 5 die Luft- und Schifffahrt. Damit ist eine Reihenfolge der Brände etabliert, die am stärksten brennen und in der es diese zu löschen gilt.

Autos, Flugzeuge und Schiffe sind heute unsere schmutzigsten Maschinen gemessen am Treibhausgas pro Joule. Immer, wenn wir uns mit anderen Antriebskräften als der eigenen Muskelkraft bewegen, schaden wir dem Klima also besonders arg. Somit steht ganz oben auf unserer To-do-Liste: »Bewege dich, wenn mit künstlichem Antrieb, so häufig wie möglich elektrisch.« Dies wird zwangsläufig eine explosionsartige Nachfrage nicht nur nach Strom, sondern auch nach speziellen Metallen und Chemikalien für Batterien auslösen. Preissteigerungen, Knappheit, Ausbeutung von Bodenschätzen, neuartige Umweltbelastungen und unfaire Arbeitsbedingungen dürften die Folgen sein. Auch derartige Probleme werden wir künftig zu lösen haben.

Ein zweieinhalbmal so hoher Stromverbrauch wie heute als Beitrag für den Klimaschutz – das ist schon das optimistische Szenario. Damit es bei zweieinhalbmal so viel bleibt, muss eine wichtige Nebenbedingung erfüllt sein. Die Effizienz der Energienutzung muss dramatisch anwachsen. Die IAE drückt »Effizienz« als Wirtschaftsleistung im Verhältnis zum Energieverbrauch pro Kopf aus. Etwas einfacher: Es geht um die Menge an Energie, die jede Bürgerin und jeder Bürger im Schnitt verbraucht, um 1000 Dollar oder Euro zum Bruttosozialprodukt beizusteuern. Die Europäische Union ist diesbezüglich heute die effizienteste Region der Welt; Kanada, der Mittlere Osten, China und Afrika unterhalb der Sahara sind hingegen die ineffizientesten. Doch auch Europa muss seine Effizienz weiter steigern, um den Klimawandel aufzuhalten. Nur so kommen wir im Jahr 2050 mit der gewaltigen Energiemenge von weltweit 60 000 Terawattstunden überhaupt aus. Ohne gesteigerte Effizienz würde unser Energiebedarf noch viel höher ausfallen.

Die Aufgabe ist überwältigend komplex. Selbst Optimisten sehen sie als kaum lösbar an. Weniger als die Hälfte der notwendigen Kapazität an erneuerbaren Energien haben die Vertragsstaaten des Klimaabkommens von Paris einander zugesagt, und niemand weiß, ob diese Zusagen wirklich eingehalten werden. Beim Ausstieg aus der Kohle trippeln die Staaten in winzigen Schritten voran. Im besten Falle schaffen sie ein Sechstel des Notwendigen, im schlimmsten Falle gar nichts. Deutschlands Kohlekraftwerke steuerten 2021 noch fast ein Drittel der eingespeisten

Strommenge bei. Statt aus der Kohle auszusteigen, steigen wir still und klammheimlich wieder in sie hinein. Denn der Wert des Einsatzes von Kohle im deutschen Energiemix ist jüngst wieder deutlich angestiegen statt gesunken, besonders weil Erdgas teurer und zwischenzeitlich sogar knapp wurde. Russlands Überfall auf die Ukraine setzt Erdgas politischen Gefahren aus. Wer mit Erdgas heizt, lädt Putin dazu ein, ihn mitten im Winter zu erpressen. Fast 57 Prozent der Primärenergie kam 2021 aus herkömmlichen Quellen, vor allem aus fossilen Brennstoffen, nur 43 Prozent aus erneuerbaren Energien. Von klimaneutraler Stromerzeugung sind wir also noch weit entfernt. Wir wähnen uns im Vorwärtsgang, weil wir in allen Medien ständig die Debatte um erneuerbare Energien sehen. Doch der Eindruck trügt. In Wahrheit scheppern wir gerade rückwärts gegen den Baum. Neben dem Ausstieg aus Kohle und Atom müssen wir nur auch noch aus Erdgas aussteigen und auf Flüssiggas und Wasserstoff umstellen, um Putins Diktatur zu entkommen.

Hinter diesen nüchternen Fakten lauert eine bedrückende Wahrheit. Wir stehen vor einer Energielücke gigantischen Ausmaßes. Wunschdenken ist an die Stelle verlässlicher Planungen getreten. Wir haben bislang keine belastbare, zukunftssichere Lösung für den Energiewandel entwickelt. Stattdessen haben wir uns in eine Falle manövriert, aus der es keinen einfachen Ausweg gibt. Wir wollen und versuchen zu viel auf einmal. Putins Aggression führt zusätzlich dazu, dass die Regierung per hektischer Reisediplomatie versuchen muss, irgendwo Gas aufzutreiben. Was viele immer noch nicht wahrhaben wollen: Ein kompletter Verzicht auf Atomenergie ist Stand heute mit dem Erreichen der zugesagten Klimaziele nicht kompatibel, solange wir die derzeitigen Verwaltungs- und Verfahrensregeln nicht gründlich reformieren. Wind und Sonne können Kohle und Gas nicht ablösen, wenn die Genehmigungen von Windrädern heute sechs Jahre statt früher sechs Monate dauern, wenn wir nicht mal über genügend potenzielle Standorte verfügen, die von den Bürgerinnen und Bürgern akzeptiert werden, wobei doch schon die Umstellung auf grünen Wasserstoff den Strom von 30 000 zusätzlichen Windrädern erfordern würde. Wo aber sollen all diese nötigen Windräder in Deutschland dann stehen? Wenn wir allein auf erneuerbare Energien setzen, kann der Wandel nicht gelingen, solange wir unsere Wiesen und Felder nicht allesamt mit Solarzellen zubauen, nicht schnell genug neue Trassen ziehen, um den grünen Strom von A nach B zu bringen, und an ein Wetter gebunden sind, das von vielen Dunkelflauten geprägt ist, an denen weder die Sonne scheint noch der Wind weht.

Auch sind wir beispielsweise gegenüber Österreich geografisch benachteiligt, weil wir nicht ausreichend viele hoch gelegene Talsperren besitzen. In ihnen können unsere Nachbarn über Laufkraftwerke nachhaltig erzeugte Energie in ein künstlich herbeigeführtes Wassergefälle einspeisen, dort speichern und durch Ablassen des Wassers später wieder abzweigen, um sie in Haushalten und der Industrie verbrauchen zu können. Diesen Luxus haben wir nicht, leisten uns aber den, uns jede staatliche Förderung in größerem Ausmaß zu versagen, sobald eine neue Technologie irgendetwas mit »Atom« zu tun hat. Dass wir Reaktoren alten Typs abschalten, mag noch nachvollziehbar sein. Doch dass wir an neuen Formen der Kernenergie gar nicht mehr forschen wollen, beruht mehr auf Ressentiment als auf Analyse.

Woher also soll die Rettung kommen? Wie schließen wir die gewaltige Energielücke? Kann es allein der Wasserstoff aus Wüsten sein, über den wir derzeit so viel reden? Kommt Rettung vielleicht aus einer Methode der Energieerzeugung, die wir heute noch gar nicht kennen? Die Internationale Energieagentur ist skeptisch. Sie misst unbekannten Technologien wenig Chancen zu. Davon sollten wir uns aber nicht abschrecken lassen. Es ist schlicht nicht die Aufgabe der Agentur, spekulative Wissenschaft zu betreiben. Sie ist kein Wagniskapitalgeber, sondern eine ver-

125

lässliche Sammelstelle für Daten und Prognosen. Als Teil der OECD stellt sie Parlamenten, Regierungen und privaten Organisationen sachliche Informationen als Entscheidungsgrundlagen zur Verfügung. Diese Informationen spiegeln dabei immer das Hier und Jetzt. Politik kann nur mit dem arbeiten, was es heute schon gibt und was verlässlich funktioniert. Ein visionäres Vorausschauen spielt da keine Rolle. Wolkenkuckucksheime gehören nicht zum Einzugsgebiet der OECD oder der Regierungen.

Genau deswegen aber sind First-Principle-Denker und ihre Geldgeber so wichtig. Sie stoßen in die klaffenden Lücken der Energiewirtschaft vor. Rund um den Globus gibt es erstaunlich viele Firmen wie *Marvel Fusion*. Sie möchten die Welt verändern durch neue Methoden, Strom zu erzeugen, zu speichern, zu verteilen, einzusparen und effizient einzusetzen. Gleich zu Beginn unseres Gesprächs zeigt mir Moritz von der Linden eine Grafik der Energielücke. Er argumentiert, dass es in Deutschland nie und nimmer gelingen werde, diese Lücke mit Wind und Sonne zu schließen. »Das Universum läuft mit Kernfusion«, heißt es auf der Webseite von *Marvel Fusion*. »Für eine hellere Zukunft der globalen Energieproduktion arbeiten wir an einer revolutionären Technologie ohne Radioaktivität und Kohlenstoff.« Die Münchner möchten die Welt mit billigem Strom aus jener Energie versorgen, die beim Verschmelzen von Atomkernen entsteht. Das Team möchte das erreichen, was staatlich finanzierte Forschungseinrichtungen in Jahrzehnten Arbeit trotz Milliardenbudgets nicht geschafft haben. Die Menschheit soll endlich ihrer Sorgen um Energie entledigt werden. Vorbild ist die Sonne – ihrerseits ein gigantischer Fusionsreaktor. Eine Utopie?

Mit einem Filzstift in der Hand, führt mich von der Linden durch das Konzept und kritzelt Reaktordesign, Quantenprozesse und chemische Formeln an die Wand. Es lohnt sich, ihm an dieser Stelle einen Moment länger unsere Aufmerksamkeit zu schenken. Zwar geht es um Teilchenphysik. Das ist nicht jedermanns

Sache. Allerdings, bevor Sie weiterblättern, lassen Sie sich doch kurz auf seinen Gedanken ein. Nicht, weil wir heute schon wüssten, ob *Marvel* Erfolg haben wird. Das wissen wir ausdrücklich nicht. Sondern weil das Beispiel *Marvel Fusion* ein weiteres Mal verdeutlicht, wie sich First-Principle-Denker einem technischen Problem nähern. Aus der Methode der Firma können wir interessante Schlussfolgerungen ziehen: Wie entstehen Life-Changer-Technologien in der Energiewirtschaft? Was geht in den Köpfen der Leute vor, die sie erfinden?

Marvel verfolgt das Konzept der sogenannten »Quantum-enhanced Fusion« im Gegensatz zur »heißen Fusion«, der sich die traditionelle Forschung verschrieben hat. »Quantum-enhanced« bedeutet, dass quantenmechanische Effekte der Fusion auf die Sprünge helfen. Quantenmechanik ist die bizarre und intuitiv nicht verständliche Physik allerkleinster Teilchen. Eine Welt, in der ein Teilchen gleichzeitig an zwei verschiedenen Orten sein kann und der selbst Albert Einstein zeitlebens viel Skepsis entgegenbrachte, die experimentell aber so gründlich und stichhaltig bewiesen ist wie kaum ein anderes Formelwerk der Physik. Weltweit wichtigstes Projekt der heißen Fusion ist der International Thermonuclear Experimental Reactor (ITER). Gebaut wird dieser ehrgeizige Reaktor von sieben gleichberechtigten Staaten oder Bündnissen, darunter der Europäischen Union. Die heiße Fusion verfolgt hehre Ziele, leidet aber unter einem gravierenden Problem. In den vielen Jahrzehnten ihrer Erforschung hat sie noch nie mehr Energie abgeworfen, als in sie hineingesteckt worden ist. Statt Strom zu erzeugen, verschlingt sie ihn nur. »Heiß« wird die Technologie genannt, weil im Kern ihres Reaktors 100 Millionen Grad heißes Plasma aus zwei Wasserstoffisotopen (Deuterium und Tritium) wabert, das durch starke Magneten an Ort und Stelle gehalten wird. Mit Hilfe dieser enormen Hitze werden Dampfgeneratoren angetrieben. Doch neben Hitze dringen auch schnelle Neutronen nach außen und bombardieren die Umgebung des

Reaktorkerns. Selbst der Stahl in der Betonhülle des Gebäudes bleibt davon nicht unberührt und beginnt zu strahlen.

Ursprünglich sollte ITER fünf Milliarden Euro kosten und im Jahr 2016 seinen Betrieb aufnehmen. Daraus wurden schnell 15 Milliarden Kosten; und die Eröffnung wurde auf 2019 verschoben. Inzwischen gelten rund 20 Milliarden und 2025 als Ziel. Moritz von der Linden glaubt nicht an die heiße Fusion und führt wissenschaftliche Argumente für seine Zweifel an. Turbulenzen im Plasma, sagt er, verhinderten unabwendbar den Export von Energie aus ihm heraus nach draußen. Erst in jüngerer Zeit beginnt man genauer zu verstehen, welche thermodynamischen Vorgänge im Plasma ablaufen. Eine Folie, die von der Linden mir zeigt, stellt drei Aufnahmen von Plasma nebeneinander. Einmal bei vergleichsweise niedrigen Temperaturen, einmal bei höheren und einmal bei extrem hohen. Oben auf den Bildern liegt eine rot eingefärbte lokale Hitzezone, unten eine schwarz gefärbte kältere Region. Auf dem linken Bild kräuselt sich der Übergang zwischen beiden Zone wie eine Wellenlinie bei einer warmen Sommerbrise, auf dem mittleren Bild schlagen die Turbulenzen schon heftiger aus, auf der rechten Aufnahme sehen die Wirbel aus wie die Oberfläche der Nordsee bei einem Orkan. Die Forscher bei *Marvel* glauben, dass diese Turbulenzen prinzipiell unbeherrschbar sind und einem geordneten Wärmetransport nach außen im Wege stehen. Deswegen sei die Nutzung der traditionellen Kernfusion technisch und wirtschaftlich nicht aussichtsreich. Mit dieser Auffassung steht *Marvel* nicht allein da. Etwa 30 mit Wagniskapital finanzierte Start-up weltweit – darunter *Marvel Fusion* – erteilen der heißen Fusion bisheriger Prägung eine klare Absage. Der Ansatz werde nur noch verfolgt, weil Staaten und Personen bereits viel Geld und Zeit in diesen Irrweg investiert hätten, sagen sie. Aufzugeben sei teurer als weiterzumachen.

Auf seine Wandtafel hat Moritz von der Linden eine Art Nagelbrett gezeichnet. Die Nägel sind im Verhältnis zur Grundfläche extrem lang. Wie dünne Stifte ragen sie weit empor und stehen dicht beieinander. Dieses Nagelbrett bildet den Brennstoff seines Quantenreaktors. »Stellen Sie sich das Nagelbrett extrem klein vor«, sagt er. Das Gerüst, nur wenige Nanometer breit, besteht aus einem Stoff namens pB11. Den meisten Leuten sagt diese Abkürzung nichts. Doch Anhänger der Quantenfusion raunen sich das Kürzel mit glänzenden Augen und wissendem Lächeln zu. Anders als ITER verschmelzen die Quantenfusionisten keinen schweren Wasserstoff, sondern einen Brennstoff auf Grundlage des Halbmetalls Bor. Dieses Element kommt auf der Erde massenhaft vor. Falls das Verfahren funktionieren sollte, wäre also reichlich Brennstoff vorhanden.

»Diese Struktur beschießen wir mit einem außergewöhnlich starken Laser«, sagt von der Linden. »Der Druck der Photonen stößt die Elektronen nach unten. Durch ihre Bewegung entsteht ein winziges, aber extrem starkes Magnetfeld. Dieses drückt die Atome zusammen. Sie können gar nicht ausweichen. Ihre Magnetfelder quetschen sie zusammen, und zwar so stark, dass ihre Kerne verschmelzen.« Hitze entsteht, heizt Wasser auf, erzeugt Dampf und treibt eine Turbine an. Im winzigen Bor-Gitter herrschen bis zum Auftreffen des Laserblitzes eisige Temperaturen. Supraleitung begünstigt die Reaktion. Eine Art Minikanone schießt die Nanopellets in rascher Folge vor den Laser. Ihr steter Fluss sichert die konstante Produktion von Energie.

Ob dieses Verfahren gelingen kann? Wir wissen es nicht. Bis zur Marktreife können Jahrzehnte vergehen. Was wir am Beispiel *Marvel Fusion* aber sehen, ist wiederum die typische Vorgehensweise von First-Principle-Denkern. Es werden Thesen in die Welt gesetzt und dann deduktive Ableitungen ermittelt:

These Nummer 1: Die Ressourcen der Erde geben in herkömmlichen Verfahren nicht genug Energie her, um den Strombedarf zu decken, der für den Schutz des Klimas notwendig ist.

These Nummer 2: Menschen werden nicht freiwillig auf

Bequemlichkeiten verzichten, die Energie verbrauchen. Sie können es auch nicht, wenn sie gleichzeitig wichtige andere Projekte des Fortschritts verfolgen, die Strom verbrauchen.

Aus diesen beiden Prinzipien leiten Innovatoren eine alternative Wirklichkeit ab, die ihnen als Zielbild dient. Dieses unterscheidet sich radikal von den Visionen der Klimakonferenzen und Energieagenturen. Es geht um neuartige Ansätze und auch um die Veränderung von Machtstrukturen. Derzeit wird viel über die Einführung einer Wasserstoffwirtschaft diskutiert, auch um unabhängig von russischem Erdgas zu werden. Das Konzept der Wasserstoffwirtschaft ist mehrere Jahrzehnte alt. Ohne Zweifel birgt es Nutzen. Doch neu ist es nicht. Es wurde einfach nur noch nicht umgesetzt. Und es schafft neue Abhängigkeiten von Staaten, in denen viel Sonne scheint. Nicht alle davon sind Demokratien wie Australien. Mit dem Ausbau von Wasserstoff könnten wir uns neuen Diktatoren ausliefern.

Beschreiben könnte man das neue Zielbild ungefähr so: Jede beliebige Menge Strom steht überall jederzeit zur Verfügung. Von den Kraftwerken geht keine Gefahr mehr aus. Sie pulvern keine Abgase mehr in die Luft, emittieren kein Kohlendioxid und erzeugen keinen Atommüll. Den Brennstoff für diese Kraftwerke gibt es wie Sand am Meer oder Wasser in den Ozeanen. Der Sand oder das Wasser können sogar selbst der Treibstoff sein. Kriege um Brennstoffe gehören der Vergangenheit an. Das Pariser Klimaabkommen wird von allen Mitgliedstaaten als »vollständig erfüllt« eingestuft. Die globale Durchschnittstemperatur sinkt unter den Wert vom Beginn der Industrialisierung. Fliegen in elektrischen Flugzeugen gilt als Beitrag zum Klimaschutz, weil ihre Propeller den Luftaustausch zwischen den Höhenschichten verbessern. Öl- und Gaspipelines wie Nord Stream 2 sind Relikte einer vergessenen Epoche. Internationale Krisen um Inbetriebnahme und Nutzung dieser Pipelines sind passé.

Amerikanische Präsidenten drängen den Europäern kein

Flüssiggas aus ihrer Fracking-Industrie mehr auf. Russische Präsidenten drangsalieren keine Nachbarstaaten mehr durch die Drosselung der Gaszufuhr im eisigen Winter. Kein Putin legt Deutschland mehr per Pipeline an die Fessel. Wir finanzieren keine Kriege mehr durch Kauf von Energie bei Diktatoren mit. Wir brauchen keine Notimporte von Flüssiggas. Wir bereichern keine Menschenschinder, indem wir ihnen Wasserstoff abkaufen. Speditionen rüsten ihre Tankwagen auf Lebensmitteltransport um. Energie wird lokal produziert und – wenn überhaupt – nur noch per Kabel transportiert. In Alaska stranden keine Supertanker; Ölteppiche töten keine Tiere mehr. Deutschland und Frankreich legen ihren Disput um die Einstufung von Kernkraft als grüner oder gefährlicher Technologie bei. Die neuen Kraftwerke können anders als Fukushima oder Tschernobyl weder explodieren noch schmelzen. Saudi-Arabiens aggressiver Kronprinz Mohammed bin Salman verliert seine Rückendeckung durch die Macht des Öls. Expansionskriege um Energie verlieren ihren Sinn. Der Iran kann die Anreicherung von Uran nicht mehr als Gewinnung von Brennstoff für zivile Atomkraftwerke bezeichnen, da es Atomkraftwerke herkömmlichen Typs nicht mehr gibt. Windräder verschwinden aus der Nordsee. Das extrem laute Einhämmern ihrer Pfähle durch Dampframmen in den Meeresgrund bringt die akustisch empfindliche Welt der Meeresbewohner nicht mehr in Unordnung.

In den Mittelgebirgen und auf den Anhöhen landauf, landab ist über allen Gipfeln wirklich Ruh, und über allen Wipfeln spürest du tatsächlich nur einen Hauch. Die turmhohen Windmühlen stören den Frieden mit ihrem ständigen *Tschok-tschok-tschok* nicht mehr. Mit ihnen verschwindet auch die Debatte um Tieffrequenzlärm und Vogeltod durch Rotorblätter. Planer der unvollendeten Hochspannungstrassen widmen sich anderen Projekten. Photozellen verunstalten nicht länger die Hausdächer und pflastern keine Sommerwiesen mehr. Auf den Äckern wachsen wieder Pflanzen statt Solaranlagen. Auch Rapsfelder für Biokraftstoff verdrängen nicht länger andere Nutzflächen oder Weideland. Die Schaufelradbagger aus den Braunkohlerevieren des Westens und Ostens sind demontiert. Nur noch Fotos und Heimatmuseen erinnern an sie. Ehemalige Braunkohlegruben bieten Wassersportlern, Badegästen und Spaziergängern ein Refugium wie heute schon die vielen renaturierten Gruben Brandenburgs. Häuser heizen und kühlen mit Strom. Kleine Heizstäbe sitzen in jedem Wasserhahn; zentrale Boiler wandern auf den Sperrmüll. Wohlige Fußwärme dringt aus den elektrischen Bodenheizungen nach oben. Sie werden überall zum Standard. Mieter, Hausbesitzer und Firmen ächzen nicht mehr unter ständigen Steigerungen ihrer Energierechnungen. Sie schließen langjährige Lieferverträge zu verlässlichen und preiswerten Konditionen ab. Stahlwerke setzen grünen Wasserstoff ein, der mit hohem Energieaufwand durch Elektrolyse aus Wasser gewonnen wird. Aluminium erlebt eine Renaissance, da der Energiehunger bei seiner Erzeugung nicht mehr gegen das Leichtmetall spricht.

Gorleben ist nur noch ein kleiner Ort in Niedersachsen, Wackersdorf und Brunsbüttel kommen höchstens beim Mittagstisch im Seniorenheim zur Sprache, und mit Three Mile Island oder dem China-Syndrom fängt niemand mehr etwas an. Vor 40 Jahren waren diese Begriffe in aller Munde. Three Mile Island war 1979 der Unfall eines Reaktors in Harrisburg im US-Bundesstaat Pennsylvania, bei dem es zur partiellen Kernschmelze kam. *Das China-Syndrom* war ein einflussreicher Katastrophenfilm aus demselben Jahr mit Jane Fonda, Jack Lemmon und Michael Douglas in den Hauptrollen. Er handelte von einer Kernschmelze. Damals dachte man, der glühende Kern eines demolierten Reaktors sei so heiß, dass er sich quer durch die Erde auf die andere Seite des Globus durchfressen werde und – aus amerikanischer Sicht – auf der Antipode in China wieder herauskomme. Daher der Name des Films. Inzwischen wissen wir, dass so etwas selbst im schlimmsten aller Fälle nicht passiert.

Das Monopol der Netzbetreiber ist gebrochen. Häuser, Straßenzüge und Stadtviertel betreiben autonome Kraftwerke. Sie exportieren ihren Überschuss und importieren nur das Defizit. Je klüger ihre Smart Grids werden, desto passgenauer deckt die eigene Produktion den eigenen Bedarf. Es entstehen machtfreie, dezentrale Strukturen, die ein autarkes, selbstbestimmtes und faires Miteinander ermöglichen.

Das Thema Energie sackt von den oberen Plätzen der öffentlichen Tagesordnung bis auf die unteren Ränge durch. Nur noch Experten und Eingeweihte greifen es in ihren Fachdiskussionen auf. Ansonsten taucht das Wort »Energie« in Talkshows, Kolumnen und Nachrichtenspalten seltener auf als »Gesunder Schlaf«, »Rückenschmerzen« oder »Generationengerechtigkeit«. Nach Tausenden Jahren obsessiver Dauerbeschäftigung hakt die Menschheit ihr Kampf-, Streit- und Angstthema »Energie« genauso erleichtert ab wie einst »Karies« oder »Skorbut«. Alte Leute erzählen manchmal noch von den diversen Energiekrisen, doch das klingt so antiquiert, als würden sie vom Krieg oder der DDR berichten.

Soweit die Formulierung des Zielbilds, wie es den Innovatoren von *Marvel* und anderen Firmen, die an neuen Fusionsverfahren forschen, vorschwebt. Ist es naiv? Oder braucht die Welt vielleicht gerade diese Art von blauäugiger Abgewandtheit, um ihre Klimaprobleme in den Griff zu bekommen? Fest steht, dass mehr neues Denken vonnöten ist, als Nationalstaaten derzeit bei ihren zähen Verhandlungen an den Tag legen. Denn der Handlungsdruck ist gewaltig. Kein anderes Thema sorgt heute weltweit für mehr Streit und Krieg als Energie. Auch der Überfall auf die Ukraine hat in gewisser Weise mit Energie zu tun, da Putin die Rohstoffe Russlands als Waffe einsetzt und die Transportwege dieser Energie hochgradig politisiert und taktisch nutzt. Leider haben wir uns mit North Stream 2 vom Kreml dafür instrumentalisieren lassen, der Ukraine und Polen als klassischen Ländern der Gasdurchleitung zu schaden. Kein anderer Faktor verändert unsere Welt so sehr zu ihrem Nachteil wie Energie. Als Treibstoff des Lebens prägt sie nahezu jedes Gebiet der öffentlichen Auseinandersetzung. Nahrungsmittel wie Weizen, Reis oder Zucker sind nichts anderes als Speicher und Transportmittel von Energie. Regenwälder fallen, um Platz für Rinder zu schaffen, die Sonnenenergie in Form von Gras aufnehmen. Jedes Steak, das wir verzehren, transportiert gespeicherte Sonnenenergie in unsere Zellen. Viele Konflikte innerhalb von Staaten und zwischen Staaten handeln von Energie. Armutskriege in Dürrezonen gehören genauso dazu wie Gefechte um Wasserrechte oder die Machtgelüste von Autokraten, die Petrodollars in Panzer zur Einschüchterung ihrer Konkurrenten und Nachbarn investieren. Jeder Liter Wasser, der Kindern zum Trinken und Hirse zum Wachsen fehlt, ist mannigfaltig in den Ozeanen vorhanden. Zwischen ihm und seinem lebensrettenden Konsum steht einzig die Entsalzung, die heute am für sie nötigen, gewaltigen Energiebedarf scheitert. Weizen könnte mitten in der Polarnacht in riesigen beheizten Gewächshäusern am Nordpol gezogen werden, wenn Strom für Licht und Heizung kein Problem wäre. So gesehen gibt es kein wichtigeres Ziel als die Schaffung unerschöpflicher, sauberer Energie.

Also stehen die Zeichen gut für Life Changer. Nicht nur die Kern*fusion* erlebt derzeit eine unerwartete Renaissance. Auch die übel beleumundete Kern*spaltung* kommt plötzlich wieder in Mode. Atomspaltungsreaktoren sind gefährlich. Doch gilt das wirklich für alle denkbaren Reaktortypen? Oder begründen wir unser negatives Urteil vor allem auf Basis von Typen, die in der Vergangenheit gebaut wurden und weniger auf denen, die heute gebaut werden könnten? Tatsache ist: Die bislang errichteten technischen Designs stellen eine kleine Untermenge der theoretisch möglichen Bauarten dar. In Sachen Atomenergie ist ein wichtiger Mechanismus außer Kraft gesetzt worden, der auf fast allen anderen Forschungsgebieten für Innovationen sorgt: Versuch und Irrtum.

Keine Technik, die unser Leben verbessert, ist am Reißbrett eines einzelnen Genies entstanden. Von der Dampfmaschine über das Telefon bis zum Computer entstanden alle erfolgreichen Erfindungen durch eine lange, nervenaufreibende und kostspielige Reihe von Niederlagen. Selbst gefeierte Innovatoren wie Thomas Alva Edison brachten die Glühbirne nicht eines Morgens unter der Dusche hervor. Vielmehr orchestrierten sie stets eine frustrierende Suche voller Rückschläge, oft als Vorsteher riesiger Teams und ausgedehnter Labors. Edison beispielsweise probierte jedes erdenkliche Material aus, bis er endlich einen geeigneten Glühfaden in Form einer speziellen Bambussorte fand. Darauf musste man erst einmal kommen. Auch Edison fiel das nicht einfach so ein. Sein Team griff nur aus Verzweiflung zum Bambus, weil alle anderen Materialien in endlosen Versuchsreihen in Flammen aufgegangen waren. Auch war Edison, anders als viele Menschen glauben, keineswegs der Erfinder der Glühbirne, sondern nur ihr erfolgreichster Kommerzialisierer während der frühen Jahre ihrer Verbreitung. Vor und nach ihm rackerten sich ganze Scharen von Ahnen und Erben seines Schaffens an der Verbesserung der Technologie ab.

Versuch und Irrtum sind bei der Kernkraft seit Jahr und Tag weitgehend verboten. Aus guten Gründen: Nicht in jedem Keller kann mit spaltbarem Uran hantiert werden. Wir erwarten vom Staat, dass er den Zugang streng kontrolliert und manchmal sogar monopolisiert. Doch diese Sicherheitsvorkehrungen haben ihren Preis. Staaten regieren immer zentral. Das ist ihr Grundprinzip. Daher vertragen sich potenziell gefährliche Technologien, die jede und jeder austesten kann, nicht mit ihrem Herrschaftsanspruch. Wähler von Staatsoberhäuptern und Regierungen würden ihnen allzu wagemutige Experimente, die sie unreglementiert tolerieren, nicht durchgehen lassen. Niemand will eine kerntechnische Versuchsanstalt im Garten des Nachbarn sehen, die so lange geduldet wird, bis sie in einem Atompilz explodiert. Aus diesen

Gründen spielt sich die Erforschung der Kerntechnik seit Mitte des vergangenen Jahrhunderts auf extrem enger Bühne ab. Ein halbes Dutzend Designs kam anfangs in Betracht. Doch letzten Endes entstanden in Deutschland vorwiegend Reaktoren eines einzelnen Typs: große, oberirdische, mit Uran betriebene, Neutronen emittierende Dampfmaschinen, denen Leichtwasser als Kühlmittel dient und deren toxische Abfallprodukte lange Halbwertszeiten aufweisen. Störfälle in dieser Art Reaktor können zu Kernschmelzen führen und ganze Landstriche für Generationen verseuchen.

Im öffentlichen Bewusstsein wird folglich dieses eine Design mit der Kernspaltung gleichgesetzt. Doch technisch gesehen gab und gibt es viele andere Optionen. Unter den Bedingungen staatlicher Aufsicht wurden sie schlicht nicht weiterverfolgt. Regulatoren hätten das eine oder andere Experiment vielleicht noch durchgehen lassen. Doch es wären keine Forschungsgelder geflossen. Der Staat ist eben nicht nur Polizist, sondern meist auch Bankier. Er hütet die Kassen der Forschungseinrichtungen, und er führt den privaten Elektrizitätsversorgern die Hand. Um Investitionssicherheit zu erlangen, müssen Privatunternehmen genau hinhören, was der Staat sich von ihnen wünscht. Niemand bringt Parlament, Regierung und Behörden so leicht von ihrer einmal festgelegten Meinung ab. Lobbyisten geben ihr Bestes, um Einfluss auf Entscheidungen zu nehmen. Oft genug biegen sie bestimmte Vorhaben ab oder entschärfen sie. Doch gegen die ganz große Welle hilft auch das fleißigste Klinkenputzen und rücksichtsloseste Beziehungsspiel nicht. Den deutschen Ausstieg aus der Atomenergie konnten Lobbyisten nicht verhindern, auch wenn vielen Konzernen längere Laufzeiten ihrer Reaktoren vielleicht lieber gewesen wären. Gebaut wird am liebsten das, was dem öffentlichen Konsens entspricht. Das Problem dabei ist: Mehrheitsmeinungen liegen wissenschaftlich-technisch manchmal richtig, oft genug aber auch deutlich daneben. Über viele

Jahrzehnte haben wir viele interessante Konzepte nicht weiterverfolgt, die schon bekannt waren, wie beispielsweise inhärent sichere Reaktoren, die nicht schmelzen und sich im Ernstfall physikalisch von alleine abschalten. Ganz zu schweigen davon, dass wir neue Grundkonzepte hätten entwickeln können. Wir haben es einfach bei einem Reaktortyp belassen, noch dazu einem potenziell gefährlichen. Weitere Experimente haben wir uns versagt.

Diese verkrustete Struktur ändert sich nun auf einen Schlag. Denkverbote purzeln, Kreativität ist wieder erlaubt, Experimente finden Geldgeber, verrückte Minderheitenmeinungen sammeln Wagniskapital ein. Warum? Weil es plötzlich einen privaten Markt für die Finanzierung hochriskanter Innovationen gibt. Der Staat verliert dadurch zwar nicht sein Monopol auf Regulierung,

Klima: Wo wir stehen und wo wir hin wollen

CO_2-Ausstoß in Gigatonnen (Linie) und Verbrauch von Energie in Extrajoule (Diagramm).
Szenarien: Gegenwärtige Politik (STEPS), vorliegende Zusagen (APS) und Null-Emission (NZE)

1 Kohle 2 Öl 3 Gas 4 Kernenergie 5 Biomasse 6 Erneuerbare Energien   andere CO_2-Emissionen

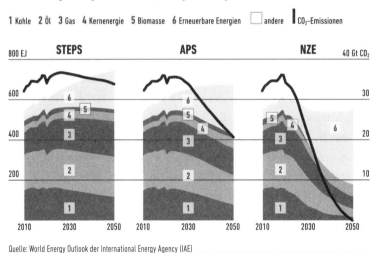

Quelle: World Energy Outlook der International Energy Agency (IAE)

Die Internationale Energieagentur vergleicht die aktuelle Politik mit Zusagen der Regierungen und dem eigentlich Notwendigen. Fazit: Es wird nicht genug getan.

wohl aber seine Alleinstellung bei der Finanzierung. Versuch und Irrtum kehren in die Erforschung der Kernenergie zurück. Auch wenn vor allem die Grünen nichts erörtern möchten, was die Silbe »Kern« auch nur im Namen trägt, können Politiker diesen Ausbruch an Kreativität nicht bremsen. In den von ihnen direkt vertretenen oder regierten Landstrichen können sie ihn theoretisch verbieten, jedoch nur zum Preis der Abkopplung des künftigen Weltstandards. Auf fremde Territorien haben hiesige Politiker ohnehin keinen Einfluss. Innovatoren setzen Spaltung und Fusion von Atomen kurzerhand zurück auf die Agenda. Politik kann die Auswüchse dieser Entwicklung einhegen und einige Gefahren abwenden. Doch den jetzt wieder grassierenden Entdeckergeist bekommt sie so leicht nicht zurück in die Flasche. Irgendwo gibt es immer einen Präsidenten wie Emmanuel Macron in Frankreich, der weiterdenkt, Innovatoren an seine Brust drückt und ihnen Heimat wie Anerkennung bietet.

Die Suche nach der magischen Energiequelle, die viele unserer Probleme löst, hat längst begonnen und läuft global auf Hochtouren. Start-ups für Kerntechnik bekommen weltweit mittlerweile halb so viel Wagniskapital wie Start-ups für Solartechnologie. Das ist bemerkenswert, wenn man bedenkt, dass Solartechnik überall auf der Welt von Regierungen gefördert wird, Kerntechnik aber vielerorts noch immer gegen beharrliche Vorurteile zu kämpfen hat. Insgesamt zieht der Energiesektor derzeit gewaltige Investitionen an. Laut der Datenbank *PitchBook* flossen in den vergangenen zehn Jahren weltweit jedes Jahr durchschnittlich 500 Milliarden Dollar privates Kapital in Firmen, die sich mit Energie beschäftigen. Mitgerechnet sind darin auch die Summen für den Kauf von Firmen, also für *Mergers & Acquisitions*. Damit ist Energie eines der heißesten Investitionsfelder überhaupt. *PitchBook* zählt weltweit 78 845 Firmen und 30 318 institutionelle Investoren, die 2021 an 89 528 Transaktionen und 37 715 Verkäufen oder Börsengängen beteiligt waren. Für Wagniskapital im Energiesektor gaben Investoren allein in diesem Jahr mehr als 47 Milliarden Dollar aus.

Wir müssen diese Zahlen mit Vorsicht interpretieren. Ein Großteil des Geldes fließt immer noch in die Ausbeutung fossiler Brennstoffe. Doch der Anteil von Investitionen in junge Firmen mit nagelneuer Technologie wächst. Immerhin ein Zehntel des Wagniskapitals floss in den Solarsektor und knapp 15 Prozent in das Energiemanagement. Weil die absoluten Summen der Investitionen gewaltig sind, steckt auch hinter überschaubaren Prozentsätzen ein ordentlicher Rums. Zu den aufregendsten Arbeitsfeldern gehört derzeit »ClimateTech«. Mehr als 2300 junge Technologiefirmen zählt *PitchBook* weltweit, die sich diesem Thema widmen. 395 Milliarden Dollar wurden insgesamt bislang in sie investiert, und 131 Börsengänge gingen daraus hervor. Rund 2,6 Milliarden Dollar Umsatz machte die junge Industrie 2021 weltweit. Prognosen zufolge wächst sie mit 10 Prozent pro Jahr.

Worum genau aber kümmern sich diese Firmen? Ihre Arbeit steht stellvertretend für die Vielfalt, den Ideenreichtum und den Mut des Aufbruchs. Da sind beispielsweise die Meerestechnologen. Sie gewinnen den Ozeanen Energie ab, indem sie Tiden, Wellen, Salzgefälle und Temperaturunterschiede in Strom umwandeln. Das Unternehmen *Minesto* aus Schweden ist dafür ein gutes Beispiel.

Dann gibt es die Müllwerker. Sie entwickeln bessere Wege, Abfall durch Verbrennen und Kompostieren in Strom zu verwandeln, ohne dass Kohlendioxid oder Methan entweicht. *Sierra Energy* aus Kalifornien gehört dazu.

Hydrologen wie bei *Ardica* in San Francisco entwickeln neue Anwendungen für Wasserstoff. Dabei geht es um moderne Brennstoffzellen, Wasserstoffherstellung, Speicherung und Tanknetze.

Ihnen folgen die Sonnen-Bündler. Sie verbessern die alte Idee des Spiegelkraftwerks, in dem Licht aus 1000 Spiegeln Wasser zum Kochen bringt. *Heliogen,* ebenfalls aus Kalifornien, ist hier mit dabei.

Small Modular Reactors (SMR) sind kleine Atomreaktoren mit 300 Megawatt Leistung. Sie können leicht transportiert und überall installiert werden. *NuScale Power* aus Oregon gehört zu den Pionieren. Ihnen verwandt sind Firmen wie *Rolls-Royce,* die Kleinstreaktoren aus U-Booten und Flugzeugträgern an Land bringen und als Ministationen für Stadtteile oder kleine Städte verbreiten. Sie werben für sich mit der Tatsache, dass bauartbedingt noch nie ein Schiffsreaktor explodiert, zerbrochen oder geschmolzen ist.

Smart Grids sind die nächsten. Sie sparen Energie, indem sie Netze, Kraftwerke und Verbraucher vollautomatisch miteinander kommunizieren lassen. *Oaktree Power* aus London zum Beispiel schränkt den Energieverbrauch von Bürogebäuden unmerklich ein, sobald Energieversorger melden, dass sie sonst teure oder schmutzige Gasturbinen zuschalten müssten, um Spitzenlasten abzufangen.

Firmen wie *Form Energy* aus Massachusetts arbeiten an neuen Formen von Speichern wie beispielsweise Gravitationsspeichern.

Forscher wie die von *QuantumScape* in Kalifornien entwickeln Batterien mit dramatisch höherer Leistungskraft.

Vieles geschieht gleichzeitig und alles mit ähnlich visionärer Kraft wie bei *Marvel Fusion.*

Sie alle eint ein Grundgedanke. Energieverbrauch an sich ist kein Übel, das es auszumerzen gilt. Nur Energieverschwendung gehört abgeschafft. Energie als solche besitzt keinen negativen moralischen Wert. Sie ist schlicht der Baustoff des Universums. Seit Einstein wissen wir, dass Materie und Energie zwei unterschiedliche Erscheinungsformen ein und derselben Sache sind. Energieverbrauch ist daher genauso wenig unmoralisch wie Materialverbrauch. Streng genommen gibt es nach dem Energieerhaltungssatz gar keinen Energieverbrauch, sondern nur Energieumwandlung. Worauf wir zu achten haben, ist daher lediglich, dass das System Erde keinen Schaden nimmt, wenn wir Energie von einer Erscheinungsform in eine andere verwandeln. Solange wir die chemischen und biologischen Gleichgewichte des Planeten unangetastet lassen, steht dem Verbrauch selbst riesiger Mengen von Energie kein sittliches Argument im Wege.

Wenn Energie überhaupt einen moralischen Gehalt besitzt, dann ist es ein positiver. Sie ist es, die jede Form von Gestalt und Gestaltung erst ermöglicht. Matt Ridley, der britische Autor und Politiker, schreibt in »How Innovation Works«: »Im Zweiten Gesetz der Thermodynamik steht festgeschrieben, dass Entropie auf lokalem Maßstab nicht umgekehrt werden kann, ohne dass man Energie hinzufügt. Solange Menschen der Welt Energie achtsam zuführen, können sie mehr und mehr einfallsreiche und unwahrscheinliche Strukturen hervorbringen.«

Während ich diese Worte und Sätze tippe, erhöhe ich die Ordnung in der Nähe meines Schreibtisches. Jede Taste, die ich drücke, weist einigen Bits im Speicher meines Computers einen bestimmten Zustand zu. Jedes Zeichen, das hinzukommt, erhöht die Unwahrscheinlichkeit dieses Speicherstands. Jeder Satz senkt die Wahrscheinlichkeit, dass ein Zufallsgenerator genau diese Kombination von Speicherzuständen replizieren könnte. Was hier beim Schreiben geschieht, ist nichts anderes als eine Gegenbewegung zur Entropie. Eine heiße Badewanne und ein kaltes Badezimmer haben ihre Temperatur irgendwann aneinander angepasst. Die Unordnung hat zugenommen, denn die vorherige Ordnung von »heiß hier« und »kalt dort« ist aufgelöst. Automatische Zunahme von Unordnung heißt Entropie. Das Universum als Ganzes strebt unweigerlich der Entropie zu, doch lokal lässt sie sich aufhalten. Dafür jedoch ist Energie vonnöten. Auf meinem Computer kommt die Energie aus der Batterie und der Muskelkraft meiner Finger. Sie kann nur entstehen, weil die Muskeln in meiner Hand Kohlenhydrate in Wärme und Bewegung umsetzen. In den Zucker kam die Energie durch die Sonne hinein, die das Zuckerrohrfeld beschien. Ihrerseits gewann die Sonne Energie durch Kernfusion. Wir gehen im Kapitel »Ernährung« noch näher darauf ein.

Wir dürfen Energie deswegen auch als ein Maß für Ordnung interpretieren und damit für Leben, Gestalt und alles, was mehr ist als das Nichts. Energie zu gewinnen ist gleichbedeutend damit, Gestalt zu ermöglichen. Aus dem Nichts entsteht das Etwas durch Energie. Life-Changer-Technologien sind also solche Fortschritte, die uns dabei helfen, die gestaltgebende Kraft von Energie zu nutzen, ohne dabei die Grundlagen des Lebens zu zerstören. Wenn Life Changer die Effizienz von Energie erhöhen, bedeutet dies nichts anderes, als dass sie den Möglichkeitsraum des Lebens weiter ausdehnen. Heute verbrauchen alle Server der Welt in der Summe rund 1 Prozent des Stroms, den wir produzieren. Diese Zahl bedeutet auch, dass wir mit aller heute verfügbaren Energie auf unseren Computern maximal das Hundertfache dessen speichern könnten, was derzeit dort gespeichert ist, dann allerdings keinen Strom für Licht, Fernsehen, Kochen, Heizung oder Smartphones mehr übrig hätten. Steigerten wir wiederum die Stromproduktion um das Hundertfache, ohne die Umwelt dabei in Mitleidenschaft zu ziehen, wäre der digitale Gestaltungsraum bei gleicher Zuweisung von 1 Prozent des Stroms für Server eben auch 100-mal so groß wie heute. Energie ist die strukturgebende Kraft des Universums und des Lebens. Alles andere, was wir noch erreichen wollen, hängt von ihr ab. Technologie kennt daher kein größeres Ziel, als unsere Energieprobleme zu lösen.

Im nächsten Kapitel schauen wir auf Kommunikation. Nach Energie ist sie das wichtigste Betätigungsfeld des Menschen. Kommunikation ist die Verbindung des Einzelnen zur Gruppe und zum Ganzen. Sie ist die zweitwichtigste strukturgebende Kraft des Lebens und der Zivilisation. Und besonders bei ihr bahnen sich epocheverändernde Durchbrüche an. Alles wird mit allem verknüpft – dabei wachsen alle toten und lebenden Dinge zu einem einzigen großen Organismus heran. Wir werden also Zeuge der Geburt eines Meta-Gebildes das unserem Planeten ein neues Gesicht verleihen wird.

Kommunikation:
Wie Menschen und Maschinen
Informationen überall verfügbar machen
und alles mit allem verbinden

Zwei Drittel der Menschheit ist im Internet angekommen. Fast jeder von uns besitzt Zugang zum Mobilfunk. Dennoch hat das Zeitalter der Kommunikation gerade erst begonnen. Nicht mehr lang, und Millionen von Satelliten werden die Erde umrunden. Alle lebenden und toten Dinge der Welt schließen sich zu einem Metaorganismus zusammen und begründen ein Zeitalter nie für möglich gehaltenen Zusammenspiels.

> *»Bewusstsein ist das, was Informationen*
> *fühlen, wenn sie verarbeitet werden.«*
> MAX TEGMARK, SCHWEDISCH-AMERIKANISCHER
> KOSMOLOGE UND WISSENSCHAFTSPHILOSOPH

Unser Wesen als Mensch beruht zum wichtigsten Teil darauf, dass 100 Milliarden Nervenzellen in unserem Gehirn via 100 Billionen Synapsen mit anderen Nervenzellen in Verbindung stehen und Informationen austauschen. Wären diese Zellen nicht miteinander verbunden, sondern erledigten ihr Tagwerk heimlich, still und leise im Alleingang, wäre uns jeder Ameisenhaufen an Intelligenz weit überlegen. Vom Gewimmel her sähe es ähnlich aus, doch Ameisen würden dann mehr miteinander sprechen als unsere Eremiten-Zellen. Intelligenz wächst mit dem Grad des Austauschs zwischen den konstituierenden Elementen eines Systems, so wie die Anziehungskraft eines Planeten proportional zu seiner Masse wächst. Ohne funktionstüchtige Synapsen wären unsere Gehirnzellen nur Fleischsalat. Krankheiten wie Alzheimer oder Parkinson verändern deswegen unsere Persönlichkeit, weil sie nichts anderes sind als Krankheiten der Persönlichkeiten. Sie verursachen Regressionen der Kommunikation und erst in zweiter Linie – dadurch verursacht – Regressionen der Persönlichkeit. Wir bekommen kein Alzheimer, wir werden Alzheimer.

Trotz Internet und Telefonnetz hat die Revolution der Kommunikation gerade erst begonnen. Warum? Weil wir bislang nur Menschen miteinander zusammengeschlossen haben. Erst seit Kurzem fügen wir dem Netzwerk Maschinen hinzu. Künftig könnten Steine, Möbel, Fenster, Socken oder Schokoladentafeln beitreten. Vielleicht errichten wir eines Tages sogar ein Netz, dem alle Moleküle, Atome oder sogar Quanten angehören. Wenn wir aus der Warte dieses künftigen Netzes auf die heutige Gegenwart zurückschauen, dann würden wir den Eindruck gewinnen, die Welt litte an einer dramatischen Form von Demenz. Denkverlust ist Ausdruck und Folge neuronalen Kommunikationsversagens. Da 99,99 (Periode 99) Prozent der Zellen, Dinge, Moleküle, Atome und Teilchen heute überhaupt gar nicht im Austausch miteinander stehen, dürfen wir der Gegenwart durchaus einen Zustand fortgeschrittener Demenz attestierten. Genauer: einen Zustand pränataler Unvollkommenheit, denn die Vernetzung, die es heute nicht gibt, kann in Zukunft ja noch kommen. Die Geburt eines Meta-Wesens steht vielleicht bevor, und weil es das erste in dem uns bekannten Universum ist, können wir keinerlei Aussagen über Erscheinung, Eigenarten und Absichten treffen. Hoffen dürfen wir aber, dass es uns hilft, unsere gravierendsten Probleme in Griff zu bekommen. Wenn Energie der Treibstoff für Life Changer ist, dann ist Kommunikation ihre Infrastruktur.

In den Medien lesen wir jeden Tag von Bemühungen zum Schließen der Funklöcher, zum Ausbau des Breitbandnetzes und von Verabredungen der Koalition zur Priorisierung der Digitalisierung. Doch was wäre eigentlich, wenn all dies und noch viel mehr wirklich geschähe? Können wir einen Vergleich ziehen zwischen den magischen Auswirkungen der Verbindung unserer Neuronen untereinander und dem Vernetzen aller Menschen und Maschinen auf der Erde? Gibt es irgendwann einen Blitz des Bewusstseins? Erwacht dann ein neuartiges Meta-Wesen aus seinem unbewussten Schlaf? Sind wir dann eines Tages nicht mehr nur Subjekte unseres eigenen Daseins, sondern zugleich Komponenten eines weltumspannendes Wesens? Und wenn ja, was würde dies für unser Selbstverständnis und unsere Zivilisation bedeuten? Diese Fragen reichen über den Gegenstand dieses Buches hinaus. Sie verdienen eine eigene Erörterung. Was wir aber jetzt schon genauer beobachten sollten, sind Art und Funktionsweise des neuen weltumspannenden Netzwerks, das gerade entsteht. Anders ausgedrückt: Wie funktionieren die Synapsen, an deren Aufbau wir arbeiten?

Kommunikation ist das, was auf Leitungen geschieht, sobald sie einmal gelegt worden sind. Ohne Leitungen gibt es keine Kommunikation. Meine Beschäftigung mit Kommunikation für dieses Buch führte mich zunächst wieder zu Pionieren des Weltraums. Wir wissen, wie wichtig die Großhirnrinde für unser Gehirn ist. Sie liegt gewölbt über den evolutionsgeschichtlich älteren Abteilungen des Organs. Der Orbit um die Erde weist eine gewisse topografische Ähnlichkeit mit der Großhirnrinde auf. Auch er überwölbt ältere Partien der Welt. Von »älter« können wir dann sprechen, sobald im Orbit ein neuartiger Kortex entsteht, der bereits Vorhandenes auf neuartige Weise von oben miteinander verknüpft. Auf der Suche nach einem praktisch-pragmatischen Zugang zu diesen esoterisch klingenden Themen, begann ich meine Recherche bei Raketenbauern. Die Überlegung dahinter war einfach. Alles Spekulieren über einen globalen Kortex ist hinfällig, wenn wir nicht schnell und preiswert massenhaft Satelliten in die Erdumlaufbahn bringen können, die wie eine Art

Zellkörper ihre Arme per Funk zum Boden ausstrecken – ähnlich des Axons einer Nervenzelle. Raketen bilden sozusagen die Infrastruktur der Infrastruktur. Deswegen berichte ich hier zuerst von ihnen. Und über Raketen bräuchten wir gar nicht erst zu sprechen, wenn wir nicht zunächst über Triebwerke reden. Sie sind die Infrastruktur der Infrastruktur der Infrastruktur. Ohne leistungsstarke Triebwerke fällt die Revolution der Kommunikation mangels Schubkraft größtenteils aus.

Das erste moderne Raketentriebwerk, das ich zu sehen bekomme, schimmert als klobiges Werkstück bronzefarben durch die Scheibe. Breit wie ein Elefantenfuß ist es, hoch wie ein Winterreifen. Ein Roboterarm hält es in der Arbeitszelle fest, ein automatischer Vorschlaghammer donnert von unten gegen den Arm. »Kaum zu glauben, oder?«, sagt Stefan Brieschenk, Gründer und Chefingenieur der *Rocket Factory Augsburg*. »Ein Raketentriebwerk mit einer halben Million PS. Und es kommt aus einem 3D-Drucker. Einfach erstaunlich. So stark wie 500 000 Pferde, und das aus einem Drucker!« Seine Augen leuchten. Er deutet auf einen weiteren Apparat hinter sich. »Das da drüben ist der Drucker. Fünf Tage Druckzeit und dann noch einmal fünf Tage, um das Metallpulver hier aus den Kapillaren zu klopfen. Der Drucker läuft nur, wenn das Hammerwerk ausgeschaltet ist. Sonst wären die Erschütterungen zu groß. Drei solcher Segmente brauchen wir für das fertige Triebwerk.« Wieder ertönt ein dumpfer Schlag, krachend wie eine Eisentür, die ins Schloss fällt. Rötlicher Staub rieselt aus dem Metallblock. Der Arm fährt mit einem Ruck herum. Jetzt steht der Motor auf dem Kopf. Noch ein harter Schlag. Wieder rieselt Staub heraus.

»Mit 3D-Druckern stellen wir Raketenmotoren her, die früher noch undenkbar waren«, sagt Brieschenk. »Kein Spritzgussverfahren kann derart feine Kapillaren in die Außenwand gießen. Das Kerosin schießt in ihnen durch die Wand, kühlt den Motor ab und wird dabei selbst erhitzt. Unten fängt dann die Turbopumpe das Kerosin auf und drückt es mit 300 Bar nach oben in die Düsen der Brennkammer. Dort reagiert es mit dem flüssigen Sauerstoff. Die Tröpfchen beider Treibstoffe werden dabei so fein zerstäubt, dass fast jedes Molekül des Kerosins auf ein Molekül des Sauerstoffs trifft.« Durch die feine Zerstäubung verbrennen hier Kerosin- und Sauerstoffmoleküle anders als in herkömmlichen Raketentriebwerken. Dort reagiert nur, was zufälligerweise an der Oberfläche der Tröpfchen aus zahlreichen Molekülen liegt. Hier aber verbrennt jedes einzelne Partikelchen der beiden Stoffe direkt mit seinem Gegenüber. Feiner kann man Flüssigkeiten kaum auflösen. Zwei Mikronebelwolken verschmelzen miteinander, wobei jedes winzige Teilchen Kerosin seine eigene Ladung Sauerstoff abbekommt. Wie Soldaten zweier Heere fallen die Teilchen in Zweikämpfen übereinander her. Ähnlich gewalttätig sind die Folgen. Die fast vollständige Verbrennung beider Stoffe erzeugt elementare Kraft. »Stell dir eine Spritze vor, die so groß ist.« Stefan Brieschenk, ein großer junger Mann, streckt die Arme weit auseinander. »Vorne an der Spitze steckt die feinste Kanüle der Welt. Hinten befindet sich ein Stempel so breit wie ein Kochtopfdeckel. Nun schlägst du mit voller Wucht gegen den Stempel. Der feine Strahl, der vorne herausschießt, hat schon 30 Bar Druck. Wir aber pressen den Treibstoff mit zehnmal so viel Kraft in die Brennkammer.« Ein chemischer Zünder setzt dort die Mischung in Brand, und sofort schießt heißes Gas unten aus dem Motor heraus. Der dabei entstehende Rückstoß ist so enorm, dass er die Rakete in die Luft katapultiert.

Zwei Etagen über der Werkstatt führt Brieschenk mich gemeinsam mit seinem Kompagnon Jörn Spurmann durch das Entwicklungszentrum. Brieschenk zieht die Tür zu einem Großraumbüro auf. 60 Leute sitzen darin dicht an dicht gedrängt aufeinander. Jede Schreibtischgruppe beherbergt eine Abteilung: Triebwerk, Raketenstruktur, Startrampe, Avionik, Flugbahn, Einkauf, Personal und Finanzen. »Bei uns sitzen alle in einem Zimmer«, sagt

Brieschenk. »Schon das ist ein Riesenunterschied zur klassischen Raumfahrt. Wir klären hier per Zuruf in zwei Minuten, was in der Industrie monatelang zwischen den Abteilungen festhängt.« Brieschenk und Spurmann leiten mich von Tisch zu Tisch. Bei den Avionikern liegt ein elektronisches Bauteil auf der Schreibtischkante, kleiner als ein Joghurtbecher. Kabel führen zu einem Computer. Das sieht so aus, als habe ein jugendlicher Mofafahrer gerade den Verteiler aus seiner Zündapp geschraubt. Mit viel Respekt für das Material, aber sehr leger im Umgang mit ihm. Einen Elektronikteststand unter Reinraumbedingungen braucht man in dieser Phase der Entwicklung nicht. Es geht auch so. »Das ist die Steuerelektronik der Rakete«, sagt Brieschenk. Ich schaue mir das Ding genauer an. So klein ist sie? Noch nicht einmal so groß wie ein Laptop? »Ja, größer muss sie nicht sein. Sie hat trotzdem 100 000-mal mehr Leistung als der Rechner der Apollo 11.« Ein Softwareingenieur erklärt mir sein Programm. Mit Hilfe grafischer Tools bringt er dem Rechner alles bei, was er wissen muss. Später einmal kommandiert dieser Minicomputer die röhrenden Triebwerke. Sie lenken die Rakete samt Nutzlast über den Nordpol in eine stabile Umlaufbahn. Die Kästchen, Flussdiagramme und Codezeilen auf seinem Bildschirm könnten auch die Lieferalgorithmen bei *Gorillas* darstellen. Doch sie sind wahrhaftige Rocket Science.

Am Nachbarschreibtisch plant sein Kollege die Startrampen und Flugbahnen. Auf seinem Computer rotiert eine Erdkugel. Per Maus schiebt er eine Rampe von Skandinavien auf die Arabische Halbinsel. Sofort leuchten neue Umlaufbahnen auf. Alle führen nach Norden. »Auf die besten Umlaufbahnen kommt man über den Nordpol«, erklärt Brieschenk. »Auf manchen Bahnen dreht sich die Erde unter dem Satelliten weg, auf anderen aber hat der Satellit permanent die Sonne im Rücken und kann so immer etwas sehen.« Startplätze in der Nähe des Äquators, wie sie die traditionelle Raumfahrt noch braucht, sind überflüssig geworden. »Weil es Richtung Norden geht, benötigt man den zusätzlichen Schwung an dickeren Punkten der Erde nicht mehr.« Die leichten und tieffliegenden Raketen und Satelliten des »New Space« kommen ohne das größere Drehmoment aus, das am Äquator durch den größeren Abstand zur Erdachse entsteht. Folglich kann der Transport von Raketen und Satelliten in die Tropen entfallen. Nordeuropa bietet plötzlich beste Voraussetzungen für Raketenstarts.

Mein Besuch in Augsburg bestätigt den Anfangsverdacht, dass moderne Raumfahrt die Grundlage für eine völlig neuartige, weltumspannende Form der Kommunikation schaffen könnte. Was ich hier sehe, unterscheidet sich ganz grundsätzlich von traditionellen Methoden und Verfahren des Zugangs zum Weltall.

Als ich fünf Jahre alt war, landete Neil Armstrong auf dem Mond. Ich durfte die halbe Nacht aufbleiben und ihm im Fernsehen bei seinen historischen ersten Schritten auf unserem Trabanten zuschauen. Damals verfügten nur die größten und reichsten Staaten der Welt über genug Wissen und Geld, um ins All fliegen zu können. Die Raumfahrt war deren Regierungen vorbehalten. Privatleute hatten im All nichts verloren. Wo die Astronauten landeten, pflanzten sie zuallererst die Flagge eines Nationalstaats auf. Sie nahmen Land in Besitz wie die Konquistadoren des 16. Jahrhunderts. Computer so groß wie Häuser berechneten die Bahnen und steuerten den Flug, beaufsichtigt von Tausenden Ingenieuren und einigen wenigen Ingenieurinnen in weißen Kitteln. Solche Heere von Fachleuten konnten sich nur mächtige Institutionen wie der Kongress der Vereinigten Staaten von Amerika oder das Zentralkomitee der Union der sozialistischen Sowjetrepubliken leisten. Heute haben Hacker und Nerds die Regie übernommen. Das Rechenzentrum liegt in Form eines einzelnen, handlichen Bauteils lässig auf der Tischkante. Das Design der Rakete zeichnet der Kollege da hinten in der Ecke auf seinem Rechner. Eine Maus verlegt Startrampen an jeden beliebigen Platz der Erde. Der Dienstleister von nebenan biegt dort Bleche für Raketen, wo er

149

Reich heißt schneller, arm heißt langsamer

Zugang von Regionen zu Mobilfunknetzen 2021, aufgeschlüsselt nach Technologien in Prozent. 2G steht für GSM, GPRS oder Edge. 3G für UMTS und 4G für LTE. Daten für 5G liegen noch nicht vor.

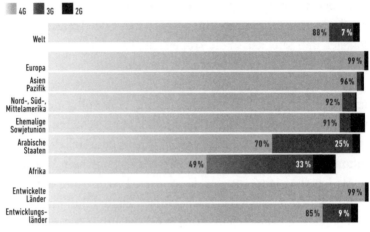

Quelle: International Telecommunications Union Facts and Figures 2021

Fast die gesamte Weltbevölkerung genießt Zugang zu Mobilfunk. Doch noch immer gibt es Lücken, vor allem in Afrika. Je reicher eine Region, desto schneller ihr Netz.

gerade noch Kotflügel für den Familienkombi von *Audi* gefertigt hat. Und das Triebwerk kommt aus einem Drucker zwei Etagen unter dem Laserdrucker, der die PowerPoint-Präsentationen für die Investoren auswirft. Wenn man den Druckjob einmal gestartet hat, surrt die Maschine Zeile für Zeile, Schicht für Schicht vor sich hin, und man kann in der Zwischenzeit andere Dinge erledigen. Millionen Pferdestärken entstehen so einfach wie ein Brief.

Auf der Rückfahrt im Zug nach Berlin denke ich darüber nach, welche Auswirkungen diese Technologie auf unser Leben haben wird. Es ist verwirrend und aufregend zugleich, was hier gerade geschieht. Kleine Start-ups am Stadtrand von Augsburg bauen plötzlich Raketen. Nicht nur diese eine Firma mischt mit. Eine ganze Industrie entsteht. Wettbewerb blüht auf. Keine Stunde

Fahrzeit von der *Rocket Factory* entfernt – in Ottobrunn bei München – konstruieren die Gründer von *Isar Aerospace* das Konkurrenzprodukt. Ein neues *Race to Space* entbrennt, aber nicht mehr zwischen Ost- und Westblock, sondern innerhalb eines Bundeslandes: Welche dieser bayerischen Firmen bringt die erste privat finanzierte deutsche Rakete ins All? Das fragen sich viele. Fans beider Seiten feuern ihre Teams an. International ist der Wettbewerb noch größer. Deutsche Gründer laufen Start-ups aus den USA, Großbritannien, Asien und Australien bislang sogar hinterher. Eine ganze Generation junger Ingenieurinnen und Ingenieure entdeckt den Weltraum neu.

Unter dem Druck des Wettbewerbs erodieren die Preise. Einen Satelliten ins All zu schießen, kostet bald nur noch ein Zehntel oder ein Hundertstel des bisherigen Aufwands. Satelliten wie die von *Iceye* passen in einen Rollcontainer und kommen mit der Post. Mit ein paar Millionen Euro oder Dollar Wagniskapital kann heute jede Uni-Absolventin und jeder Student im Weltraum mitmachen. Natürlich ist es nicht ganz einfach, sich das notwendige Kapital zu besorgen. Aber wenn man diese Hürde erst einmal überwunden hat, dann steht einem anders als früher keine staatliche Institution und kein hermetischer Club von Industriellen mehr im Wege, der den Neuankömmling ausbremst, fernhält oder am ausgestreckten Arm verhungern lässt. In Europa fließt das Kapital für Weltraumfirmen zwar noch stockend. Doch das täuscht nicht über den Boom hinweg, der weltweit herrscht. Laut *PitchBook* haben bislang weltweit 3036 Investoren schon 175 Milliarden Dollar in 1276 Space-Technology-Firmen gesteckt. Das Geld sickert durchs System. Eigene Missionen zum Mond werden zum Gegenstand von Seminararbeiten. Jeder Studienkreis, der etwas auf sich hält, kann für kleines Geld seinen eigenen Sputnik auf eine Umlaufbahn schicken. Kaum mehr als 60 Jahre nach dem russischen Original von 1957 gibt es bald mehr private Satelliten als kommerzielle Flugzeuge.

Und noch ist kein Ende des Booms in Sicht. Entgegen populärer Grafiken, die den erdnahen Weltraum als überfüllt darstellen, herrscht dort noch immer gähnende Leere. Heute sind im Weltraum noch immer weniger Satelliten unterwegs als Schiffe auf den Gewässern. Von einer Schließung wegen Überfüllung kann also noch lange keine Rede sein. Wenn die Meere nicht voll sind, ist es der erdnahe Weltraum erst recht nicht. Schiffe bewegen sich zudem auf einer zweidimensionalen Fläche – auf Flüssen, Seen und Meeren –, Satelliten dagegen auf übereinandergeschichteten Bahnen im dreidimensionalen Raum. Dort gibt es auf absehbare Zeit noch massenhaft Platz. Diese Leere füllt sich nun jedoch rasend schnell mit elektronischen Trabanten. Allein Elon Musks *Starlink* hat 30 000 Kommunikationssatelliten angekündigt.

Wozu wird das führen? Satelliten erfüllen alle erdenklichen Funktionen. Sie dienen der Navigation und Ortung, liefern jedem Handy und Auto seinen aktuellen Standort, beobachten die Erde, sammeln Weltraumschrott ein, dringen tief ins Sonnensystem vor, erkunden andere Planeten und Monde, vermessen die Sonne, landen auf Kometen, schauen, wie das neue Weltraumteleskop *James Webb,* 13 Milliarden Jahre weit zurück und somit fast bis zum Urknall, fotografieren, wie das *Hubble-Teleskop,* ferne Galaxien, Spiralnebel und Doppelsterne und umkreisen den Mars, um den Rover *Perseverance* auf dessen Oberfläche zu steuern.

Doch die meisten aller Satelliten im All widmen sich der Kommunikation. Sie empfangen Fernsehbilder und werfen sie zur Erde zurück. Sie fangen Bündelfunk aus Amerika auf und senden ihn nach China weiter. Sie verbinden Satellitentelefone wie *Iridium* mit dem weltweiten Telefonnetz, auch wenn man gerade in einer Wüste zeltet oder auf der Hochsee segelt. Und neuerdings liefern Satelliten aus niedrigen Flugbahnen uns auch schnelles 5G-Internet. Weil sie so tief über die Erde sausen, brauchen ihre Signale nur 20 Millisekunden hin und zurück. Diese minimale Verzögerung – Latenzzeit genannt – ermöglicht einen blitzschnellen Download und komfortablen Upload. Leistungsstarkes Internet mit 200 Mbit pro Sekunde wird dadurch überall auf der Welt möglich, ohne dafür erst noch Kabel verlegen zu müssen. Allein schon diese Technik koppelt ganze Regionen an den Fortschritt an und beseitigt die Ungerechtigkeit des Ausschlusses vom Austausch. Für die betroffenen Menschen, die plötzlich Bilder bei *Instagram* posten und Artikel bei *Wikipedia* nachschlagen können, bedeutet dieser Wandel einen echten Life Change.

Dabei steht die Satellitentechnik noch am Beginn. Anfang 2021 flogen rund 4500 aktive Satelliten um die Erde. Nicht mitgerechnet sind dabei ausrangierte oder defekte Geräte, ebenso wenig Satelliten auf wissenschaftlichen Missionen außerhalb der Erdumlaufbahnen. Diese Zahl nimmt nun in wahnwitzigem Tempo zu. Allein im November 2021 wurden der amerikanischen Aufsichtsbehörde Federal Communications Commission (FCC) 40 000 neue Satellitenprojekte gemeldet. Dies ist kein Druckfehler. Ein einziger Monat sah die Anmeldung einer zehnmal so großen Flotte, wie sie heute bereits aktiv ist – eine wahre Explosion. Und dabei sind chinesische und indische Projekte noch nicht einmal alle mitgezählt. Die FCC registrierte in der Summe über 100 000 Anträge. Elon Musk hat in einem Interview mit der *Financial Times* Dutzende Milliarden von Satelliten allein in den niedrigen Erdumlaufbahnen für die nahe Zukunft als wahrscheinlich prognostiziert. Unabhängige Experten halten diese Zahl für übertrieben. Miles Lifson vom MIT schreibt: »Die Kapazität von Orbits abschätzen zu wollen, indem man den Platz vermisst, den ein einzelner Satellit braucht, ist ähnlich dem Versuch, den Durchsatz einer Autobahn zu berechnen, indem man misst, wie viele Wagen gleichzeitig auf ihr parken können.«

Statische Betrachtungen unterschätzen immer die Faktoren Bewegung und Sicherheitsabstand. Kollisionsvermeidung verlangt, Autos mit 160 km/h nicht Stoßstange an Stoßstange fahren zu lassen. Das gilt erst recht für Trabanten mit 25 000 km/h knapp über der Erde. Doch auch wenn keine Milliarden Satelliten auf die niedrigen Umlaufbahnen passen, Millionen könnten es werden. Und Zahlen in diesen Dimensionen unterfüttern den Verdacht, dass im Weltall tatsächlich so etwas wie die Großhirnrinde des Planeten entstehen könnte. Von den 4500 Satelliten, die heute bereits im Orbit schweben, dienen 2224 (Stand Januar 2021) der Kommunikation – also rund die Hälfte. Bleibt es auch in Zukunft in etwa bei der hälftigen Aufteilung zwischen Kommunikations- und Beobachtungssatelliten, sind Hunderttausende Kommunikationssatelliten in den nächsten drei oder vier Jahren wahrscheinlich und Millionen in einem Jahrzehnt nicht ausgeschlossen. Die Infrastruktur, um alles mit allem zu verknüpfen, nimmt zügig Gestalt an. So viel steht heute schon fest.

Allerdings sind Satelliten nicht die Allheilmittel für Kommunikationsprobleme auf dem Boden. Ankommen wird es in Zukunft auf die kluge Kombination von Funk, Kabel und Satellit. Ich klappe meinen Computer auf. Wie immer im Zug liefert mein Handy keine schnelle, stabile Verbindung. Jahrelang durften die Masten der Netzbetreiber nicht näher als fünf Kilometer an die Bahnstrecken heranrücken, weil das Eisenbahn-Bundesamt Interferenzen mit dem Zugfunk fürchtete. Die verspiegelten Scheiben der ICEs reflektieren elektromagnetische Wellen. In den Waggons fehlen Signalverstärker. Streit um Zuständigkeiten und bürokratisches Gerangel warfen Deutschland um Jahrzehnte hinter Spanien, Belgien und Frankreich zurück, wo stabiles Netz in Hochgeschwindigkeitszügen schon lange eine Selbstverständlichkeit ist. Mein Computer verbindet sich stattdessen mit dem WiFi des Zugs. Doch auch das *WIFIonICE* ruckelt und zuckelt. Entnervt schalte ich die Verbindung ab und arbeite offline. Werden die Millionen Satelliten im All dieses Problem endlich lösen? Wahrscheinlich nicht so bald.

Um Elon Musks *Starlink* zu erproben, habe ich mir einen Zugang bestellt, sobald er hierzulande zu haben war. Auf einer

Webseite gibt man einfach Namen, Adresse und Kreditkarte an. Das Empfangsgerät kostet einmalig 499 Euro, die monatliche Abogebühr 99 Euro. Wenige Tage später liefert die Post ein hüfthohes, flaches Paket. Es enthält eine Antenne von der Größe eines kleinen Beistelltischchens, montiert auf einen Dreifuß. Mitgeliefert wird ein 50 Meter langes Kabel, ein Steuergerät und ein WiFi-Router. Die Installation ist denkbar einfach. Man stellt die Antenne in den Garten oder aufs Dach, verbindet das Kabel mit dem Steuergerät und dieses per LAN-Kabel mit dem Router. Kaum liegt Netzspannung an, ruckelt die Antenne und nimmt Kontakt zu Satelliten auf. Automatisch beugt sie sich in den Winkel, aus dem sie die stärksten Signale empfängt. Eine App auf dem Handy verkündet die Aufnahme der Verbindung und zeigt die Geschwindigkeit an. Nun loggt man sich ins WiFi des Routers ein oder verbindet diesen mit der Kopfstelle seines eigenen Hausnetzes. Keine fünf Minuten dauert diese Prozedur. Eine ganze Firma stellt man so im Handumdrehen auf 5G aus dem Weltall um. Einfach das Kabel in jene Buchse der Netzzentrale stecken, in der heute *Telekom* oder *Vodafone* ankommen – fertig. »Cord-Cutting« nennen Amerikaner das: mit einem glatten Schnitt Unabhängigkeit erlangen von den Telekommunikationskonzernen. Das Modell klingt bestechend schlicht und verführerisch schnell. Und aus eigener Erfahrung kann ich sagen: Tatsächlich liefert *Starlink* auch die versprochene Geschwindigkeit. Mit einer Spende von Antennen und dem Freischalten der Ukraine für *Starlink*, leistete Elon Musk nach dem Angriff Russlands einen wichtigen Beitrag dazu, die Kommunikation mit der Außenwelt in Gang zu halten.

Doch es gibt zahlreiche Probleme der mobilen Kommunikation, die sich durch die Konstellationen aus dem All trotzdem nicht lösen lassen werden. Da ist zunächst das Problem des freien Horizonts. Kein Baum oder Haus darf im Weg stehen. Auf dem Dach funktioniert die Antenne, doch im Kinderzimmer unter dem Dach schon nicht mehr. Schaukeln unterbricht die Verbindung sofort. Auch im Auto oder Zug funktioniert die Technik nicht; abgesehen davon, dass die Antennen unpraktisch groß sind. Viel kleiner können sie im Laufe der Jahre jedoch nicht werden. Dafür müsste die Sendeleistung der Satelliten steigen. Das aber würde mehr Strom fressen, die Vergrößerung der Sonnensegel erzwingen, das Startgewicht der benötigten Trägerraketen ebenso wie die Fehleranfälligkeit erhöhen, umherschwirrendem Weltraumschrott eine größere Angriffsfläche bieten und schlussendlich durch all diese Faktoren die Kosten unverhältnismäßig stark in die Höhe treiben. Genau in die Gegenrichtung steuern aber die Satelliten der neuesten Generation. Sie werden immer kleiner. Ein *Starlink*-Trabant sieht aus wie eine flache Pappschachtel. Übereinandergestapelt liegen diese Schachteln in der Cargobucht des Raketenfrachters und warten auf ihren Einsatz. Oben im Orbit wirft der Frachter die Geräte dann nacheinander von Bord wie ein Fischer die Köder oder ein Sportpilot die Fallschirmspringer. Und schon sind wir wieder beim Dilemma, mit dem auch *Iceye* zu kämpfen hat. Eine große Erdnähe bedeutet eine niedrige Flugbahn, und niedrige Flugbahnen erfordern eine extrem hohe Geschwindigkeit. Das Signal eines *Starlink*-Satelliten in Berlin aufzufangen, ist daher technisch ebenso schwierig, wie von Berlin aus per Walkie-Talkie mit einem Hyperjet zu plaudern, der gerade mit 25-facher Schallgeschwindigkeit über München donnert. Etwa in diesen Proportionen findet der Austausch zwischen Boden und *Starlink* statt. So weit wie Berlin von München ist Berlin eben auch von den *Starlink*-Satelliten entfernt. (Übrigens gibt es einen derart schnellen Hyperjet gar nicht. Das schnellste Flugzeug der Welt – die SR-72 des amerikanischen Militärs – erreicht eine Höchstgeschwindigkeit von 7407 km/h und damit weniger als ein Drittel der von Kommunikationssatelliten.)

Das Highspeedinternet aus dem All wird bis auf Weiteres also erst mal nicht in unsere Handys, Autos und Züge einziehen. Aber es beflügelt die Anschlüsse von Gebäuden und beglückt die vielen

Gemeinden auf dem Land, die noch vergebens auf einen Glasfaserzugang warten. Oder genauer ausgedrückt: bis vor Kurzem warteten. Denn Investoren überschlagen sich derzeit im Wettlauf um die Verkabelung des ländlichen Raums. Zahlreiche Geldanleger haben die Reize der Infrastruktur entdeckt. Die Renditen mögen nicht hoch sein, doch sie fließen sicher und beständig. Die Bürgermeister von Gröde, Wiedenborstel, Dierfeld, Keppeshausen und Hamm im Eifelkreis Bitburg-Prüm – die fünf kleinsten Gemeinden Deutschlands mit Einwohnerzahlen von elf bis 15 Seelen – freuen sich nun über das Werben milliardenschwerer Fonds, eilfertiger Glasfaserunternehmen und vollmundiger Weltraumpioniere wie Elon Musk oder *OneWeb* aus Großbritannien, ein Start-up, das 2,7 Milliarden Pfund für seine Vision eingesammelt hat, das europäische Pendant zu *Starlink* zu bauen. Diese Aufholjagd ist längst überfällig: Im weltweiten Schnitt fällt die Nutzung des Internets auf dem Land nur halb so hoch aus wie in der Stadt. Schlechte Leitungen sind der Hauptgrund, und Entwicklungsländer tragen die meiste Last. In Industrieländern ist der Abstand zwischen Stadt und Land hingegen inzwischen fast völlig verschwunden.

Während Teile des Spiels um die Märkte der Zukunft im Weltraum und beim Verlegen von Glasfaserzugängen ausgetragen werden, herrscht auch auf der Flanke des Mobilfunks reges Treiben. 5G-Masten dringen so schnell in die Landschaft vor, dass einige amerikanische Fluglinien bereits Störungen der Höhenmesser ihrer Maschinen fürchten und bestimmte Städte nicht mehr anfliegen. Flughäfen und Aufsichtsbehörden haben 5G-freie Schutzzonen rund um Start- und Landebahnen verordnet. Die neuen Mobilfunk-Frequenzbänder in den USA kommen der Bordelektronik gefährlich nah. In Europa liegen diese Bänder weiter auseinander. In den USA nutzen *Verizon* und *AT&T* für 5G Frequenzen über 3,7 Gigahertz. Aus Sicht von Experten rücken sie damit möglicherweise gefährlich nahe an die Frequen-

157

zen heran, auf denen die Radarhöhenmesser arbeiten (4,2 und 4,4 Gigahertz). Flugzeuge brauchen das Altimeter vor allem für Landungen bei schlechter Sicht. Es könnte also passieren, dass Flughäfen wie Chicago, New York oder San Francisco bei schlechter Sicht einfach schließen. In Deutschland haben wir dieses Problem nicht: Für 5G werden hier nur Frequenzbereiche unterhalb von 3,7 Gigahertz genutzt.

Doch auch wir stehen vor Herausforderungen neuer Art. Viele Gemeinden haben Mobilfunkmasten schon vor Jahren nur noch unwillig genehmigt. »Oft werden die Masten an den Waldrand gedrängt, weil niemand sie mehr auf dem Marktplatz sehen möchte«, sagt *Vodafones* Deutschland-Chef Hannes Ametsreiter mir in einem Gespräch. »Gleichzeitig wünscht sich aber jeder Mensch eine lückenlose Abdeckung des Empfangs.« Ende 2019 gab es nach Angaben der Bundesnetzagentur 81 282 Standorte von Antennen. Oft teilen sich verschiedene Anbieter einen Standort, und meist senden dort unterschiedliche Standards wie GSM, UMTS und LTE. Insgesamt zählt der Regulator 190 595 Basisstationen, also Zellen des Mobilfunknetzes. Im Schnitt stehen auf deutschem Boden somit zwei Zellen pro Quadratkilometer. Vermutlich nimmt die Dichte der Zellen in Zukunft zu. Und das hat nur zum Teil mit unserem Bedürfnis nach einem lückenlosen Funknetz zu tun, sondern vor allem mit der Tatsache, dass zahlreiche neue Teilnehmer das Gerede, Geplapper und Gefunke in den Telefonnetzen dieser Erde bereichern werden.

Einige der neuen Teilhaberinnen und Teilhaber des globalen Dialogs werden nach wie vor Menschen sein, andere die Maschinen – dazu gleich mehr. Doch von unserer Spezies kommen nicht mehr allzu viele weitere Exemplare hinzu. Im Jahr 2021 verfügten nach Berechnungen der Internationalen Fernmeldeunion (ITU) 4,9 Milliarden Menschen und damit rund 63 Prozent der Menschheit über einen Zugang zum Internet. 800 Millionen kamen seit Beginn der Coronapandemie hinzu – der höchste Anstieg in

einem Zweijahreszeitraum seit Erfindung des World Wide Web.
Covid trieb die Menschen rund um den Globus ins Netz. In der
entwickelten Welt beträgt die Quote des Internetzugangs nun
90 Prozent, in der sich entwickelnden Welt 57 Prozent. Europa
erreicht 87 Prozent. Noch höher liegen die Erschließungszahlen
für Mobilfunk. 95 Prozent der Weltbevölkerung leben im Emp-
fangsradius von Handymasten.

Beim Anschluss an das Netz geht es nicht nur ums Telefonieren oder Surfen. Es geht vor allem um wirtschaftliche Autonomie.
Wenn überall schnelles Internet anliegt, können Menschen sich
überall bilden und von überall arbeiten. Sie können am digitalen
Wirtschaftskreislauf teilnehmen, auch wenn ihre eigene Region
unterentwickelt ist. Damit bekommen sie die Chance, in ihrer
Heimat zu bleiben, statt zu flüchten, weil sie daheim sonst keine
Aussicht auf ein menschenwürdiges Einkommen hätten. Infrastruktur für Kommunikation wirkt daher auch Fluchtursachen
entgegen und stärkt die Entwicklung bislang abgehängter Landstriche. Sie ist der beste Weg, selbstbewusste, liberale Mittelklas-
sen zu fördern. Damit nimmt Infrastruktur auch Einfluss auf Politik. Menschen, die arbeiten und ein Einkommen aus ihrer Arbeit
im Internet erzielen, haben etwas zu verlieren und fallen weniger
schnell auf die Versprechen von Milizen und Ideologen herein.

Die Zahl der vom Internetzugang Ausgeschlossenen ist aber
immer noch zu hoch. 2,9 Milliarden Menschen kommen nicht ins
schnelle Breitband-Internet und 390 Millionen nicht ins Mobil-
funknetz. 96 Prozent dieser Abgeschotteten leben in Entwick-
lungsländern. Das sind viel zu viele. Gerade Menschen in ärmeren
Ländern brauchen Zugang zu Bildung, Nachrichten, Information,
Kommunikation und Gesundheit. Doch die Lücke schwindet
von Jahr zu Jahr. Keine andere Technologie haben Menschen
so schnell und so vollständig um den Erdball verbreitet wie den
Mobilfunk. Das C-Netz ging in Deutschland erst 1986 in Betrieb,
das erste digitale Netz startete 1992. In den drei Jahrzehnten seit-

her haben wir den Erdball mit digitalen Funknetzen überzogen. Weltweit telefonieren heute prozentual mehr Menschen mobil, als etwa in Deutschland an der Bundestagswahl teilnehmen. Zwar decken Mobilmasten nicht die gesamte Fläche der Erde ab – fast die gesamte Meeresfläche plus riesige Teile der Landmasse sind vom terrestrischen Netz abgeschnitten. Doch die Abdeckung der Fläche ist nicht wirklich maßgeblich. Worauf es ankommt, ist die Abdeckung der Bevölkerung. Und in dieser Disziplin erreicht die Menschheit inzwischen Spitzenwerte. »Wenn es eine Wüste ist, gibt es keinen Markt«, sagte mir ein hochrangiger Raumfahrtmanager einmal trocken. »Und wenn es ein Markt ist, ist es keine Wüste mehr.« Wo Menschen sind, da gibt es Telefone. Und wo es kein Telefon gibt, da sind in den meisten Fällen auch keine Menschen. In der Hälfte der Länder, aus denen die ITU Daten auswertet, besitzen mehr als 90 Prozent der Menschen ein Handy.

Etwas mehr als drei Milliarden Menschen können wir also noch ans Netz anschließen. Es wird höchste Zeit. Auf rund 10,9 Milliarden wird die Weltbevölkerung nach Prognosen der UNO bis zum Jahr 2100 anschwellen, bevor danach das Zeitalter ihres Rückgangs beginnt, größtenteils als Folge wachsenden Wohlstands. Von heute 7,9 Milliarden auf dann 10,9 Milliarden sind es also nur drei Milliarden weitere Erdenbürger. In der Summe noch ans Internet anzuschließen sind somit also sechs Milliarden. Die Zahl klingt hoch, ist aber klein verglichen mit der Zahl der neuen Teilnehmer, von denen vorhin die Rede war: den Maschinen. Ende 2021 waren schon 35 Milliarden Geräte zum *Internet of Things (IoT)* verbunden, zur Mitte des Jahrzehnts sollen es 75 Milliarden Maschinen sein. Jedes Rädchen und jeder Motor in der Industrie redet mit, jeder Temperatursensor und jeder Laserdrucker, jede Webcam und jede ferngeschaltete Steckdose, jede netzaffine Waschmaschine und jede computergesteuerte Heiztherme, jeder Smart-Grid-Stromzähler, jedes Smartphone, jeder Kopfhörer, jede Lokomotive eines Flixtrains, jede Kaffeemaschine im Bordrestaurant der Bahn, jeder Fahrkartenautomat und jede Park-schranke – sie alle singen mit im anschwellenden Konzert des globalen Datenaustauschs.

Einen Geschmack vom Maß der heute schon vernetzten Maschinenwelt haben wir im Herbst 2021 beim Crash der Face-book-Server bekommen. Bürotüren ließen Mitarbeiter nicht mehr hinein, weil für den Zugang Facebook-IDs als Codes hinterlegt waren. Imbisse in Bangkok blieben kalt, weil alle Bestellungen über die Facebook-Seite liefen. Elektronische Kaufhäuser mach-ten zwangsläufig dicht, weil im Hintergrund Facebook-Server die Log-ins verwalteten. Eines Tages, wenn wir alle Geräte mit dem Netz verbunden haben, stehen wir bei einem Absturz vielleicht ausgeschlossen vor der Tür wie jemand, der seinen Schlüssel ver-loren hat. Doch wissen wir heute schon: In jedem der kommen-den fünf Jahre werden wir sechsmal mehr Maschinen ans Netz anschließen als Menschen. Und das ist auch nur logisch, denn jeder von uns legt sich mindestens sechsmal mehr smarte Espres-somaschinen, Saftpressen und Glühbirnen zu als Kinder.

Auf meiner Rückfahrt von Augsburg nach Berlin blättere ich in einer Studie und stoße auf eine Zahl, die mich innehalten lässt. Sie beantwortet eine Frage, die ich mir bislang noch nie gestellt habe: Wie hoch ist eigentlich aktuell die gesamte Bandbreite der Welt? Wie viele Daten kann die Menschheit mit dem gegenwär-tigen Stand der installierten Technik gleichzeitig übertragen? Die so beeindruckende wie konkrete Antwort lautet: 932 Terabit pro Sekunde. Eine Grafik zeigt den steilen Anstieg während der ver-gangenen Jahre. 932 Terabit – was heißt das aber genau? Ist das viel oder wenig? Was kann man damit anfangen und was nicht? Ich selbst musste erst nachschauen, was ein Terabit eigentlich ist, nämlich eine Million Megabit. Ein typisches Foto auf meinem iPhone belegt zwei Megabit. Nach Adam Riese könnten also alle Menschen auf der Welt jeden Tag rund 51 digitale Fotos ins Netz hochladen. Das klingt recht komfortabel. Doch Fotos sind eine vergleichsweise datenarme Angelegenheit. Das Streaming bei Netflix beispielsweise verbraucht hingegen typischerweise schon fünf Megabit pro Sekunde. Derzeit haben 222 Millionen Menschen Netflix abonniert. Doch nur 186 Millionen davon könnten gleichzeitig Netflix schauen – und würden dafür die komplette Bandbreite der Welt belegen. Unsere Netze erlauben derzeit nur 0,24 Promille der Weltbevölkerung das gleichzeitige Streaming – bei Standardauflösung. Wenn wir aber Netflix in 4K-Auflösung schauen und dafür 25 Megabit pro Sekunde verbrauchen, ermöglicht die weltweite Kapazität das nur noch 0,05 Promille aller Menschen.

Die prognostizierten 75 Milliarden ans Netz angekoppelte Maschinen des Jahres 2025 haben da noch gar nicht mit gesendet. Auch für sie wollen wir Vorsorge schaffen. Doch auch bei ihnen wird es nicht bleiben. Menschen und Maschinen sind nicht die einzigen, von denen wir wissen möchten, wie es ihnen geht. Organe und Zellen gehören irgendwann zu den nächsten Kandidaten des weltweiten Netzes. Die einfachste Methode, das Leben zu verlängern, besteht darin, den Tod aufzuschieben, also eine Todesursache nach der anderen in die Defensive zu drängen. Fangen wir nur mit den lebenswichtigen Organen an. Schon heute tragen über 300 Millionen Menschen eine Smartwatch am Handgelenk, davon rund ein Drittel eine *Apple* Watch. Viele lassen von den Geräten ihren Herzschlag tracken und sich bei Unregelmäßigkeiten Warnmeldungen schicken. Menschliche Herzen, Nieren, Lebern, Lungen und Mägen: Knapp 50 Milliarden davon leben schon heute auf der Welt, und sollten wir sie alle von smarten Devices tracken lassen, käme schon jetzt eine enorme Menge biometrischer Daten zusammen. In einer fernen Zukunft wollen wir aber vielleicht sogar jeder einzelnen Zelle in unserem Körper eine IP-Adresse zuweisen und sie am globalen Informationsaustausch teilnehmen lassen. 30 Billionen Zellen trägt allein jede und jeder einzelne von uns in sich, auf 2,38 Milliarden Billionen bringt es die Menschheit insgesamt.

Viel Bandbreite, doch längst nicht genug

Verfügbare Kapazität der weltweiten Netze aufgeschlüsselt nach Regionen in Terabit pro Sekunde in den Jahren 2015-2021. Ein Terabit entspricht einer Million Megabit

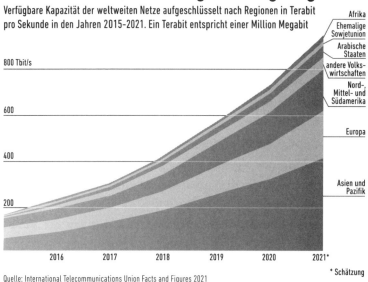

Quelle: International Telecommunications Union Facts and Figures 2021

*Schätzung

In nur fünf Jahren hat sich die Bandbreite fast verfünffacht. Doch trotz dieser hohen Wachstumsraten bleiben Weltregionen wie Afrika vom schnellen Netz abgehängt.

Was aber haben wir überhaupt davon, uns immer stärker zu vernetzen? Warum sollten wir alle Menschen, Maschinen, Organe, Zellen und vielleicht sogar Atome miteinander sprechen lassen wollen? Weil wir dadurch die Chance haben, eine Verbesserung des Lebens und eine Verringerung des Leids zu erfahren. So haben wir Fortschritt im entsprechenden Kapitel definiert. Ein großer Teil des Leids entsteht durch die Abwesenheit von Information und ein großer Teil der Freude durch ihre Zuführung.

Ein Personenzug rast wegen eines Fehlers im Stellwerk in einen entgegenkommenden Tankzug – 100 Menschen sterben durch den Mangel an Information. Hätten beide Zugführer vom Kurs des anderen gewusst, hätten sie rechtzeitig bremsen können.

Zwei S-Bahnen kollidieren frontal in der Nähe von München, weil die Fahrer voneinander nicht wussten, dass sie sich zeitgleich, aber in entgegengesetzter Richtung auf der einspurigen Strecke befanden.

Ein Patient mit Glioblastom sucht einen Neurologen in seiner Heimatstadt auf. Dieser verfügt jedoch nicht über das Wissen des weltbesten Experten. Der Patient stirbt vor seiner Zeit aus Mangel an Information.

Immunzellen einer Multiple-Sklerose-Patientin zerstören die Ummantelung der eigenen Nerven – eine fatale autoimmune Überreaktion aus Mangel an Informationen über den wahren Charakter des freundlich gesinnten Gewebes.

Julia und Romeo sterben beide durch das Gift aus der Viole – weil sie beide nicht wissen, dass der andere noch lebt.

Kommunikation bedeutet nichts anderes als die Überwindung von Raum durch Information. Nicht alles kann Kommunikation heilen. Doch beseitigen kann sie den Keil, den die drei Dimensionen des Raums zwischen uns und unser Wohlsein treiben. Damit allein ist schon viel gewonnen.

Niemals werden wir alle Informationen verarbeiten und übermitteln können, die uns wichtig sind. Melvin M. Vopson von der University of Portsmouth hat errechnet, wie lange es dauert, bis die Bits an digitalen Informationen die Zahl der Atome unseres Planeten übertrifft. Die Antwort ist verblüffend. Es gibt tatsächlich eine Menge von Informationen, die unseren Planeten überfordern würde. Wächst die Datenproduktion jährlich weiter wie bisher um 20 Prozent, wird dieser Punkt in 350 Jahren erreicht sein. Bei 50 Prozent wäre es schon in 150 Jahren so weit. »Selbst wenn man annimmt, dass künftige technische Fortschritte die Größe eines Bits bis auf fast Atomgröße verringern, würde dieses Volumen an digitaler Information mehr Platz einnehmen als unser ganzer Planet«, sagt Vopson. »Das wäre das, was wir als Informationskatastrophe definieren.«

Ein Bit zu speichern, nimmt heute etwa 25 Quadratnanometer ein und verbraucht eine gewisse Menge an Energie. Nach Einsteins berühmter Energie-Masse-Äquivalenz jedoch ist Energie nur eine andere Erscheinungsform von Masse. Die gesamte zurzeit auf der Erde erzeugte Information wiegt daher ein 233 Trillionstel Kilogramm, glaubt Vopson. »Das ist gerade einmal die Masse eines Escherichia-coli-Bakteriums«. Doch die Explosion unserer Kommunikationsbedürfnisse kann diese Masse schnell anschwellen lassen. Die Grenzen der Informationsexplosion treten irgendwann zutage, spätestens bei ihrem Energieverbrauch. Kein System – auch die Erde nicht – kann alle Informationen über sich selbst speichern, ohne von deren Komplexität überwältigt zu werden. Doch bis zu diesem Punkt der Überforderung ist noch ein weiter Weg. Mit jedem Schritt auf dieser Strecke schaffen wir neuen Nutzen.

All diese Fakten legen einen Schluss nahe. Eine Welt, die heute mehr schlecht als recht miteinander spricht und deren Wirklichkeit von Funklöchern durchzogen ist, bekommt eine Art Kortex im Orbit, mit Kabeln an Land und Masten für Mobilfunk, welche – kombiniert mit terrestrischem Funk und irdischen Kabeln – die neuronale Infrastruktur für Austausch aller Art darstellt. Funkzellen werden intelligenter, indem sie Rechenaufgaben ihrer Nutzer per eingebautem Computer mit übernehmen. Über diese Leitungen gleichen Menschen, Maschinen, Organe, Zellen, Moleküle und vielleicht sogar Atome ihren Status miteinander ab. Dadurch vermeiden sie Schäden aller Art, die heute durch den fehlenden Austausch von Informationen entstehen, und sie beflügeln neue Wertschöpfung wie auch soziale Vorteile. Da ökonomischer Austausch fast gleichbedeutend ist mit Kommunikation plus Arbeit, führt der Boom von Kommunikation zu Wachstum und Wohlstand. Verschwendung oder Ungerechtigkeiten, die heute durch Informationsgefälle entstehen, schmelzen im Laufe der Zeit dahin. Zugang zur Ärzten hat bald jeder Mensch der Welt, sofern seine Regierung ihn nicht daran hindert. Totes Vermögen in Lagern und auf Transportwegen – Schätzungen zufolge heute rund ein Drittel der gesamten Wertschöpfung der Welt – verliert seinen Schrecken durch schrittweise Auflösung dank genauerer Informationen über Angebot und Nachfrage. Autos fahren autonom. Maschinen steuern sich selbsttätig. Einheiten wie Zellen oder Moleküle, die heute keine handelnden Subjekte der Gesellschaft und Wirtschaft sind, können dies durch Anschluss an das Netz werden. Auch das treibt Wachstum und Wohlstand voran. Die Menschheit baut einen digitalen Zwilling ihrer Welt und bekommt so ein Dashboard ihrer Existenz. Zum ersten Mal kann sie sich damit als Ganzes selbst ins Gesicht sehen. Welche Schlussfolgerungen sie daraus zieht, ist ungewiss, aber zumindest hängt dieser Spiegel bald im Wohnzimmer unserer Art. Wenn wir uns selbst prüfen und verbessern wollen, besitzen wir dafür wenigstens die richtigen Instrumente. Und fest steht auch: Mit Hilfe des Orbit-Satellitenschwarms und der umfassenden Erreichbarkeit von allem und jedem, entsteht das wirkungsvollste Instrument zur Beeinflussung von Massen, das die Menschheit je gesehen hat. Produktiv werden wir es nur dann nutzen können, wenn wir seinen Gefahren beizeiten klug begegnen. Damit beschäftigen wir uns später im Kapitel »Niederlagen und Rückschläge«.

Im nächsten Kapitel schauen wir auf Life Changer in der Mobilität. Dabei geht es vor allem darum, wie wir den Skandal des Sterbens auf den Straßen beenden, der Verschwendung von Lebenszeit durch Staus begegnen und das Klima vor den Folgen unseres Bewegungsdranges bewahren.

Mobilität:
Wie wir uns bewegen, ohne Leben und Klima zu gefährden oder Zeit und Geld zu vergeuden

Unsere Verkehrssysteme stoßen bereits heute an ihre Grenzen. Ihre Kosten sind weit höher, als wir gemeinhin glauben. Doch das wird sich schon bald ändern: Selbstfahrende elektrische Autos werden zum Standard. Das Sharingangebot nimmt zu und wird immer selbstverständlicher genutzt. Miniflugzeuge, Vakuumzüge und neuartige Tunnel ermöglichen eine Mobilität, die an Sicherheit, Geschwindigkeit und Umweltverträglichkeit alles Bisherige in den Schatten stellt.

> *»Der Tod muss abgeschafft werden. Diese verdammte Schweinerei muss aufhören. Wer ein Wort des Trostes spricht, ist ein Verräter.«*
>
> BAZON BROCK, PROFESSOR FÜR ÄSTHETIK

Wenig anderes ist für lebende Wesen so wichtig wie die Fähigkeit, sich von einem Ort zum anderen zu bewegen. Leonardo da Vinci (1452-1519) hatte als Erster beobachtet und beschrieben, dass nur Wesen, die sich aktiv bewegen, ein zentrales Nervensystem besitzen. Und weil ein zentrales Nervensystem die Voraussetzung für die Befähigung zum Fühlen und für das Bewusstsein ist, hängen Bewegung und Empfinden evolutionsgeschichtlich eng miteinander zusammen. Eine eingeschränkte oder ausbleibende Mobilität schneidet tief in unsere Existenz als Mensch ein. Umgekehrt zählt der Wunsch, seinen Radius zu vergrößern und sich ungehemmt bewegen zu können, zu den stärksten Trieben des Menschen überhaupt. Unserem Bewegungsdrang sind wir fast hilflos ausgeliefert. Wir können ihn genauso wenig unterdrücken wie unseren Drang zu atmen, zu essen oder zu trinken. Doch immer, wenn wir einen Drang kaum bändigen können, neigen wir zu besonderer Rücksichtslosigkeit. So ist es auch bei der Mobilität.

In einem der vorigen Kapitel haben wir gesehen, welche Energiemengen unser Zwang zur Bewegung verschlingt, wie er die Umwelt verschmutzt und die Erderwärmung vorantreibt. Daran müssen wir dringend etwas ändern, wenngleich es nichts hilft, den Drang als solchen bekämpfen zu wollen. Seine momentanen negativen Auswirkungen aber müssen wir eindämmen. Auch anderes Leid, ausgelöst durch unsere Mobilität, gilt es zu mildern. Tod, Verletzung, Trauer um einen geliebten Menschen, Zeitverlust, Nervenbelastung, verpasste Chancen und ein enormer finanzieller Aufwand zählen zu den Folgeerscheinungen von Mobilität. Zwar kommen sie uns heute unvermeidbar und fast selbstverständlich vor, doch wenn wir dereinst aus der Zukunft auf unsere jetzige Gegenwart zurückschauen, werden wir kopfschüttelnd auf eine blutige, verschwenderische Barbarei blicken. Im Hinblick auf Mobilität müssen wir uns zu einer echten Zivilisation erst noch vorarbeiten. Verzicht, Triebunterdrückung oder Selbstkasteiung sind dafür aber nicht notwendig. Technologie erlaubt uns die Befriedigung unseres Wunsches nach Bewegung bei gleichzeitiger Beseitigung der unerwünschten Nebenwirkungen. Sie kann erreichen, dass Bewegungsfreiheit nicht mehr mit Blut, Sorge, Brutalität, Zeitverschwendung oder großen Summen Geldes bezahlt wird. Von wenigen anderen Forschungsgebieten haben wir so viele Life-Changer-Technologien zu erwarten wie von der modernen Mobilität. Die meisten Grundlagentechnologien sind bekannt. In unsere Lebenswirklichkeit stürmen sie jetzt kraftvoll herein.

Über das elektrische Auto müssen wir kaum noch sprechen. Es wird in schnellem Tempo immer alltäglicher und bald sehr wahrscheinlich zum neuen Standard. Jetzt erweist sich das Dik-

tum des ehemaligen Vorstandsvorsitzenden von *Daimler Benz*
Dieter Zetsche als wahr: »Mit dem Elektroauto ist es wie mit der
Ketchupflasche: Erst kommt gar nichts und dann alles auf einen
Schlag.« Ablesen lässt sich dieser Schlag auch an der Menge der
Ladesäulen. 65 Millionen Stationen wird Europa voraussichtlich
brauchen. Hinter ihnen stecken 135 Milliarden Euro Investitionen in die Infrastruktur. Große Teile dieses Aufwands werden
jetzt schon geleistet. Wer Autobahnraststätten und Tankstellen
besucht, sieht Ladesäulen überall hervorspringen. Kaum ein
Hotel oder Restaurant mehr, das keine Stecker für seine Kundschaft vorhält. Am Strommangel scheitert keine Überlandfahrt
mehr. *Tesla*-Supercharger sind dicht über Deutschland verteilt.
Sie wachsen an den ungewöhnlichsten Orten empor.

Auch das Auto mit selbsttätiger Steuerung ist kaum noch der
Rede wert. Die Fahrzeuge von *Tesla* navigieren schon recht eigenständig durch die Gegend; auch wenn ich meinem Model 3 noch
nicht ganz und gar über den Weg traue. Es leidet unter chronischer Schwäche, die Geschwindigkeitsschilder richtig zu lesen.
Elektronische Wechselanzeigen auf Autobahnen nimmt es nicht
wahr. Durch herabgestaffelte Geschwindigkeitsreduzierungen vor
Baustellen rast es ungerührt hindurch. Dafür schaltet es mitten
am Tag auf 80 km/h, auch wenn unter dem entsprechenden Ver-
kehrszeichen »22 bis 6 Uhr« steht. Einem Auto, das Geschwin-
digkeitsbegrenzungen nicht erkennt, ist vorerst nicht zu trauen.
Doch aller Wahrscheinlichkeit nach löst eines der nächsten Soft-
ware-Updates dieses Problem. Für einen grundsätzlichen Hemm-
schuh des autonomen Fahrens kann man diese Leseschwäche auf
jeden Fall nicht mehr halten.

Außerdem gibt es einen phänomenalen Erfolg von *Daimler*
zu feiern. Die Stuttgarter haben *Tesla* beim Autopiloten geschlagen. Als erstes Unternehmen der Welt hat Daimler die Zulas-
sung seiner elektronischen Steuerung für deutsche Autobahnen
errungen. Bis zum Tempo von 60 km/h – also vor allem im sto-

ckenden Verkehr – dürfen Fahrerinnen und Fahrer ihre Hände vom Lenkrad nehmen. Heimlich, still und leise zog *Daimler* an *Tesla* vorbei. Dafür bediente sich der Konzern einer besonderen Strategie. Während *Tesla* versucht, einen universellen Autopiloten für alle Verkehrssituationen auf allen Straßentypen zu bauen, konzentrierte sich *Daimler* auf ein Assistenzsystem nur für die Autobahn. Kreuzungsfreie Straßen mit verlässlich aufgemalten Fahrspuren sind dem Computer viel einfacher beizubringen als der unübersichtliche Trubel auf Spielstraßen oder in Innenstädten. Dieses Vorgehen zahlte sich aus. Während mein *Tesla* ohne menschliches Zutun mit vollem Tempo in eine Baustelle krachen würde, lenken Mercedes-Modelle ihre Fahrgäste sanft und elegant durch sie hindurch.

Autonomes elektrisches Fahren ist also bereits in der Wirklichkeit angekommen und wird aller Voraussicht nach im Laufe der kommenden zehn Jahre zum selbstverständlichen Standard aufsteigen. So wie heute kaum noch jemand weiß, wie man Grünkohl oder Kartoffelklöße zubereitet, weil beides vorgekocht überall zu haben ist und besser schmeckt, als man denkt, so wird handgesteuertes Autofahren in Zukunft zu den verlernten Kulturtechniken gehören. Der Umgang mit dem Schaltgetriebe wird schon heute in den Fahrschulen kaum noch gelehrt. Man kann einen Führerschein ablegen, ohne jemals mit Gangschaltung gefahren zu sein. Das Schalten verschwindet ebenso wie das Zwischengas, von dem mein Großvater mir noch seufzend erzählte. Fast alle Autohersteller haben angekündigt, die Produktion von Schaltwagen einzustellen. In spätestens zehn Jahren werden sie wohl auch die Herstellung von Autos mit Getriebe aufgeben. Nur der Antrieb durch Elektromotoren wird übrig bleiben. Und das Lenkrad wird zur Sonderausstattung, wie Elon Musk richtig vorhergesagt hat. Lenken erlangt bald den Status von Zwischengas oder Gangschaltung.

Dadurch bieten wir vielen Nachteilen der Mobilität die Stirn.

Tippen auf Smartphones hat Alkohol als wichtigste Todesursache beim Autofahren abgelöst. Künftig dürfen wir nach Herzenslust Mails schreiben, Kontostände abfragen und Bilder versenden. Unsere Augen dürfen dorthin wandern, wo es wirklich interessant ist. Sie werden erlöst vom langweiligen Kontrollblick auf das Straßenband vor uns. Dadurch gewinnen wir enorm viel Zeit und Sicherheit. Weltweit beträgt der Schnitt des Berufspendelns 90 Minuten pro Tag. Das ist der größte Pool an Lebenszeit, aus dem wir noch schöpfen können. Endlich endet das monotone, stumpfe, öde und langweilige Starren auf die Straße. Uns wird es anfangs fast so vorkommen, als erlebten wir eine Wiedergeburt. Die Befreiung vom Joch des Lenkrads wird uns so revolutionär erscheinen wie einst die Befreiung vom Waschbottich, Kohleofen, Feuerherd, Wassereimertragen oder Kartoffelernten. Wer das Lenken seines Autos vermisst, geht diesem Hobby dann auf leeren Landstraßen am Sonntagmorgen nach. Doch niemand wird mehr dazu verdammt, ein Auto manuell zwischen zwei weißen Strichen zu halten, wenn in Wahrheit Wichtigeres zu tun ist.

Ebenfalls kaum noch der Rede wert ist der Siegeszug der Mikromobilität in den Städten. Einen ganzen Sommer lang diskutierte Deutschland 2019 über die Einführung elektrischer Straßenroller. Den einen galten sie als geniale Überbrückung des letzten Kilometers von der U-Bahn zum Büro, die anderen sahen in ihnen suizidale Killermaschinen, die entweder ihre Fahrer oder Spazierende auf den Bürgersteigen dahinraffen würden. Zwar hat die Zahl der Kopfverletzungen mangels Helmpflicht tatsächlich zugenommen. Doch der befürchtete Kulturkrieg um den Bürgersteig ist ausgeblieben. Als sinnvolle Ergänzung des Nahverkehrs erwiesen sich auch Elektroroller mit zugehörigen Leihhelmen in der Kofferbox sowie fast alle Formen von Car- und Fahrradsharing. Innovatoren waren es, die zwei gewaltige Marktlücken erkannten: schnelle elektrische Überbrückungsvehikel für die zehn Minuten, die man irgendwie immer zu spät dran ist; und Autos sowie Fahrräder an jedem Ort der Stadt, unabhängig davon, wo die eigenen Gefährte gerade parken. In den kommenden zehn Jahren werden diese Modelle auch in kleineren Städten und vermutlich sogar in Dörfern ankommen. Wer aus Metropolen stammt, findet es heute schon lästig, dass kleine Ortschaften diese Bequemlichkeiten nicht anbieten. Abhilfe ist leicht zu schaffen und wird nicht lange auf sich warten lassen.

Hoffen dürfen wir auch auf Fortschritt beim Entgiften des Mittel- und Langstreckenflugverkehrs. Im Herbst 2021 nahm im niedersächsischen Werlte bei Cloppenburg Deutschlands erste Anlage zur Herstellung synthetischen, klimaneutralen Kerosins seinen Betrieb auf. Wasserdampf und Kohlendioxid aus der Luft werden hier durch Sonnenenergie zu Kerosin verschmolzen. Dieser Treibstoff befeuert dann die Turbinen von Flugzeugen. Gesellschaften wie die *Lufthansa* bieten ihrer Kundschaft schon seit Jahren einen Aufpreis für den Einsatz künstlichen Kerosins an. Noch hält die Klientel sich leider zurück. Beim Preis von Flugtickets gerät die gute Absicht so schnell in Vergessenheit wie beim Preis für billiges Schweinefleisch. Doch sind erst einmal voluminöse Syntheseanlagen entstanden, so sinkt auch der Preis des neuartigen Kerosins. Verlass dürfte zudem auf die Politik sein, den Treibstoffwechsel über Steuern und Auflagen zu erzwingen. Für die kommenden zehn Jahre können wir daher mit klimafreundlich betankten Jets rechnen. Viele Alternativen dazu gibt es nicht. Elektrojets scheitern bis auf Weiteres an der geringen Energiedichte von Batterien. Damit kommt man einfach nicht nach Mallorca oder nach New York. Die Physik ist rücksichtslos, und noch ist uns kein elegantes Mittel eingefallen, sie zu überlisten. Jedes Mal, wenn mein *Tesla* eine Stunde lang an der Säule steht, um 250 Kilometer weit fahren zu können, wird der strukturelle Nachteil von Batterien sinnfällig: Was für ein unglaublicher Stoff ist doch Erdöl! Wie haben es Millionen Jahre gewaltigen Drucks durch Schichten von Sediment nur geschafft, so viel Kraft in verrotteten Pflanzen und anderen Lebewesen zu bündeln? Welches Wunder der Natur ist diese explosive Flüssigkeit – wenn sie nur nicht so schädlich für das Klima wäre!

Bei den aufgeführten Technologien gibt es also Erfolge zu feiern und baldige Durchbrüche zu erhoffen. Dennoch stehen wir heute noch vor ungelösten Problemen. Sie sind gefährlich, hartnäckig und gravierend. Noch immer verschlingt Mobilität viel zu viele arg- und wehrlose Opfer. Unser First Principle sollte daher lauten: Keine Toten und Verletzten im Straßenverkehr mehr. Keine Belastung der Umwelt durch Mobilität. Keine Verschwendung von Lebenszeit durch Umwege oder Staus. Gleichberechtigung aller Regionen und Lebensräume durch fairen Zugang zu preiswerter Mobilität. Zugang aller Menschen zu schnellen und günstigen Methoden des Fortkommens. Von diesen fünf Zielen sind wir heute jedoch weit entfernt. Vornehmen sollten wir uns, sie in zehn Jahren erreicht zu haben. Deutschland bietet dafür bessere Voraussetzungen als die meisten anderen Länder der Welt.

Beginnen wir mit dem Skandal des Sterbens auf unseren Straßen. Im Jahr 2021 kamen 2450 Menschen im deutschen Straßenverkehr ums Leben. Verkehrspolitiker und Statistisches Bundesamt frohlockten zwar: Dies ist der niedrigste Stand seit Beginn der systematischen Aufzeichnungen vor 65 Jahren. Doch wir dürfen uns nicht an den Tod auf dem Asphalt gewöhnen. Er ist überflüssig und vermeidbar. Alle Technologien, die wir zum Sieg über den Tod auf der Straße benötigen, kennen wir heute bereits. Wir stehen in der moralischen Pflicht, sie entschlossen zum Einsatz zu bringen. Es gilt, Straßen so gründlich zu sichern wie Häuser, Züge, Flugzeuge oder Arbeitsplätze.

Davon kann heute aber keine Rede sein. Straßen sind noch immer Schauplätze blutiger Eingriffe in die körperliche Unversehrtheit. Dies muss nicht so bleiben. Wir können es ändern. Von 1953 bis 1970 war die Zahl der Verkehrstoten steil gestiegen, fast wie eine Virusepidemie, von 12 630 um fast 70 Prozent auf 21 330.

173

Erst Anfang der 1970er Jahre begann die Gesellschaft, sich diesem Unheil entgegenzustellen. Eine stete Folge staatlich verordneter Schutzmaßnahmen hegte die Epidemie ein. Viele dieser Vorschriften kommen uns heute so selbstverständlich vor, dass wir uns gar nicht vorstellen können, jemals ohne sie gelebt zu haben. So wurde das Tempolimit von 100 km/h auf Landstraßen erst 1972 eingeführt. Alle, die schon mal auf einer dunklen, regennassen Allee bei Nacht unterwegs waren, wissen, dass auch das noch viel zu schnell ist. Unvorstellbar, dass man früher einmal sogar noch schneller einen halben Meter an dicken Platanen vorbeibrausen durfte. Es folgten die Alkoholgrenze von 0,8 Promille sowie die Gurtpflicht. Auch sie senkten die Zahl der Todesfälle deutlich ab. Wer sich 1998 über die Einführung der 0,5-Promillegrenze empört hat, der kann heute nachlesen, dass die Zahl der Verkehrstoten seitdem von 8000 auf ein Drittel, nämlich rund 2500, gesunken ist. Die Reduktion von Alkohol am Steuer und andere ebenso sinnvolle Maßnahmen retten jedes Jahr Tausenden von Menschen das Leben. Die Parole von der »freien Fahrt für freie Bürger« war immer Leichtsinn. Viele Menschen gehen mit ihren Fahrzeugen nicht verantwortungsvoll genug um.

Vergessen dürfen wir neben den Toten auch nicht die Verletzten, die Traumatisierten und die Angehörigen. In Deutschland gibt es heutzutage rund 1000-mal mehr Verkehrsunfälle als Verkehrstote, also rund 2,6 Millionen pro Jahr. Rund ein Zehntel dieser Unfälle führt zur Verletzung eines oder mehrerer Menschen. In der Summe kommen rund 330 000 Menschen bei einem Unfall zu körperlichem Schaden. Etwa die Hälfte verunglückt im Auto, rund ein Drittel auf dem Fahrrad. An jedem Tag des Jahres zahlen fast 1000 Menschen ihre Teilnahme am Straßenverkehr mit Verletzungen. Rund eine Drittelmillion Bürgerinnen und Bürger im Jahr schlägt mit dem Kopf gegen das Lenkrad, wird von einem Lastwagen mitgeschleift, prallt gegen die Motorhaube eines Autos, bricht sich den Oberschenkel auf einem Motorrad, schlägt sich die Zähne aus, verliert das Augenlicht durch einen Glassplitter oder zieht sich ein Schleudertrauma am Hals zu, nachdem der Wagen von rechts getroffen wurde oder wie ein Tennisball zwischen den Leitplanken hin und her geschossen ist.

Und das sind noch die Glücklichen. Die Unglücklichen verbrennen angeschnallt im Gurt, werden von der Lenksäule gepfählt, fliegen unangeschnallt durch die Windschutzscheibe oder werden von einem unachtsamen Vierzigtonner am Stauende wie ein Stück Metall in der Presse zerquetscht. Formulierungen wie diese sind beim Lesen kaum erträglich. Deswegen verwenden wir im Alltag gern Euphemismen wie »Er erlag seinen schweren Verletzungen« oder »Sie verlor den Kampf um ihr Leben.« Hinter diesen Phrasen tobt eine erbarmungslose Wirklichkeit. Von unserer Würde als Mensch, von unserer Seele, Liebe, Fantasie und Eigenartigkeit bleibt nichts mehr übrig in jenem Moment rücksichtsloser physikalischer Gewalt. Wir sind dann nichts anderes mehr als eine träge, wehrlose und überforderte Figur in einer unkontrollierten Entladung kinetischer Energie. Wer weiß schon, dass die Masse eines Körpers mit dem Quadrat seiner Geschwindigkeit ansteigt? Exponentielle Entwicklungen können wir uns nicht vorstellen, das hat die Coronapandemie deutlich gezeigt. Wenn man seinen Wagen aber von 50 auf 100 km/h beschleunigt, ist man plötzlich viermal so schwer wie zuvor und bei 150 km/h sogar neunmal so schwer. Dieses Ungleichgewicht zwischen hochmotorisierten Maschinen, die unser Risiko mit steigender Geschwindigkeit exponentiell vermehren einerseits, und uns Menschen mit all unseren natürlichen Begrenzungen in der Wahrnehmung dieses Risikos andererseits, kann so einfach nicht bestehen bleiben. Die Kosten, die wir dafür zahlen, sind schlicht zu hoch.

Jeder zehnte Unfall zieht einen Menschen in Mitleidenschaft, jeder Unfall mit Verletzung holt im Durchschnitt 1,2 Beteiligte mit in das Unglück hinein, und jeder Hundertzwanzigste, der bei einem Unfall verletzt wird, bezahlt seinen Leichtsinn oder die Rücksichtslosigkeit anderer mit seinem Leben. Nach einer Formel der Psychologie unterhält ein Mensch im Schnitt etwa zehn bedeutungsvolle Beziehungen. Das sind die »Lieben«, von denen wir in Wendungen wie »Grüß mir deine Lieben« oder »Sie starb im Kreis ihrer Lieben« sprechen. Über 2000 Tote pro Jahr bedeuten also 20 000 »Liebe« im Jahr, die alles verlieren, was ihnen etwas bedeutet hat. Eine Drittelmillion Unfallopfer im Jahr heißt für 3,3 Millionen Menschen: Das Telefon klingelt in der Nacht, oder eine WhatsApp blinkt auf: »Mama liegt im Krankenhaus. Ein Auto hat sie überfahren. Komm schnell. Es geht ihr nicht gut.« Herzen bleiben stehen, der Atem stockt, kalter Schweiß bricht aus, und Angst schnürt die Kehle zu.

Solche Zustände dürfen wir nicht länger zulassen. Autonomes Fahren sollte daher so schnell, wie es technisch möglich ist, zur gesetzlichen Pflicht werden. Anschnallgurte, Airbags und andere Systeme retten Menschenleben und vermeiden Unheil. Computer am Steuer sind der nächste logische Schritt. Algorithmen sind bald besser geeignet als jeder Mensch, ein Auto auf öffentlichen Straßen zu steuern. Fortschritt wird bedeuten, dieser Technik so bald wie möglich zu so viel gesellschaftlichem Rückhalt zu verhelfen, dass sie zur Gurtpflicht der Neuzeit wird.

Zeitverlust ist im Vergleich zum Tod sicherlich kein empfindliches Übel. Trotzdem müssen wir auch hier genau hinschauen. Es mag zwar sein, dass wir auch mit anderen Beschäftigungen unsere Zeit verschwenden. Doch zumindest tun wir das freiwillig. Ganz anders ist es bei der Mobilität. Hier sind wir die Opfer komplexer Systeme, die uns fesseln, binden und auf unnötige Umwege schicken. Ein gutes Beispiel dafür ist die Zeitverschwendung im öffentlichen Fernverkehr.

Deutschlands Reisegeschwindigkeit liegt weit hinter der anderer Länder zurück. Spaniens Hochgeschwindigkeitstrassen sind mit 3300 Kilometern doppelt so lang wie Deutschlands. Japan besitzt 3041 Kilometer und Frankreich 2734 Kilometer, Deutschland aber nur 1571 Kilometer. Im ICE fällt uns beim Blick auf den Bildschirm gelegentlich auf, dass wir gerade mit fast 300 km/h durch die Landschaft sausen. Auf das Maximum unserer Geschwindigkeit kommt es aber nicht an. Für unser Fortkommen zählt vor allem der Durchschnitt. Spaniens Hochgeschwindigkeitszug AVE legt die 625 Kilometer lange Strecke von Barcelona nach Madrid in drei Stunden zurück. Das sind im Schnitt mehr als 200 Kilometer pro Stunde. Frankreichs TGV schafft die 774 Kilometer von Paris nach Marseille in ebenfalls drei Stunden, also mit einem Schnitt von 258 Stunden. Wir in Deutschland sind hingegen viel langsamer und im Durchschnitt mit 166 km/h von Berlin nach Hamburg, 146 km/h von Berlin nach München, 127 km/h von Köln nach Basel, 122 km/h von Hamburg nach München, 117 km/h von Frankfurt nach München, 104 km/h von Hamburg nach Köln und nur 102 km/h von Stuttgart nach München unterwegs.

Als Johann Wolfgang von Goethe im Jahr 1832 starb, schafften Pferde auf gut ausgebauten Wegen 24 km/h im Schnitt und Kutschen 10 km/h. Ein Jahrhundert später war es den Menschen gelungen, die Durchschnittsgeschwindigkeit mit Hilfe der Eisenbahn im Vergleich zum Pferd zu versechsfachen beziehungsweise im Vergleich zur Kutsche mehr als zu verzwölffachen. Wieder 100 Jahre später – also heute – haben wir bei der Durchschnittsgeschwindigkeit kaum einen weiteren Fortschritt gemacht. Auf vielen Strecken sind wir mit dem Zug im Schnitt genauso schnell oder langsam unterwegs wie ein Jahrhundert zuvor. Ein Grund dafür ist der deutsche Föderalismus. So hält selbst der schnellste Zug von Berlin nach München in fast jedem der durchquerten Bundesländer mindestens einmal an: Halle (Sachsen-Anhalt), Erfurt (Thüringen) und Nürnberg (Bayern). In Frankreich und Spanien wird auf Regionen, die passiert werden, weit weniger Rücksicht genommen. Für eine föderale Republik kann das zwar kein Vorbild sein. Suchen sollten wir aber trotzdem nach Methoden, wie wir Dezentralität mit hoher Geschwindigkeit verbinden können. Den Föderalismus schwächt es, wenn er immer als Ausrede für langsame Züge herhalten muss.

Verzögert wird ihre Reise außerdem durch zahlreiche Verspätungen. Immer sind es »betriebliche Gründe«, mit denen die Bahn sich entschuldigt. Schon sprachlich führt diese Ausrede in die Irre, denn welche anderen Gründe als »betriebliche Gründe« könnte es bei den Störungen eines Betriebs schon geben? Ebenso gut könnte der Schaffner durchgeben: »Der Zug ist verspätet, weil er verspätet ist.« Fernzüge kommen nicht aus betrieblichen Gründen ständig zu spät, sondern aus systemischen. Wir haben ein System errichtet, in dem permanente Verspätungen unvermeidbar sind. Anders als in Frankreich, Spanien, Japan und China reisen unsere Hochgeschwindigkeitszüge nicht auf eigenen Trassen. Vielmehr teilen sie sich das Schienenbett mit jedem anderen Zug: Regionalexpress, Eurocitys, Intercitys, langsame ICEs mit vielen Stopps, Transportzügen und teilweise sogar mit S-Bahnen. Ständig ist ein langsamerer Zug vorne im Weg. Vollgas geht nur auf wenigen Streckenabschnitten. Unzählige Weichen ermöglichen zwar eine flexible Nutzung des Netzes, können aber einfrieren oder klemmen. Weichen sind ein chronischer Auslöser von Verspätungen. Je weniger von ihnen ein Netz hat, desto zuverlässiger ist es. Auf 60 900 Kilometer Streckennetz betreibt die Bahn 65 732 Weichen und Kreuzungen – im Schnitt mehr als eine pro Kilometer. Jede dieser Weichen stellt ein potenzielles mechanisches Problem dar. Exklusive Hochgeschwindigkeitstrassen wie in Frankreich oder Spanien kommen mit weniger Weichen aus und sorgen für weniger Verspätungen. Wir nennen unser Netz flexibel, doch verschweigen, dass wir es damit langsam machen.

Vor einiger Zeit bin ich mit dem Alta Velocidad Española (AVE) von Malaga nach Madrid gefahren. Ein großer Teil der Strecke führte über aufgestelzte Schienen oder Viadukte. Wo der Zug zu ebener Erde fuhr, zäunten Gitter seinen Fahrweg ein. Bahnhöfe, an denen er nicht hielt, gab es auf der Strecke nicht. Bäume standen auf großem Abstand zum Gleis. Eine solche Konstruktion schafft fast alle Gründe für Verspätungen ab. Weichen außerhalb der Bahnhöfe gibt es kaum, und selbst wenn es in Spanien öfter fröre, könnten sie nicht einfrieren. Es laufen keine Tiere auf die Schienen, ebenso wenig fallen Bäume auf die Oberleitungen. Menschen kommen nicht ohne Weiteres ins Gleis, und glücklicherweise werfen sich weitaus weniger Verzweifelte vor den Zug. Die traurigen Euphemismen der Deutschen Bahn (»Verspätung durch Personen im Gleis«, »Leider kam es zu einem Personenschaden«) sind nur Verkleidungen für das tragische Versäumen der Sicherungspflicht.

Dass wir in Deutschland eine Verlässlichkeit wie in Frankreich oder Spanien nicht zustande bringen, liegt am Aufbau und dem beharrlichen Festhalten an einem falschen System. Es dient allen erdenklichen politischen Zielen, nur kaum der Erhöhung der durchschnittlichen Geschwindigkeit. Schuld daran ist weniger die Bahn selbst als die Einflussnahme von Gemeinden, Ländern und dem Bund. Alle wollen etwas anderes und ziehen in entgegengesetzte Richtungen. Unser Bahnsystem gleicht einem Kräfteparallelogramm. Damit arbeitet es gerade nicht nach einem First Principle. Denn nicht ein einzelnes Prinzip dient als Maßgabe, sondern die Befriedigung widerstreitender Interessen.

Entweichen können wir dieser Falle durch Technologie. Zwei Neuentwicklungen versprechen besonders große Fortschritte: Vakuumzüge und elektrische Senkrechtstarter. Schauen wir uns zunächst die ultraschnellen Magnetzüge an, die durch luftleere Röhren fahren. Sie nennen sich *Hyperloop*. Wieder ist es Elon Musk, dem wir diese First-Principle-Idee zu verdanken haben. Nach der Gesprächsrunde, von der ich am Anfang dieses Buchs berichte, standen die Gäste nach dem Abendessen noch zusammen. Ich fragte Musk nach dem Hyperloop. Im August 2013 hatte er ein 57-seitiges Thesenpapier, ein sogenanntes White Paper, mit dem Vorschlag für ein revolutionäres neues Verkehrsmittel veröffentlicht. Solche Thesenpapiere können – wenn ihre Ideen ausreichend viel Sprengkraft besitzen – beträchtliche Wirkungen anrichten. Auch Bitcoin und damit alle Kryptowährungen sind aus einem einzigen solchen White Paper entstanden, das am 1. November 2008 von einem Autor mit dem Pseudonym Satoshi Nakamoto veröffentlicht wurde. Seine Identität ist bis zum heutigen Tage nicht restlos aufgeklärt. Ob Kryptowährungen nun Bestand haben werden oder nicht: Im Februar 2021 steckten Anleger erstmals über eine Billion Dollar in diese künstlichen Währungen. Nicht viel weniger folgenreich ist Elon Musks Hyperloop-Papier. Der Hyperloop fährt auf Magnetfeldern durch Vakuumröhren und erreicht damit irgendwann 1200 km/h – ziemlich genau die Schallgeschwindigkeit also.

»Wie sind Sie auf diese Idee gekommen?«, fragte ich Musk also. Er gab mir die typische First-Principle-Antwort: »Ich habe mich gefragt, warum Transport auf der Erdoberfläche so viel langsamer abläuft als in der Luft. Dafür gibt es zwei Hauptgründe. Erstens die Vibrationen und der Reibungswiderstand jedes Systems, das in direktem Kontakt mit der Oberfläche steht, also Rad versus Schiene oder Reifen versus Asphalt. Ab einer bestimmten Geschwindigkeit ist die Vibration nicht mehr beherrschbar. Man kann diese Grenze immer wieder ein Stückchen hinausschieben, sie aber nie in großen Sprüngen überwinden. Zweitens der Widerstand der Luft. Jeder Antrieb auf dem Boden arbeitet gegen wesentlich mehr Luft an als ein Jet auf 10 000 Metern Höhe.« Mehr als zwei Drittel der Atmosphäre liegen unter einer Höhe von zehn Kilometern. Auf dieser Höhe lassen Verkehrsflugzeuge also 70 Prozent der ihre Geschwindigkeit verringernden Luft unter sich und müssen sie nicht zur Seite schieben. Die Dichte der Luft ist nur ein Drittel so hoch wie auf dem Boden. Das macht Flugzeuge schneller als jeden Zug und jedes Auto. »Daraus folgt, dass wir ein Verkehrsmittel bauen müssten, das in Bodennähe kontaktlos, ohne den Luftwiderstand oder den Reibungsverlust durch Bodenkontakt durch ein Vakuum schwebt«, sagte Musk. »Ein Magnetzug in einer luftleeren Röhre ist die logische Antwort.«

Weil Musk selbst aber mit *Tesla* und *SpaceX* schon genug zu tun hatte, als er das Papier schrieb, gab er die Idee frei und forderte jeden Interessierten auf, Komponenten des Systems in Eigenregie zu bauen. Entstanden ist ein dichtes weltweites Netzwerk von Hyperloop-Aficionados. Sie konzentrieren sich auf verschiedene Komponenten. Die einen experimentieren mit Passagierkapseln, die anderen mit Röhren, manche mit Vakuumpumpen, wieder andere mit Steuerungselektronik. Schon diese Art der Forschung ist beeindruckend. Sie entsteht nicht zentral gesteuert in einem einzigen Labor, sondern in einer Mischung aus Wettbewerb und Kollaboration unabhängiger Gruppen rund um den Globus. So arbeitet im niederländischen Delft das Non-Profit-Projekt *Delft Hyperloop* der dortigen Technischen Universität an gleich mehreren Komponenten des Systems. An der Technischen Universität München wiederum forschen 93 Mitglieder aus 29 Ländern bei *TUM Hyperloop* an Simulationen, Machbarkeitsstudien und einem skalierbaren, 24 Meter langen Demonstrator in Echtgröße. In Los Angeles betreibt Milliardär Richard Branson eine Firma namens *Virgin Hyperloop.* Mit nahezu einer halben Milliarde Dollar Wagniskapital laboriert seine Firma an einem Zug, der bis zu 1200 km/h schaffen soll. Im November 2020 fand nach vielen Hundert unbemannten Fahrten erfolgreich der erste Test mit einem Menschen an Bord auf der 500 Meter langen kreisrunden Versuchsstrecke in Las Vegas statt. Erreicht wurden 172 km/h. Ziel ist die Aufnahme des kommerziellen Betriebs im Jahr 2030.

Ob das zu schaffen ist, darf bezweifelt werden. Fest steht aber, dass Deutschland einer der weltweit besten Standorte für die erste Hyperloop-Strecke wäre. In seinem White Paper hatte Elon Musk die Verbindung von San Francisco nach Los Angeles vorgeschlagen. »Warum denn ausgerechnet mitten durch ein Erdbebengebiet?«, fragte ich ihn. Er zuckte nur mit den Schultern und zeichnete dann eine Skizze auf eine Serviette: »So müssen die Stelzen des Fahrwegs konstruiert sein, um jeden Versatz in jede Richtung abfangen zu können, ohne einzustürzen.« Erdbeben? Kein Problem für Musk. Doch selbst wenn das stimmen sollte: Die Strecke Berlin-München oder Hamburg-München ist mindestens ebenso gut geeignet (und unterliegt deutlich weniger Erschütterungen). Alle benötigten Technologien von Vakuumtechnik über Magnettransport und Linearmotoren bis zur Steuerungstechnik und Photovoltaik beherrschen wir hierzulande. Der Bau von Stahlröhren zählt zu den ältesten Industriezweigen Deutschlands.

Reisen auf dem Boden, schnell wie der Schall

Durchschnittsgeschwindigkeiten der Verkehrsmittel in km/h. Deutschlands Züge liegen im Vergleich zu Spanien und Frankreich zurück. Der Hyperloop soll im Vakuum die Schallgrenze durchbrechen

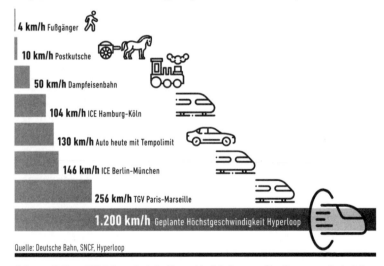

Quelle: Deutsche Bahn, SNCF, Hyperloop

Schon seit über 100 Jahren hat die Menschheit keinen großen Sprung mehr bei den Geschwindigkeiten auf dem Boden gemacht. Der Hyperloop will das nun ändern.

Fotozellen auf den Dächern der Röhren könnten den Hyperloop komplett mit Strom versorgen und sogar überschüssig erzeugte Energie exportieren. Aufstellen ließen sich die Röhren auf den Mittelstreifen von oder am Rand der Autobahnen. Es bedürfte also nicht mal einer neuen Trasse. Für den Hyperloop gibt es auch bereits Pläne für Weichen. Deswegen wären Bahnhöfe in Stadtteilen denkbar. Mit dem Hyperloop könnten wir das alte Konzept des Fernverkehrs überwinden, dass man erst mit einem langsamen Zug zum Hauptbahnhof fahren muss, um dort in einen schnelleren Zug umzusteigen, nur um am Zielbahnhof wieder vom schnellen Zug in einen Bummelzug zu wechseln. Berlin-Wilmersdorf oder Prenzlauer Berg könnten direkt mit München-Schwabing oder Laim verbunden werden. Von der Torstraße in Mitte wären es zur Münchner Freiheit in Schwabing nur 30 Minuten. Heute dauert es von Tür zu Tür mehr als fünf Stunden. Städte könnten durch den Hyperloop miteinander verschmelzen. Man müsste sich nicht mehr entscheiden, ob man in München oder in Hamburg leben und arbeiten möchte, sondern könnte Privatleben und Beruf auf beide Städte aufteilen. Beide Metropolen wären zeitlich nur noch so weit voneinander entfernt wie heute Wedel vom Hamburger Rathaus mit der S-Bahn. Der Hyperloop würde den innerdeutschen Flugverkehr ad absurdum führen. Er würde damit ein wichtiges Ziel des Klimaschutzes erfüllen helfen. Es ist eine Illusion, wenn wir damit rechnen, Linienjets in Deutschland zu ersetzen, solange Züge im Schnitt noch so langsam fahren wie heute. Schneller können sie wegen des Systemfehlers aber nicht werden. Also braucht Deutschland eine grundlegend neue Technologie wie den Hyperloop.

Auch wären die Passagiere nicht mehr an den festen Takt von Zügen oder Flugzeugen gebunden. Unser heutiges Modell des öffentlichen Fernverkehrs besagt: Menschen mit unterschiedlichen Heimatorten versammeln sich an einem zentralen Platz, um von dort aus einen Teil des Weges mit Menschen zurückzulegen, die ihrerseits ganz woanders hinreisen möchten. Heutige Hauptverkehrsstrecken bilden dabei den kleinsten gemeinsamen Nenner. Es sind Ameisenstraßen, an deren Anfang und Ende 1000 Verzweigungen zu den tatsächlichen Zielen führen. Anders als auf Ameisenstraßen findet unser Verkehr jedoch nicht kontinuierlich, sondern pulsartig in dichten und zeitlich weit auseinander liegenden Schüben statt. Der Hyperloop schafft dieses Modell ab. Er platziert sich genau in die Mitte zwischen öffentlichem Massenverkehr und privatem Individualverkehr, da die Passagiere in kleinen Kapseln reisen, weite Strecken zurücklegen können und trotzdem eine Vielzahl an Zielen angesteuert werden kann. Virgin baut Kabinen für 28 Fahrgäste und plant zwölf Starts pro Stunde. Ein ICE fasst rund 1000 Menschen. Der kleinste gemeinsame Nenner von 28 Passagieren kann mithin viel größer sein als der von 1000. So bekommt man schneller die nötige Gruppe von Leuten zusammen, die zum gleichen Ziel möchten.

Zahlreiche Probleme des Hyperloops sind indes noch ungelöst. Wie fädelt man ihn in die Innenstädte ein? Wo soll die Schnittstelle zu den heutigen Verkehrssystemen liegen? Bequemes Umsteigen in U-Bahn, S-Bahn, Bus und Straßenbahn ist wichtig. Schützt die Elektronik sicher vor Kollisionen? Funktionieren die Rettungskonzepte, wenn der Strom ausfällt oder die Technik versagt? Kann die Kapazität mit traditioneller Technik mithalten? 28 Gäste bei zwölf Starts pro Stunde bedeuten nur 336 Passagiere pro Stunde. Man würde drei Röhren in eine Richtung brauchen, nur um mit einem ICE gleichzuziehen, der einmal pro Stunde fährt. Wäre der Hyperloop preiswerter als die Bahn? Oder eine Luxusergänzung für Privatjets? Eine teure Personenrohrpost für die »Happy Few«, bei denen Geld keine Rolle spielt? Spaltet er die Gesellschaft oder eint er sie?

Die Antworten auf diese Fragen kennen wir heute noch nicht. Viele deutsche Verkehrsfachleute äußern Zweifel: »Ob der Hyperloop jemals fährt, ist mehr als zweifelhaft«, ist oft zu hören. »Noch ist ja gar nicht sicher, ob das gelingen kann«, heißt es oder: »Rad-Schiene wird auf lange Zeit die beherrschende Hochgeschwindigkeitstechnologie bleiben.« Technische und wirtschaftliche Gründe für zahlreiche Bedenken gibt es viele. Hinzukommen mächtige Lobbyinteressen. Millionen von Menschen leben von den heutigen Technologien, Milliarden von Umsätzen stehen dahinter, Konzerne planen fest mit Einkünften aus dem Status quo. Sie werden vermutlich Widerstand leisten. Elon Musk zuckt trotz dieser Argumente nur mit den Schultern. Da ist er wieder, dieser robuste Glaube an die naturgesetzliche Zwangsläufigkeit von First Principles.

Was zwingend logisch ist, das setzt sich durch. Nicht nur Musk glaubt daran. Auch die Forschungsgruppen in München und Delft sind sich ihrer Sache sicher. Als Otto Lilienthal Luftsprünge mit seinem Segler machte, glaubte noch niemand an den Luftverkehr. Trotzdem behielt er recht. Auch Lilienthal dachte in First Principles: Vögel sind schwerer als Luft. Vögel können fliegen. Also muss es prinzipiell möglich sein, dass auch Menschen vom Boden abheben. Auch sie sind schwerer als Luft. Wie das in der Praxis gelingt, ist nur eine Frage der Technik. »Schallgeschwindigkeit ist möglich«, sagte mir Musk. »Das zeigen viele Flugzeuge. Also muss Schallgeschwindigkeit auch am Boden möglich sein, wenn man die Bedingungen schafft, die in der Luft gelten.« Und er fügte hinzu: »Die Geschichte der Technik hat uns eines gelehrt, Technik überwindet niemals die Grenzen der Physik. Was Physik unmöglich macht, kann Technik nie erobern. Doch was innerhalb der Grenzen der Physik möglich ist, das wird Technik früher oder später erschaffen.« Auch beim Timing schwört Musk auf die Macht der eigenen Wirksamkeit. Richard Branson und Tausende von Hyperloop-Apologeten tun es ihm gleich. »Natürlich könnte es sein, dass erst unsere Enkel den Hyperloop verwirklichen«, so Musk. »Doch wir haben es in der Hand, es schon zu unseren Lebzeiten zu schaffen.« Der deutsche Unternehmer Josef Brunner, Autor des Buchs »Follow the Pain«, drückt diese Haltung so aus: »Ich kämpfe gegen die Wirklichkeit, und ich will, dass die Wirklichkeit verliert. Wer so handelt, erlebt tatsächlich die Kapitulation der Wirklichkeit.« Innovation ist nichts, was einfach geschieht. Sie ist das Ergebnis trotziger Auflehnung gegen eine widerborstige Realität.

Werfen wir einen Blick auf die zweite vielversprechende Neuerung: elektrische Senkrechtstarter. Sie sind das überraschendste Fluggerät, das man sich vorstellen kann. Technisch folgen sie völlig neuen Konzepten. Sie lehnen sich auf gegen die Intuition. Jemanden wie Sebastian Thrun stört das jedoch nicht. Er ist einer der wichtigsten Vordenker der Szene. In Solingen geboren, in Hildesheim zur Schule gegangen und in Bonn mit summa cum laude in Informatik und Statistik promoviert, wurde Thrun 2012 von der Zeitschrift *Foreign Policy* zu einem der »100 einflussreichsten Denker der Welt« gewählt. An der Stanford University hatte er einen Lehrstuhl für Computerwissenschaften und Elektrotechnik inne. Bei *Google* entwickelte er selbstfahrende Autos, die Computerbrille *Glass* und die Navigationshilfe *Street View.* »Viele der großen Erfindungen entstanden nicht intuitiv«, sagt Thrun, als ich ihn zu seiner Erfindung befrage. »Die Glühlampe entstand nicht intuitiv, der Telegraf nicht und das Telefon erst recht nicht. Von Deutschland aus in Lichtgeschwindigkeit mit Amerika sprechen zu können, das ist alles andere als intuitiv.«

Sein elektrischer Senkrechtstarter heißt *Wisk Cora,* wird von seiner Firma *Kitty Hawk* produziert und sieht aus wie ein großes gelb lackiertes Ei mit Flügeln. Statt einer Heckflosse wie bei einem Hubschrauber oder Flugzeug sitzt am hinteren Ende ein Elektropropeller. Unter jedem der Flügel sind sechs Elektromotoren angebracht. Beim Start heben sie das Fluggerät senkrecht in die Luft. Hat es seine Flughöhe erreicht, schwenken die Motoren in die Horizontale und schieben die *Wisk Cora* nach vorn. Mit 180 hm/h saust das Gerät dann unter den Wolken über die Landschaft.

»Rate mal, was mehr Energie verbraucht, den elektrischen Senkrechtstarter in der Luft zu halten oder ihn vorwärtszubewegen?«, fragt Thrun. Ich muss tippen: »Die Schwerkraft zu überwinden, kostet mehr Energie, vermute ich.« Er lacht. »Ja, das denkt man. Das sagt einem die Intuition. Aber es ist genau andersherum. Die Schwerkraft ist eine schwache Kraft. Ein kleiner Kühlschrankmagnet hebt eine Büroklammer blitzschnell nach oben. Die Masse des Magneten ist winzig im Vergleich zur Masse der Erde. Trotzdem wirkt seine Magnetkraft viel stärker auf die Büroklammer als die Gravitation des ganzen Planeten.« Und noch etwas kommt hinzu, an das man intuitiv nicht denkt: »Nach oben muss die Maschine nur 1000 Meter Flughöhe zurücklegen, nach vorn aber 180 Kilometer in der Stunde. Dabei schiebt sie enorm viel Luft aus dem Weg. Das kostet alles eine Menge Energie.«

Außerdem böten elektrische Senkrechtstarter den großen Vorteil, viele Wege zu sparen und heute noch unmögliche Abkürzungen zu nehmen. »Wir alle stehen mit unseren Autos permanent im Stau. Warum? Weil wir uns in einem zweidimensionalen Raum bewegen, in dem es zu voll ist«, sagt Thrun. »Es sind mehr Autos unterwegs, als die Ebene beherbergen kann. Wir könnten mit unseren Autos aber auch nach oben in die dritte Dimension ausweichen. Dort ist genug Platz. Doch bis vor wenigen Jahren haben wir nie ernsthaft darüber nachgedacht. Wir dachten, das ginge nicht, weil die Gravitation schwer zu überwinden ist. Und weil es zu laut werden würde. Beide Annahmen erscheinen intuitiv richtig. Doch in Wahrheit sind sie falsch.«

Moderne elektrische Senkrechtstarter zeigen, dass es weniger als 10 Prozent der Antriebsenergie kostet, um nach oben zu kommen und dort zu bleiben. Gleichzeitig entsteht ein Streckenvorteil von 15 Prozent, da Wege direkt zurückgelegt werden können. Unter dem Strich ist der Autoverkehr damit in der dritten Dimension energetisch günstiger als auf dem Boden. Zeit spart er außerdem, da es in der Luft keine Staus gibt. Unfälle kom-

Senkrecht und elektrisch in die Luft

Fluggeräte von Lilium und Kitty Hawk (Wisk Cora) in der schematischen Darstellung.
Schlüsseltechnologie für beide ist die Batterie. Unterschiedlich sind Flügel und Propeller

Lilium

Schwenkbare Module an den Flügeln sorgen für den senkrechten Start. Nach Erreichen der gewünschten Flughöhe klappen die Module um und erzeugen Vortrieb.

Kitty Hawk

Acht Rotoren schwenken in die Richtung, in die Auf- und Vortrieb erzeugt werden soll. Anders als Lilium verwendet Kitty Hawk ein Leitwerk.

Quelle: Webseiten Lilium und Kitty Hawk

Noch experimentieren Ingenieure mit der idealen Form für Elektro-Senkrechtstarter. Ähnlich wie beim Auto werden sich die Konzepte mit der Zeit wohl angleichen.

men kaum noch vor: »Auf dem Boden stoßen Autos mit allen erdenklichen Dingen zusammen: mit Laternenpfählen, Pollern, Mülltonnen, Zäunen, geparkten Fahrrädern und Motorrädern, leider auch mit Menschen und Tieren. In der Luft gibt es diese Dinge nicht. Und den Zusammenstoß mit anderen Fahrzeugen kann man ganz gut verhindern, indem man sie mit elektronischen Antikollisionssystemen ausstattet.«, sagt Thrun. »Woher kommen die 15 Prozent Streckenersparnis?«, frage ich. Thrun antwortet: »Wir haben in einer Studie untersucht, welche Strecken in Städten typischerweise befahren werden. Auf dem Boden kann man von A nach B nie dem direkten Kurs folgen, sondern muss sich an den Straßenverlauf halten. Straßen führen sehr selten direkt zum Ziel. Man fährt im Zickzackkurs um die Ideallinie herum. In der Luft hingegen folgen fliegende Autos immer dem Idealkurs.« Im Schnitt aller real gemessenen Strecken sei dieser Kurs um 15 Prozent kürzer als das Zickzack des Straßennetzes. Bei Städten mit Seen oder Buchten in ihrer Mitte, wie Hamburg oder Seattle, oder mit weiten Abständen zwischen Brücken zum Überqueren von Flüssen, kann die Quote sogar bis auf 50 Prozent ansteigen. »Wenn man darüber nachdenkt, ist es eine gigantische Zeit- und Energieverschwendung, dass wir die dritte Dimension nicht längst für den Straßenverkehr erschlossen haben.«

»Und was ist mit dem Lärm? Niemand möchte in Städten voller knatternder, ohrenbetäubend lauter Helikopter leben«, sage ich. »Das stimmt«, erwidert Thrun. »Helikopter will niemand haben. Doch moderne Senkrechtstarter sind keine Helikopter. Sie sind viel leiser. Das liegt an der Physik. Je breiter der Durchmesser eines Rotors ist, desto lauter wird sein Betrieb. Fluggeräte mit vielen kleinen Rotoren sind dagegen so leise, dass man sie kaum hört. Außerdem gibt es keine lauten Verbrennerturbinen, sondern flüsternde Elektromotoren.« Anders als Flugzeuge legen Senkrechtstarter auch keinen Lärmteppich über die Landschaft. Verkehrsflugzeuge heben in einem Winkel von etwa 10 Grad ab, Senkrechtstarter aber mit 90 Grad. Sie erzeugen einen Schalltrichter nur über dem Punkt, an dem sie starten. In den Vorwärtsflug schalten sie erst, wenn sie außer Hörweite sind. Einmal in Reiseflughöhe, nimmt man sie auf dem Boden nicht mehr wahr.

Senkrecht startende Elektroflugzeuge könnten ein echter Life Changer sein. Sie tragen zur Lösung eines veritablen Problems bei: des massenhaften Verlusts von Lebenszeit in Staus. Bekanntlich *stehen* wir nicht im Stau, sondern *sind* der Stau. In den USA verbringen Autofahrer im Schnitt 54 Stunden pro Jahr in Blechlawinen. In Deutschland liegen die Werte sogar noch höher. Nach der einschlägigen *INRIX-Studie* stehen auf den Top 10 der staureichsten Städte: München, Berlin, Hamburg, Potsdam, Pforzheim, Düsseldorf, Köln, Nürnberg, Dresden und Münster. Im Jahr

2021 verloren die Fahrerinnen und Fahrer durch Staus zwischen 41 (Münster) und 79 Stunden (München) Lebenszeit. Das Niveau aus der Vor-Coronazeit wurde fast überall wieder erreicht oder sogar überschritten. Die Staukosten pro Fahrer liegen zwischen 381 und 740 Euro pro Jahr; die Kosten für die Stadtverwaltung zwischen 43 und 388 Millionen. Nicht mitgerechnet sind dabei die volkswirtschaftlichen Schäden durch verlorene Arbeitszeit und die vermeidbare Klimabelastung durch unnötig ausgestoßene Treibhausgase. Die staureichste Straße Deutschlands ist übrigens der Mittlere Ring in München. Zwischen Petuelring und Heimeranplatz lauert der aggressivste Lebenszeiträuber des Landes. 27 Stunden – mehr als einen ganzen Tag – verliert im Jahr, wer sich hier hindurchquält.

Alle Effekte zusammengenommen steht auf der Gesamtrechnung ein Betrag von 40 Milliarden Euro für Staus in Deutschland. Das ist fast so viel wie der normale Jahresetat des Bundesverteidigungsministeriums ohne das neue Sondervermögen. Im internationalen Vergleich kommen wir sogar noch glimpflich davon. London frisst mit 148 Stunden Stau pro Jahr die meiste Zeit seiner Bewohner, Paris schlägt mit 140 Stunden und Brüssel mit 134 Stunden zu Buche. Selbst New York liegt mit 102 Stunden unter diesen Rekordwerten. Studien schätzen die Kosten von Staus in den USA auf 180 Milliarden Dollar pro Jahr.

Sebastian Thruns Firma *Kitty Hawk* ist nicht das einzige Unternehmen, das den Autoverkehr in die Luft verlagern möchte. Zu den weltweit bekanntesten Firmen zählen auch *Lilium* aus Weßling bei München und *Volocopter* aus Bruchsal. Ich treffe Daniel Wiegand, den Gründer und CEO von *Lilium.* Eine Generation jünger als Sebastian Thrun, verfolgt seine Firma ein ähnliches Konzept. Seit seinem 14. Lebensjahr besitzt Wiegand einen Flugschein. Später studierte er Ingenieurwissenschaften und Volkswirtschaft. Ihm gelang es, Investoren wie Frank Thelen und Niklas Zennström, den Gründer von *Skype,* für seine Vision zu begeistern.

Was Daniel Wiegand sich beim Pitch vorstellte, parkt nun vor seinem Hangar: eine längliche, stromlinienförmige Kapsel mit schwenkbaren Stummelflügeln am Bug und langen Tragflächen am Heck, die teilweise nach unten schwenken können. In die Flügel sind zahlreiche bewegliche Elektromotoren eingebaut. Sie heben den Siebensitzer senkrecht in die Luft und schalten dann auf Horizontalflug um. Mit 282 km/h soll das Gerät 250 Kilometer weit fliegen können. Im März 2021 ist *Lilium* für eine Bewertung von 3,3 Milliarden Dollar in New York an die Börse gegangen. Der Wettbewerber *Volocopter* verfolgt ein anderes Konzept. Hier kommt man ganz ohne Flügel aus. Getragen wird das Fluggerät von einem Kranz aus 18 Rotoren in kreisförmiger Anordnung. Die junge Branche der eVTOLs – das englische Akronym für *electric vertical take-off and landing* – erinnert an die Frühzeit der Automobil- oder Flugzeugbranche. Auch da wetteiferten viele unterschiedliche Designprinzipien miteinander, bis sich eines in der Praxis durchsetzte. »Ein bisschen ist es wie im Wilden Westen«, sagt Daniel Wiegand. »Es werden viele neue Konfigurationen und Technologien ausprobiert. Manches wird funktionieren, anderes scheitern.«

Für sein eigenes Unternehmen hat Wiegand klare Vorstellungen. »Wir haben *Lilium* mit dem Ziel gegründet, es jedermann zu ermöglichen, elektrisch und on demand mit einem Flugzeug zu reisen«, sagt er. »350 Millionen Dollar haben wir dafür eingesammelt, eine Firma mit 500 Mitarbeitenden aufgebaut, sind heute mit einem lebensgroßen Fluggerät unterwegs und davor mit acht kleineren Prototypen geflogen.« Man kann auf Dächern und Sportplätzen landen. Der Senkrechtstarter benötigt nur 200 Quadratmeter Platz mit einem Durchmesser von 15 Metern. Wiegand beschreibt den typischen Anwendungsfall der neuen Elektroflugzeuge: »Die Strecke von Münchens Innenstadt zum Flughafen München ist eher die Untergrenze. Typischerweise wird man damit zum Beispiel von Berlin nach Hamburg fliegen. Von Haustür zu Haustür dauert das dann nur eine Stunde.« Typischerweise wird *Lilium* auch kleine Strecken bedienen: von Weimar nach Hof, von Fürth nach Bregenz oder von Quickborn nach Osnabrück. »Die Wahrscheinlichkeit, dass auf solchen Routen eine Menge von Leuten gleichzeitig reisen möchten, ist sehr gering. Deswegen schaffen Bahn und Bus kaum Angebote.« Elektrische Senkrechtstarter sparen somit nicht nur Zeit. Sie verbinden auch Orte miteinander, die sonst nur mittels enormer Umwege durch die jeweils benachbarten Metropolen zu erreichen sind.

Senkrechtstarter schließen das Land an die Stadt an. Sie erlauben es, in beschaulichen Dörfern zu leben und trotzdem an der Dynamik der Großstadt teilzuhaben. Sie verbinden Regionen miteinander, die heute kaum in Verbindung zueinander stehen. Gehälter in strukturschwachen Gebieten steigen, und Wertschöpfung nimmt zu. Verkehrslärm nimmt ab. Emissionen sinken ebenso wie die Belastung für das Klima. Wochenenden in Fernbeziehungen beginnen nicht erst um 22 Uhr am Freitagabend, sondern schon mit einem gemeinsamen Abendessen um 18 Uhr. Kinder besuchen ihre alten Eltern öfter. Preise von Immobilien steigen, auch wenn sie nicht an einer S-Bahn-Ausbaustrecke liegen. Die Abhängigkeit von Fahrplänen sinkt. Man fliegt los, wenn es gerade passt. Sobald Autopiloten in Senkrechtstartern die menschlichen Piloten ablösen, sinken die Kosten unter die von gewöhnlichen Taxis. Das Mobilitätsbudget trägt weiter. Das soziale Geflecht des Landes wird dichter gewoben.

Vielleicht gibt es eines Tages Raketen, die uns in einer halben Stunde von Frankfurt nach Sydney bringen. Vielleicht setzen sich Elon Musks Tunnel unter Großstädten durch, in denen selbstfahrende Autos unter dem Stau auf der Oberfläche hinwegtauchen. Vielleicht gibt es andere Mobilitätskonzepte, die heute undenkbar scheinen. Sicher aber ist: In den kommenden zehn Jahren geschieht in Sachen unserer Mobilität so viel, wie wir uns noch bis vor Kurzem kaum ausmalen konnten. Endlich haben wir die

Chance, uns frei zu bewegen, ohne uns und andere damit zu schaden. Es lohnt sich, diese Chance zu ergreifen.

Die Zukunft kennt keine Verkehrstoten mehr. Weder bei uns noch anderswo. Die Weltgesundheitsorganisation (WHO) schätzt die Zahl der weltweit im Verkehr getöteten Menschen auf 1 323 666 pro Jahr. Ein sinnloses Massensterben, das aufhören wird. Ebenso zum Ende kommt die Verletzung im Verkehr. Künftig krümmen wir uns gegenseitig beim Transport kein einziges Haar. Auch setzen wir unsere Lebenszeit effektiver ein. Wir arbeiten auf eine Zukunft hin, in der wir reisen statt warten, kurze wie lange Strecken mit heute unbekannten Geschwindigkeiten überwinden und dabei die Umwelt nicht verschmutzen. Die Menschheit steht vor einer großen Mobilmachung der friedlichen Art. So umfassend, wie wir uns virtuell mit einem neuen Kortex im Orbit und Hochleistungsdatennerven auf dem Boden verbinden, so entschlossen organisieren wir ein viel dichteres Netz körperlicher Begegnungen. Damit überwinden wir die Isolation des eigenen Ichs und nehmen an sozialem Reichtum teil, der weit von uns entfernt stattfindet. Der Mensch lernt, sich der drei räumlichen Dimensionen zu entheben, und seine Reise durch den Raum auf der Achse der vierten Dimension – der Zeit – unerreicht kurz ausfallen zu lassen. Damit sinken die vielen Schranken, die uns heute von unseren Mitmenschen trennen. Es mag andere Gründe geben, die uns davon abhalten, anderen Menschen nah und näher zu sein. Räumliche Trennung aber wird in Zukunft immer seltener dazugehören.

Nachdem wir uns Energie beschafft, Infrastruktur für Kommunikation gebaut und körperlichen Transport organisiert haben, schauen wir im nächsten Kapitel auf den Körper. Wie kann es uns gelingen, unseren Körper gesund zu halten, Krankheiten zu überwinden und hohe Lebensqualität so lange wie möglich zu bewahren? Ein Thema, das so alt ist, wie die Menschheit selbst. Innovatoren arbeiten an einer ganzen Suite von Life Changern.

Gesundheit:
Wie wir 120 Jahre alt werden können und dabei keiner Krankheit anheimfallen

Revolutionäre Fortschritte in der Biotechnologie ermöglichen den Sieg über vormals tödliche Krankheiten. Beim Kampf gegen den frühen Tod geht es mit dem Einsatz von medizinischer Hightech allerdings vor allem darum, Millionen von Menschen vor Seuchen zu retten, die bereits vermeidbar wären, aber trotzdem fast überall auf dem Erdball wüten.

»Du hast keinen Körper, du bist ein Körper.«
CHRISTOPHER HITCHENS,
JOURNALIST UND BUCHAUTOR

»Du hast keine Krankheit, bei manchen Krankheiten wirst du zur Krankheit.«
PAULO FONTOURA, NEUROIMMUNOLOGE,
VICE PRESIDENT BEI ROCHE

Solange wir gesund sind, kommt uns die fundamentale Bedeutung unseres Körpers nur selten zu Bewusstsein. Doch sobald wir krank werden, steht uns die Verletzlichkeit dieses Zellbündels klar vor Augen, dem wir nicht einfach nur seine Gastfreundschaft für unseren Aufenthalt auf der Erde zu verdanken haben, sondern der gleichbedeutend mit dem »Ich« ist, das sich für diese Gastfreundschaft bedankt. Gerade die vergangenen Jahre der Hirnforschung haben immer eindrucksvoller gezeigt, dass der alte philosophische Streit zwischen Materialisten und Idealisten ziemlich deutlich zugunsten der Materialisten auszugehen scheint. Es gibt außer einigen esoterischen und mit Beweisen nicht belegbaren Aspekten des Menschseins keine Eigenschaft des Geistes, der wir nicht eine physiologische Grundlage zuordnen können. Einfach alles, was uns ausmacht, scheint in der Verdrahtung zwischen Zellen stattzufinden. Sprechen können wir von einer Renaissance des Körpers. Er beherbergt nicht den Menschen, sondern er ist der Mensch. Im Lichte dieser Erkenntnis legt sich eine neue Generation von Innovatoren ins Zeug, um unserem Körper eine längere und beschwerdefreiere Existenz zu verschaffen. Diese Bewegung arbeitet an einem großen Projekt zur Befreiung des Körpers aus seiner Kettung an Schmerz, Leid und Verfall. Wir laufen auf eine Zukunft zu, in der 120 Jahre Lebenszeit mit ausgesprochen hoher Qualität für eine breite Mehrheit der Menschen erreichbar wird.

Um solch hohes Alter zu erreichen, ist es – so trivial es klingt – zunächst einmal wichtig, dem frühen Tod Einhalt zu gebieten. Wer stirbt, wird nicht alt. Lächerlich vielleicht, doch wahr ist es trotzdem. Damit sind wir auch schon beim Thema Corona. Ihm wenden wir uns zuerst zu, denn hier gibt es die erstaunlichste und folgenreichste medizinische Neuerung der jüngeren Zeit zu besichtigen: die Entwicklung des mRNA-Impfstoffs. Leider neige ich dazu, große Durchbrüche von Technik und Wissenschaft nicht zu erkennen, auch wenn sie in meiner Nähe geschehen. Wir alle übersehen das Neue manchmal. So verstand ich 1981 in Palo Alto nicht, dass ich als einer der wahrscheinlich ersten 1000 Menschen das Internet sah, als mir ein Schulfreund auf seinem Heimrechner die Verbindung ins Rechenzentrum der Stanford University vorführte. Sein Vater lehrte dort als Professor. In meinem Buch »Silicon Valley« habe ich diese Szene unfreiwilliger Ignoranz ausführlich beschrieben.

Fast vier Jahrzehnte später widerfuhr mir etwas Ähnliches. Andreas Strüngmann, Arzt und gemeinsam mit seinem Zwillingsbruder Thomas Gründer des Pharmaunternehmens *Hexal* – einer der erfolgreichsten Technologieinvestoren Deutschlands – hatte

mich im Herbst 2019 als Referent zu einer Tagung von Führungs-
kräften in Berlin eingeladen. In der Pause zog er einen unschein-
bar wirkenden Mann heran und stellte ihn mir vor: »Das ist Uğur
Şahin. Er revolutioniert die Medizin. Sie sollten ihn kennenler-
nen.« Mit diesen Worten wandte sich Strüngmann anderen Gästen zu. Ich stand alleine mit Şahin da. »Woran arbeiten Sie denn?«,
fragte ich, mehr aus Höflichkeit als tatsächlichem Interesse. »Wir
entwickeln Medikamente auf Basis von messenger-RNA«, antwortete er. »Das ist ein neuer Zweig der Pharmazie. Es könnte
gelingen, Krankheiten wie Krebs auf bisher unbekannte Weise
zu behandeln.« Ich wusste zwar bereits, was messenger-RNA ist.
Auch war mir der Aufbau von Zellen in groben Zügen bekannt.
Aber ich verstand damals noch nicht, weshalb ausgerechnet
mRNA besonders dazu geeignet sein sollte, Eiweiße herzustellen,
die Krankheiten heilen können. Auch hatte ich keine Vorstellung
davon, dass ein Leiden wie Krebs durch besondere Proteine aufzuhalten sein könnte.

Uğur Şahin gab sich höflich Mühe, mir einige der Mecha-
nismen zu erläutern, an denen er bereits seit einem Jahrzehnt
forschte. Doch sein freundlicher, zurückhaltender Ton führte
mich in die Irre. Er sprach von keinen Sensationen, und sein
Habitus heischte nicht nach Aufmerksamkeit. Beiläufig erwähnte
er, dass seine Firma *BioNTech* – ihren Namen hatte ich noch nie
zuvor gehört – für den kommenden Monat den Börsengang in
New York vorbereitete. Das überraschte mich, denn Börsengänge
deutscher Firmen in New York sind selten. Ich gratulierte Şahin
und nahm mir vor, die Ausgabe der Aktie zu beobachten. Mehr
fiel mir zu *BioNTech* bedauerlicherweise nicht ein. Şahin und ich
beendeten das kurze Gespräch, kehrten an unsere Plätze zurück
und folgten dem weiteren Lauf der Konferenz – es ging um digitale Geschäftsmodelle.

Am 10. Oktober 2019 fand die Erstnotiz von *BioNTech* am Nasdaq zum Preis von 15 Dollar statt. Die Presse sprach von einem

mäßigen Erfolg. Im Prospekt wurde die »klinische Entwicklung von patientenindividuellen Immuntherapien zur Behandlung von Krebs und anderen schweren Erkrankungen« als Zweck des Unternehmens angeführt. Nüchterne Worte für ein hehres Ziel, aber wohl auch typisch für Uğur Şahin. Ein Freund aus Köln berichtete mir, dass er mit ihm zur Schule gegangen war. Dessen intellektuelle Brillanz sei schon zu Schulzeiten legendär gewesen. Wann immer jemand an der Tafel stand und die Antwort nicht wusste, habe die Lehrerin gesagt: »Nimm dir ein Beispiel an Uğur.« An der Schule wurde dieser Satz zum geflügelten Wort und Running Gag.

Im Jahr nach dem Börsengang entwickelte Uğur Şahin gemeinsam mit seiner Frau Özlem Türeci und dem *BioNTech*-Team einen der beiden erfolgreichsten Covid-Impfstoffe der Welt. Nur ein Jahr später, also 2021, setzte *BioNTech* schon fast 17 Milliarden Euro um und fuhr einen Gewinn von mehr als 7 Milliarden Euro ein (Schätzungen vom Februar 2022). Ein derartiger Erfolg – so durchschlagend und so schnell – ist in der Geschichte der Bundesrepublik einzigartig. Zum landesweiten Wirtschaftswachstum trug das nach Mitarbeitern kleine Unternehmen im Alleingang einen halben Prozentpunkt bei – ein sensationeller Erfolg. Knapp mehr als 1000 Menschen arbeiten bei *BioNTech*. Dass eine einzelne Firma in der volkswirtschaftlichen Gesamtrechnung eines hochentwickelten Industriestandorts wie Deutschland überhaupt mehr als eine Rundungsdifferenz hinterlässt, hat Seltenheitswert. Noch sensationeller aber waren die Folgen für die Stadt Mainz, den Hauptstandort *BioNTech*s. Für 2021 hatte sie mit einem Haushaltsdefizit von 36 Millionen Euro gerechnet. Dank der Steuern von *BioNTech* wurde daraus ein Überschuss von 1,09 Milliarden Euro. Möglich wurde dieser Erfolg durch den traurigen Siegeszug des Erregers selbst. Er zählt zu den erfolgreichsten Viren der Welt, und die von ihm ausgelösten Krankheiten kletterten rasant an die Spitze der Sterbestatistik der Weltgesundheitsorganisation WHO.

Im Jahr 2020 lag Covid mit 1,8 Millionen Opfern auf Platz 6 der weltweiten Todesursachen noch vor einem Krebs der Atemwege, Alzheimer, Diabetes und Diarrhoe. Es starben etwa so viele Menschen an Covid wie Säuglinge an Geburtskomplikationen.

Mit der Entwicklung der neuartigen Impfstoffe gehen wir einen weiteren Schritt im Verständnis des Lebens und im Sieg über den Tod. Natürlich werden wir diesen wohl niemals abschaffen können. Sterbliche Wesen sterben nun einmal eines Tages. Aber wir können ihn immer weiter hinausschieben. Wir verrammeln einfach die Türen, durch die der Sensenmann dem Jedermann zu nahe kommt. Wie auf jedem Markt der Welt müssen wir dabei aber auch über Geschäftsmodelle reden. Sie sind es, die der Forschung Auf- und Antrieb verleihen. Ohne kommerzielle Perspektive lassen sich leider nur geringe Mittel mobilisieren. Dies ist aber weniger schädlich, als es zunächst klingt, solange wir zulassen, dass Märkte für neuartige Therapien aufblühen. Bei Covid war dies ausdrücklich der Fall.

Auf gewisse Weise zeichnet *BioNTech* einen Weg vor, den unsere Volkswirtschaft in den kommenden Jahrzehnten einschlagen könnte. Diskutiert hatten wir bei der Strüngmann-Konferenz über *digitale* Geschäftsmodelle. Thomas und Andreas Strüngmann sowie ihre Managerinnen und Manager waren aufrichtig daran interessiert. Doch gewonnen haben *BioNTech* und seine Investoren letztlich mit einem *biochemischen* Geschäftsmodell. Es könnte durchaus sein, dass Zeiten anbrechen, in denen Lebenswissenschaften noch erfolgreicher und wichtiger werden als Computerwissenschaften. Allerdings müssen wir uns hüten vor einem Scheinwiderspruch. *BioNTech*s Geschäftsmodell ist nicht *biochemisch* und erst recht nicht neuartig. Es ist ganz im Gegenteil uralt und beruht auf der Vergabe von Lizenzen für patentiertes Wissen sowie auf der partnerschaftlichen Zusammenarbeit mit *Pfizer* als internationalen Pharmakonzern. Solche Geschäftsmodelle funktionieren seit mehr als 100 Jahren. Neu ist nicht das

Modell, sondern der Wirkstoff, der alles Bekannte in Frage stellt, aber auf bekanntem Wege vermarktet wird. Grundlage des althergebrachten Konzepts von Patent und Lizenz ist geradezu, dass eine Firma einzigartiges Wissen besitzt und eine andere Firma für dessen Nutzung bezahlt. Eine Revolution des Geschäftsmodells hat *BioNTech* also gerade *nicht* hervorgebracht.

Auch können wir nicht von einem Übergang des Informationszeitalters in das Biotechzeitalter sprechen. Dies wäre ein Missverständnis. Schon zu Beginn dieses Buchs haben wir die These aufgestellt, das Besondere der Zeit, in der wir leben, sei die Tatsache, dass heute vieles gleichzeitig passiere, was in früheren Epochen getrennt voneinander verlaufen wäre. Wenige andere Branchen belegen diese These so gut wie die Biotechnologie. Özlem Türeci und Uğur Şahin haben zur Jahreswende 2019/2020 zum ersten Mal im Internet über den Covid-Ausbruch in Wuhan gelesen und darüber recherchiert. Dass sie überhaupt Interesse für das Thema entwickelten, ist der weltweiten Vernetzung durch Kommunikationstechnologie geschuldet. Die erste Sequenzierung des Genoms wäre ohne Informationstechnologie im Gleichschritt mit Biowissenschaften nicht möglich gewesen. Nur eine computergestützte Auswertung der Gensequenz unter Hinzunahme modernster Formen der Statistik machte es Forschern wie ihnen möglich, die Verwandtschaft des Erregers zu anderen Coronaviren zu erkennen. Bilder des Virus gibt es nur dank fortgeschrittener Anwendung physikalischer Verfahren der Bildgebung. Die Basensequenz seines Impfstoffs entwickelte *BioNTech* am Computer. Ausgegeben wird die Sequenz von einer Art Synthesizer, der Basen in der richtigen Reihenfolge zusammenkettet. Wichtige Teile der Arbeit bei *BioNTech* finden genauso am Bildschirm statt wie bei einer Programmiererin, Unternehmensberaterin oder Musikerin, nur dass am Ende des Prozesses als Ausgabegerät nicht der Cloud-Server, der Farbdrucker oder der CD-Brenner stehen, sondern ein Apparat zur Verkettung von Nukliden.

Wir erleben also nicht den Übergang von der Epoche des Computers in die Ära der Biotechnologie, sondern ganz im Gegenteil die Vermählung aller Wissenschaften zu einer holistischen Gesamtwissenschaft. Jeder Fortschritt einer Einzeldisziplin erhöht die Wahrscheinlichkeit von Fortschritten in anderen Disziplinen. Dies war zwar nie anders, Mathematik hat immer die Physik beflügelt und Physik die Mathematik, neu aber sind das hohe Tempo und die Minimierung des Zeitunterschieds bei der Übertragung von Fortschritten zwischen den einzelnen Disziplinen. Biologie und Medizin sind jahrhundertelang ganz ohne Computer ausgekommen. Heute führt die Entwicklung neuartiger Chips und Programme fast automatisch und beinahe sofort zur Verringerung von Krankheit und Tod durch bessere Diagnose und klügere Therapie.

Weniger beachtet, aber nicht minder spektakulär, ist der hohe Grad an Wertschöpfung, den *BioNTech* erwirtschaftet. Hauptkomponente des Wirkstoffs ist der mRNA-Strang selbst. Sein Rückgrat besteht aus Zuckerphosphat. Daran hängen die Nukleinbasen. Ihre Abfolge kodiert die genetische Information. Alle Basen, die in DNA und mRNA vorkommen, verwenden Stickstoff-, Sauerstoff- und Wasserstoffatome in unterschiedlicher Zusammensetzung. Damit der Strang ungehindert in die Zelle eindringen kann, verpacken ihn *BioNTech* und *Moderna* in eine hauchdünne Fettschicht. Ansonsten erhalten mRNA-Impfstoffe nur noch etwas Zucker und Salz. Billiger könnten die Rohstoffe für diesen lebensrettenden Impfstoff gar nicht sein. Es ist nichts dabei, was nicht in jeder Küche in Hülle und Fülle vorhanden wäre: Salz, Zucker, Fett, Wasserstoff, Stickstoff, Sauerstoff und Phosphate. Diese Phosphate kommen in praktisch allen Lebensmitteln vor, insbesondere in Milch, Fleisch und Hülsenfrüchten.

Özlem Türeci und Uğur Şahin haben es also geschafft, Zutaten aus dem Küchenschrank so zu verrühren, dass diese fast ohne Nebenwirkungen verlässlich vor einem der gefährlichsten Viren der Geschichte schützen. Was *BioNTech* leistet, ist die Veredelung billigster Rohstoffe auf allerhöchstem Komplexitätsniveau. Damit schöpfen die Mainzer vermutlich einen der größten Mehrwerte im Verlauf der Menschheitsgeschichte. Diese Firma ist pures Know-how. Sie ist der Inbegriff einer Wissensgesellschaft. Damit weist *BioNTech* den Weg zur Industrie und Biotechnologie der Zukunft. Ihnen liegt ein tiefgreifendes Verständnis naturwissenschaftlicher Vorhänge zugrunde. Je genauer sie die Natur verstehen, desto besser werden ihre Produkte. Je moderner und präziser die Apparaturen und Verfahren sind, die sie zur Analyse einsetzen, desto eher kommen sie ungelösten Geheimnissen auf die Spur. Geschäftsgrundlage von Life Changern ist die kritische empirische Methode. Neugier bestimmt den Kurs. Erkenntnisse halten nur so lange, bis sie widerlegt werden. Meinungen sind Gift, nur Hypothesen haben einen Platz. Gewissheit gibt es selten, Disput bestimmt den Austausch. Aus diesen Tatsachen folgt in der Konsequenz, dass Rettung vor Krankheit und Tod höchstwahrscheinlich aus Firmen und Gesellschaften kommt, die lebendig und offen diskutieren, in denen es erlaubt ist, seine Meinung zu ändern, wenn neue Fakten vorliegen, und in denen wissenschaftliche Beweise akzeptiert werden.

Die Debatte um Covid und Impfstoffe hat uns gezeigt, von wie vielen Seiten und mit wie viel Verve diese Selbstverständlichkeiten angegriffen werden. Jeder polemische Angriff auf Naturwissenschaftler, jede absichtlich eingeworfene Falschbehauptung und jedes fahrlässig falsch verstandene Faktum wirkt demotivierend auf Menschen, die an künftigen Therapien für Krankheiten arbeiten. Lüge, Verbohrtheit, Ignoranz und Dogmatismus bringen den Tod. Jeder Zeitungsartikel, der Wissenschaftlern vorhält, gestern etwas anderes behauptet zu haben als heute oder sich untereinander nicht einig zu sein, leistet der Erosion wissenschaftlichen Denkens Vorschub.

Auch wenn die Zutaten, aus denen Özlem Türeci und Uğur

Şahin ihren Impfstoff mischen, banaler kaum sein könnten, so ist deren genaue Komposition hochkompliziert und zeugt von prägnantem Wissen um biologische Vorgänge. So wie auch eine Beethovensonate nur aus den zwölf immer gleichen Tönen besteht, die eine Klaviatur in jeder Oktave hergibt, so kommt es bei Beethoven wie bei *BioNTech* auf die Abfolge und Verbindung dieser Töne an. Schon die Nanofettschicht um den mRNA-Strang ist eine wissenschaftliche Sensation für sich. Sie enthält drei Lipide mit den kryptisch klingenden Namen ALC-0315, ALC-0159 und DSPC. Cholesterin stabilisiert diese Partikel. Ohne diese Fettschicht würde der zerbrechliche mRNA-Strang nicht in die Zelle gelangen und dort an genau der richtigen Stelle freigesetzt werden. Eigentlich können Zellen überhaupt nur deshalb leben, weil sie Eindringlinge wie solche mRNA-Schnipsel auf Abstand halten. Im Vergleich zu den kleinen Fettkapseln, mit denen der Impfstoff in die Zellen gelangt, sind sie selbst riesig. Die Kapseln haben einen Durchmesser von gerade einmal 100 Nanometern, menschliche Zellen im Schnitt von 25 Mikrometern, also 25 000 Nanometern. Damit ist die Zelle 250-mal größer als die Fettkapsel, die in sie eindringen möchte. Maßstabsgerecht also vergleichbar mit einem 1,5 Meter kleinen Großmütterchen, das in das Empire State Building einbrechen wollen würde. Die Chancen stehen hoch, dass Omi an den Wachen nicht vorbeikommt und auch nicht so einfach an der Fassade hochklettert, um im 36. Stock ein offenes Toilettenfenster zu finden, durch das sie sich hereinzwängt. Genau diese Tricks aber vollführen die *BioNTech*- und *Moderna*-Kapseln, sobald uns die Dosis in den Oberarm gespritzt wurde.

Was am Beispiel des von *BioNTech* entwickelten Impfstoffs für uns von großer Bedeutung ist, ist die Verflechtung von Jahrzehnte in die Vergangenheit zurückreichender Handlungsstränge, ohne die eine solche Leistung nicht möglich gewesen wäre. Weiter oben haben wir gesehen, wie unverzichtbar die kritische Methode und der offene Disput für lebensrettende Maßnahmen sind. Ergänzen wollen wir diese Tugenden nun um den internationalen Austausch, die freie Veröffentlichung und das Ethos der Gelehrsamkeit. Özlem Türeci und Uğur Şahin verdienen Anerkennung. Doch wir dürfen sie uns nicht als isolierte Laborarbeiter und abgeschottete Originalgenies vorstellen. Ihre Stärke liegt in der Vernetzung. In ihrem Mainzer Hauptquartier haben sie einen Zopf aus drei Strängen geflochten. Diese Stränge reichen weit in die Vergangenheit zurück und sind unabhängig von Türeci und Şahin gewachsen. Der Verdienst des Forscherpaares liegt vor allem darin, alle drei – inhaltlich höchst unterschiedlichen – Entwicklungen verfolgt und verstanden zu haben. Vollbracht haben sie eine Integration, die ohne den freien Fluss von Forschungsergebnissen undenkbar gewesen wäre. Selbst falsche oder voreilig veröffentlichte Daten tragen zum Erkenntnisgewinn bei, solange sie offen diskutiert und kritisiert werden können. Boulevardjournalisten, die Forscher angreifen, deren Studien auf Plattformen kritisch hinterfragt werden, attackieren damit nicht nur unfairerweise einen einzelnen Menschen, sondern auch die Methode wissenschaftlichen Fortschritts als solche. Damit verstellen sie neuen Therapien und Heilungsmethoden den Weg.

Welche aber waren die drei Handlungsstränge, die *BioNTech* und *Moderna* erfolgreich miteinander verflechten konnten? Die *New York Times* hat diese Geschichte in einem Beitrag unter dem Titel »Halting Progress and Happy Accidents: How mRNA Vaccines Were Made« recherchiert und aufgeschrieben. Der erste Strang beginnt vor mehr als 60 Jahren mit der Entdeckung der messenger-RNA. Einige Jahrzehnte später wird er von zwei Wissenschaftlern in Pennsylvania mit der Arbeit an einem scheinbar absurden Vorhaben aufgenommen: Sie wollen die mRNA-Kommandostränge dazu nutzen, winzige Teile von Viren herzustellen, die das Immunsystem nicht schwächen, sondern stärken sollen. Der zweite Strang entfaltet sich in Kanada, wo private Biotech-Unternehmen versuchen, Gene zu modifizieren oder zu reparieren, um Krankheiten zu heilen. Dafür aber brauchen sie Trojanische Pferde, um mit deren Hilfe Codeschnipsel in die Zellen zu manövrieren. Fündig werden sie bei besonderen Fetten. Aus diesem Durchbruch entsteht das in der Folge dynamisch wachsende Gebiet der Lipidforschung. Der dritte Strang beginnt in den 1990er Jahren inmitten der frenetischen Suche nach einem Impfstoff gegen AIDS. Milliarden Dollar staatlicher Gelder fließen bereits in die Forschung, doch noch ohne Ergebnis. Ein wenig davon aber landet bei einer Forschergruppe, die sich die lanzenförmigen Spikes auf der Oberfläche der HI-Viren vorknöpfen. Zwar gelingt es der Gruppe nie, tatsächlich einen AIDS-Impfstoff zu entwickeln. Doch ein Teil der Forscher biegt mit ihrem Spike-Wissen in Richtung Covid-Impfstoff ab, sobald klar wird, dass auch dieser Virus Lanzen benutzt, um an menschlichen Zellen anzudocken. »Diese außergewöhnliche Kombination dreier Handlungsstränge, die in einem Impfstoff zusammenkamen, liefert einen Beweis für das zentrale Versprechen von Grundlagenforschung: dass alte Erfindungen hin und wieder der Vergessenheit entrissen werden können, um in der Gegenwart Geschichte zu schreiben«, fasste die *New York Times* zusammen. Wir sehen an diesem Beispiel auch, warum freie Städte wie Helsinki – um im vorherigen Beispiel von *Iceye* zu bleiben – auf die Dauer viel erfolgreicher sein werden als isolationistische Städte wie das benachbarte Sankt Petersburg, das an der Besetzung, Abschottung, Einschüchterung und Vertreibung anderer Länder und Menschen mitwirkt.

Gemeinsam mit Joe Miller, dem Korrespondenten der *Financial Times* in Frankfurt, haben Özlem Türeci und Uğur Şahin ihre Geschichte in einem Buch namens »Projekt Lightspeed« protokolliert. Darin schildert Miller, wie Şahin den kritischen Rationalismus des Philosophen Karl Popper entdeckte: »Auf dessen Werke war er gestoßen, als er stundenlang in einer benachbarten Buchhandlung schmökerte, während seine Mutter in nahe gelegenen Kaufhäusern einkaufte. Nach Popper gelangt man zu dem, was man ›Wahrheit‹ nennen könnte, indem man dem ›Tribunal der Erfahrung‹ kühne und ideenreiche Hypothesen vorlegt. Kann eine Idee oder ein Vorschlag nicht widerlegt werden und wurden alle anderen Möglichkeiten ausgeschlossen, verfügt man über eine erhärtete Tatsache.« Şahin sagt: »Ich lernte, geduldig zu sein und darauf zu vertrauen, dass die Realität sich durchsetzen würde.« Sich selbst und seine Frau bezeichnet er freimütig als »Nerds«. Sie lesen alles, was ihnen in die Hände kommt. Sie folgen jeder Debatte in ihrem Fachgebiet mit höchster Aufmerksamkeit. Und sie sind bereit, den Zug zu wechseln, wenn die Lage es erforderlich macht. Geistige Flexibilität zeichnet sie aus: Vor dem »Projekt Lightspeed« widmeten Türeci und Şahin sich fast ihre ganze Karriere lang der Krebsforschung. Von ansteckenden Viruserkrankungen verstanden sie fast nichts. Talente wie diese gedeihen besonders gut in freien Gesellschaften. Totalitäre Regime entziehen der Wissenschaft den Nährboden und schaden sich damit selbst.

Innerhalb weniger Wochen nach dem Covid-Ausbruch in Wuhan sattelten Türeci und Şahin auf die Pandemie um. Damit riskierten sie ihre Karriere, aber auch die ihrer ganzen Firma. Zu diesem Zeitpunkt hatte *BioNTech* noch 600 Millionen Euro auf dem Konto. In der Biotechbranche ist das nicht viel. Wäre die Suche nach dem Impfstoff schief gegangen, hätte dies das Ende der Firma bedeuten können. Das war keineswegs nur eine abstrakte Gefahr. Der Tübinger *BioNTech*-Konkurrenz *Curevac* ist mit seinem Covid-Impfstoff gescheitert und dadurch in eine Sinnkrise, vielleicht sogar eine Existenzkrise geraten.

Neben der Verschmelzung der Wissenschaften gehört auch der Finanzsektor zu den Treibern der Life Changer. Privates Kapital trägt entscheidend zum Fortschritt bei. Zu den Investoren, die Innovatoren in Deutschland heute die Arbeit ermöglichen, gehören die Strüngmann-Brüder sowie der Geschäftsführer ihrer

Beteiligungsfirma *Athos,* Helmut Jeggle. Per Handschlag hatte Jeggle zwölf Jahre zuvor 150 Millionen Euro zur Gründung *BioN-Techs* zugesagt. Das war eine mutige und hochriskante Entscheidung. Zwischendurch hätte es viele Gründe gegeben, die Geduld zu verlieren. Mehr als ein Jahrzehnt lang blieb die Firma ein Zuschussgeschäft. Niemand konnte den bevorstehenden Erfolg ahnen. Auch besaß keiner der Investoren so viel Wissen über mRNA wie Türeci und Şahin. Warum aber investierten sie dann in das heikle Unterfangen? Andreas Strüngmann achtet bei seinen Entscheidungen vor allem auf den Charakter von Menschen, denen er Geld geben soll. Kein anderer Faktor ist für den Erfolg von Unternehmen so wichtig wie die Persönlichkeit der Gründer sowie die Werte, an die sie glauben. Davon sind Strüngmann, sein Bruder und ihr Manager Jeggle fest überzeugt.

Für Life-Changer-Technologien ist es von großer Bedeutung, dass es solche Investoren gibt. Andere Geldgeber wie Banken dürfen ihre Entscheidungen auf gar keinen Fall nach subjektiv-emotionalen Kriterien wie Vertrauenswürdigkeit, Charakterstärke oder Wertorientierung fällen. Sie sind gesetzlich dazu verpflichtet, auf objektive Kriterien wie Sicherheiten, Eigenkapital, Bonität oder Haftung zu achten. Selbst Venturecapital-Geber arbeiten bei Investitionsentscheidungen einen Katalog von Checkpunkten durch: Business Plan, erwartete Wachstumsrate, geschätzte Profitabilität, Größe des adressierbaren Marktes oder das Wettbewerbsumfeld beispielsweise. Aber auch das Venturecapital steht gegenüber seinen eigenen Geldgebern in der Pflicht, Entscheidungen nachvollziehbar zu begründen und objektiv zu messen. Nur Investorinnen und Investoren, die ihr eigenes Geld privat anlegen, genießen das Privileg, nach »Gefühl und Wellenschlag« urteilen zu dürfen. Nur von ihnen hört man Aussagen wie: »Ich habe diesen Leuten Geld gegeben, weil Feuer in ihren Augen leuchtete und weil sie ganz feine Charaktere sind.« Menschenkenntnis als Geschäftsmodell – in den

Lebenswissenschaften haben die Strüngmanns Meisterschaft darin erzielt.

* * *

Der Fall *BioNTech* liefert wie eine Fabel die mustergültige Erzählung für die Entschlüsselung der Zukunft. In ihr sind viele Clous und Kniffe enthalten, die zusammenkommen müssen, um unser Leben zu verändern und unsere Gesundheit über das heute Vorstellbare hinaus zu verbessern. Halten wir noch einmal fest, worauf es ankommt: offene, neugierige, wissbegierige Forscher, internationaler Austausch, ungehemmter Fluss wissenschaftlicher Ergebnisse, kritischer Rationalismus im Sinne Karl Poppers, interdisziplinäre Zusammenarbeit, kreative Verbindung verschiedener Handlungsstränge, Beharrungsvermögen, Reaktionsschnelligkeit und Zugang zu Kapital von überzeugten Investoren mit Durchhaltevermögen und Leidensfähigkeit. Schauen wir uns nun an, welche lebensverändernden Fortschritte wir erwarten dürfen, wenn diese Faktoren zusammenkommen. Dafür können wir eine von zwei unterschiedlichen Warten einnehmen, und beide sind gleich wichtig. Aus der einen Warte fragen wir uns: Was muss geschehen, damit es möglichst allen Menschen auf der Welt so gut geht wie uns heute? Aus der anderen Warte lautet die Frage: Was können wir tun, damit es uns selbst noch besser geht als heute? Wie können wir das Leid besiegen, das viele von uns nach wie vor im Griff hat?

Wir neigen meist dazu, uns auf die zweite Frage zu konzentrieren. Das ist psychologisch nur allzu verständlich, denn Leid in der Nähe verschattet den Blick für Leid in der Ferne. Doch bevor wir uns mit personalisierter Medizin, gesundem Leben jenseits der 100 und dem Sieg über den Krebs beschäftigen, richten wir unsere Aufmerksamkeit auf die Gesundheitskatastrophe, die alltäglich außerhalb der hoch entwickelten Länder stattfindet. Frauen in Europa werden laut Weltgesundheitsorganisation (WHO) im Schnitt 81,3 Jahre alt, Männer 75,7. Damit gehört Europa zur Spitze der Welt. Frauen in Afrika sterben im Schnitt 14,6 Jahre früher, Männer 12,7 Jahre früher. Neben der Lebenserwartung erhebt die WHO, wie viele Jahre Lebenszeit ungetrübt von schweren Krankheiten verlaufen und wie viele kranke Jahre auf sie folgen. In Afrika ist das gesunde Leben für Männer im Alter von durchschnittlich 55 Jahren vorbei, für Frauen mit 57,1. In Europa bleiben Männern elf gesunde Jahre mehr, Frauen 13. Grob gesagt macht der Unterschied an Lebenszeit zwischen den am meisten und den am wenigsten entwickelten Kontinenten rund ein Fünftel aus.

Das ist an sich schon ein Skandal, allein wenn man an das Schicksal der benachteiligten Menschen denkt, aber auch eine gewaltige Herausforderung, wenn man die Warte der Forschung einnimmt, und zuletzt eine riesige Marktchance, wenn man mit den Augen von Unternehmern und Unternehmerinnen darauf blickt. Noch empörender als die Lebenserwartung und -qualität sind jedoch die Daten hinsichtlich der meistverbreiteten Todesursachen. Rund zwei Drittel der Todesfälle in Afrika gehen auf ansteckende Krankheiten und Unfälle zurück, also auf vermeidbare Ursachen. Nur ein Drittel stirbt an nicht übertragbaren Krankheiten. In Europa ist die Lage genau andersherum. Weniger als ein Zehntel stirbt hier an vermeidbaren Erkrankungen oder Unfällen, 90 Prozent fallen den leider noch nicht heilbaren, nicht ansteckenden Krankheiten zum Opfer.

Besonders hoch ist die Zahl vermeidbarer Todesfälle in Ländern mit den niedrigsten Einkommen. Die WHO nennt sie *low income countries.* Armut und früher Tod stehen hier in engem Zusammenhang. Eine halbe Million Säuglinge sterben in ihnen jedes Jahr bereits kurz nach der Geburt. Über 400 000 Menschen erliegen Lungenentzündungen, 263 000 Diarrhoe, 191 000 Malaria, 171 000 Tuberkulose und 161 000 AIDS. Fast 1,2 Millionen

Unnötiges Sterben an heilbaren Krankheiten

Anteile der Todesursachen an Gesamtsterblichkeit in Prozent (vor Corona). Je dunkler die markierte Fläche, desto vermeidbarer der Tod, da es ausreichend Schutz und Therapien gibt

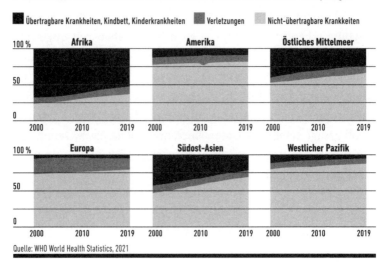

Quelle: WHO World Health Statistics, 2021

Diese Grafiken zeigen den Skandal des ungerechten Gesundheitswesens: In vielen Ländern sterben Menschen einen unnötigen Tod, weil sie keine Hilfe erreicht.

Menschen werden in den ärmsten Ländern der Erde jedes Jahr also von Krankheiten dahingerafft, für die es längst wirksame Präventionsmöglichkeiten und Behandlungen gibt und an denen bei uns kaum noch jemand sterben muss. Die Hälfte der weltweit 400 000 Malariatoten stammt aus den ärmsten Ländern, ein Viertel allein aus Nigeria. Jedes Jahr sterben weltweit fast 300 000 Frauen im Kindbett. Die Zahlen waren zwar schon mal höher und sind glücklicherweise in den vergangenen Jahren gesunken, aber sie sind immer noch inakzeptabel hoch. 820 000 Menschen jährlich fallen weltweit Hepatitis B zum Opfer, die meisten erliegen einer davon ausgelösten Zirrhose oder einem Leberkrebs. In Afrika ist jeder Zwölfte mit Hepatitis infiziert, in Europa hingegen nur jeder Siebzigste. Zu den globalen Herausforderungen zählt neben den Krankheiten übrigens auch der Tod durch Unachtsamkeit, Mord oder Suizid. Rund vier Millionen Menschen sterben jährlich bei Unfällen. Fast eine halbe Million fallen einem Mord zum Opfer, 80 Prozent davon sind Männer. 700 000 Menschen begehen Selbstmord, doppelt so viele Männer wie Frauen. In den vergangenen Jahren sind die Suizidraten bei jungen Menschen drastisch angestiegen. Hier ist eine Epidemie besonders trauriger Art im Gange, die nicht einfach nur den Irrungen und Wirrungen der Pubertät zugeschrieben werden kann, sondern als ernsthafte Erkrankung volle Aufmerksamkeit durch Familie, Gesellschaft und Gesundheitswesen verdient.

Insgesamt sterben jedes Jahr weltweit rund 58 Millionen Menschen (2019). Das sind etwa so viele Menschen, wie im Zweiten Weltkrieg direkten Kriegsfolgen erlagen, auch wenn die Daten und Ereignisse natürlich nicht miteinander zu vergleichen sind. Mindestens ein Fünftel dieser Sterbefälle ließe sich mit heute vorhandenen Vorsorgemethoden und Therapien verhindern, wenn alles bekannte Wissen überall in gleichem Maße verfügbar wäre und umgesetzt würde. Es ist unsere ethische Pflicht, vermeidbare Todesfälle auch wirklich zu vermeiden. Dabei geht es nicht darum, reichen Ländern eine Art Erbsünde oder ständige Mitschuld für alles Unheil auf der Welt aufzubürden. Gegen eine ignorante, menschenverachtende Junta, die ihr eigenes Volk bekämpft, kommt keine Entwicklungshilfe, kein Notfallprogramm und keine noch so verständnisvolle Außenpolitik an. Viel Leid in armen Ländern ist eine Folge des Kolonialismus, aber längst nicht alles. Oft vergrößern bewusste Entscheidungen lokaler Regierungen das Elend eines Landes. Venezuela beispielsweise könnte dank seiner Bodenschätze zu großem Wohlstand und hoher Gesundheit kommen. Doch ein dogmatisches Regime unterjocht seine eigenen Landsleute im Namen einer Ideologie und löst damit eine humanitäre Katastrophe aus.

Wir wollten auf die Gesundheit der Welt aus zwei Warten

schauen. Die erste Warte lässt nur einen Schluss zu: Unsere Unterlassungssünden kosten Abermillionen Menschen jedes Jahr völlig unnötig das Leben, ganz zu schweigen vom Leid der Angehörigen und aller Genesenen, die dem Tod in letzter Minute entkommen konnten. Die gute Nachricht ist: Eine koordinierte Politik der internationalen Gemeinschaft trägt zur Linderung bei, wenn sie dabei hilft, die Ausbreitung ansteckender Krankheiten einzudämmen. Dies ist das am einfachsten zu erreichende Ziel. Es kann der größten Zahl von Menschen mit dem geringsten Aufwand Hilfe verschaffen. Tuberkulose etwa bleibt der größte Killer unter den ansteckenden Krankheiten. An keiner Todesursache sterben so viele HIV-positive Menschen wie an Tuberkulose, und bei keinem anderen Erreger haben mikrobielle Resistenzen derart verheerende Folgen. Jedes Jahr fordert Tuberkulose 1,2 Millionen Tote unter Menschen ohne HIV. Hinzu kommen 208 000 Todesopfer, die mit dem AIDS-Erreger infiziert waren. In der Summe verschlingt Tuberkulose damit rund 1,4 Millionen Menschen pro Jahr. Jeder 50. Tod auf dieser Erde geht auf ihr Konto, und das obwohl diese Krankheit sowohl zu verhüten als auch zu behandeln ist. Impfungen von Kindern gegen Tuberkulose kosten nur 2 bis 3 Dollar pro Dosis. Die Behandlung ist hingegen sehr teuer. Die amerikanischen Centers for Disease Control and Prevention (CDC), Teil der US-amerikanischen Gesundheitsbehörde, geben den Preis für Therapien in den USA je nach Krankheitstyp zwischen 20 000 und 570 000 Dollar pro Patienten an. Trotz des extremen Gefälles zwischen Kosten für Prävention und Behandlung geht der Kampf gegen die Krankheit allenfalls schleppend voran. Doch diesen beklagenswerten Zustand zu ändern, steht neuerdings immer mehr in unserer Macht.

In ihren Entwicklungszielen fordern die Vereinten Nationen folgerichtig das Ende von fünf Epidemien in allen Ländern der Erde: Tuberkulose, HIV, Malaria, seltene Tropenkrankheiten und Polio. Die Mittel dafür stehen uns zu Gebote. Geld und Technologie sind vorhanden. Bis 2030 sollen die Todesfälle all dieser Erreger um mindestens 90 Prozent sinken. Vom Pfad zur Erfüllung dieses Ziels ist die Menschheit jedoch leider abgewichen. Sie bleibt hinter den Jahreszielen zurück, sodass die erwünschte Verringerung um 90 Prozent bis 2030 mit jedem Jahr unwahrscheinlicher wird. Doch sind Fortschritte erkennbar. Auch das ist ein berechtigter Grund, Zuversicht und Hoffnung zu schöpfen. Seit Beginn des Jahrhunderts ist beispielsweise die Zahl der jährlichen Tuberkulosetoten um 45 Prozent gefallen. In Sachen Malaria ist in Europa seit 2015 kein einziger Ansteckungsfall mehr aufgetreten. Weltweit ist die Zahl der Malaria-Todesfälle in den vergangenen 20 Jahren von 736 000 auf 409 000 gesunken. Trotzdem stecken sich noch immer viel zu viele Menschen damit an. In den vergangenen vier Jahren verlor die Anti-Malaria-Kampagne sogar an Schwung.

Auf den ersten Blick sieht es also so aus, als könnten neue Technologien wenig zum Erreichen unserer Ziele beitragen. Schließlich gibt es die Mittel zur Bekämpfung von Tuberkulose, HIV, Malaria, Tropenkrankheiten und Polio schon. Doch so schnell dürfen wir den Kopf nicht hängen lassen. Pessimismus ist nicht berechtigt, denn ein zweiter Blick zeigt, wie viel heilsamer Nutzen auch von neuen Technologien gestiftet werden kann. Weltumspannende Satellitennetze bringen das Internet in jeden Winkel der Welt. Gleichzeitig werden Smartphones immer besser und billiger. Dadurch bekommen Menschen Zugang zu Informationen, die bislang davon abgeschnitten waren. Sie können auf vertrauenswürdigen Webseiten mit eigenen Augen sehen, woher Tuberkulose stammt, wie man sich vor der Ansteckung schützt und warum Impfungen so wirksam wie ungefährlich sind.

Auch wird ein Fortschritt der Telekommunikation hoffentlich Falschinformationen über AIDS abmildern können. Weltweite Kommunikation treibt die Verbreitung von Wissen voran. Auf diese Weise könnte es gelingen, Menschen vor den abstrusen, wissenschaftsfeindlichen HIV-Theorien ihrer eigenen Regierungen, regimetreuer Medien und gefährlich falsch informierter Eliten zu schützen.«So behauptete die inzwischen verstorbene kenianische Friedensnobelpreisträgerin Wangari Maathai, AIDS sei in westlichen Labors erfunden worden, um die schwarze Rasse vom Erdball zu tilgen«, schrieb das *Handelsblatt.* »Bestes Beispiel für das kollektive Ausblenden der Wirklichkeit ist der südafrikanische Ex-Präsident Thabo Mbeki, der nicht etwa das HI-Virus für den Ausbruch der Krankheit verantwortlich machte, sondern die Anti-AIDS-Präparate. Diese seien vergiftet und nur deshalb auf dem Markt, damit westliche Pharmakonzerne ungestört am lebenden Objekt experimentieren könnten.« Südafrikas Staatschef Jacob Zuma gab an, sich mit einer heißen Dusche gegen AIDS geschützt zu haben. Zwar zog er mit dieser Behauptung weltweit Spott auf sich, doch viele seiner Bürgerinnen und Bürger glaubten ihm.

Noch immer zweifeln in Südafrika viele Männer am Nutzen von Kondomen. Ihre Zweifel werden angefacht von AIDS-Leugnern aus Regierung und Eliten. Solche Desinformationskampagnen und Verschwörungstheorien kosten Menschenleben. Zum Glück werden sie immer schwerer durchzusetzen, sobald der Satelliten-Kortex im All Wissen an jeden Fleck der Erde bringt, ohne dass Eliten ihn leicht zensieren können. Man kann diese Zahlen einfach beziffern. Sie stehen in den offiziellen Berichten der Gesundheitsbehörden. So stecken sich in Südafrika heute noch durchschnittlich 3,98 von 1000 Menschen jährlich neu mit HIV an. Unglaubliche 18,8 Millionen Menschen bedurften dort noch im Jahr 2019 Behandlungen gegen AIDS: Das entspricht fast einem Drittel der südafrikanischen Bevölkerung von 59 Millionen. Zum Vergleich die Zahlen für Deutschland: Die Zahl der Neuansteckungen pro 1000 Einwohner beträgt fast null, und nur 113 Menschen benötigten 2019 noch medizinische Interventionen. Der dramatische Unterschied zwischen beiden Ländern liegt fast ausschließlich im Zugang zu Informationen und im Vertrauen auf sie.

Allein schon die Befreiung von Menschen aus der Informationsblase ihrer Regierungen verrichtet also ein heilsames Werk. Im Auge behalten müssen wir allerdings auch die Gefahren von grenzenloser Kommunikation. Auch hier haben wir Grund zu Zuversicht. Mit Highspeedinternet auf jedem Fleck der Erde gewinnen auch Verschwörungstheorien und Falschbehauptungen an Publikum. Dem Anbranden des wilden Mixes aus Wahrheit und Lüge über die Breitbandkanäle der Zukunft werden Menschen nur dann zu widerstehen wissen, wenn sie ihren kritischen Verstand schulen. Das aber geht nicht ohne Bildung. Mit dem Thema Bildung beschäftigen wir uns im übernächsten Kapitel. Festhalten können wir schon jetzt, dass ein Anschwellen von Informationen ohne gleich schnellen Zuwachs von Bildung unweigerlich kontraproduktiv sein wird. Zum Glück bietet Technologie uns die Möglichkeit, wirksam gegenzusteuern.

Einen weiteren Beitrag zur Weltgesundheit leistet Technologie durch die Demokratisierung des Zugangs zu Ärztinnen und Ärzten. Heute besteht die größte Bedrohung für Leib und Leben überall auf der Welt durch die geografische Koppelung von Patient und Arzt. Wir können immer nur so gesund sein, wie der behandelnde Arzt Zeit und Motivation findet, sich auf dem neuesten Stand der Forschung zu halten. Seinem oder ihrem Wissen liefern wir uns vollständig aus. Haben wir Pech, ist das Wissen der Ärztin auf dem Stand des Examens eingefroren. Haben wir Glück, liest sie jede Studie und jedes Papier in den renommiertesten internationalen Fachblättern ihrer Disziplin. Je mehr Patienten einem Mediziner zuströmen, desto weniger Zeit hat er, wissenschaftlich à jour zu bleiben. Je aggressiver die Pharmaindustrie ihre Referenten auf die Rundreise durch die Praxen schickt, desto höher ist die Wahrscheinlichkeit, dass der Doktor das Medikament verschreibt, das ihm der befreundete Pharmareferent empfohlen hat, und desto geringer die Chance, dass der Arzt nach ausführlicher Datenlektüre zu einem eigenen Urteil gekommen ist. Je wohlhabender die Patienten, desto größer der Umsatz der Praxis, aus dem der Doktor weitere Fachleute einstellen kann, und desto üppiger sein Zeitbudget für den einzelnen Fall. Je ärmer hingegen die Kranken, desto größer der Zeitdruck und desto knapper die Kapazität. Unsere Chance, einen komplizierten Krebs zu überleben, steigt mit unseren persönlichen Kontakten in die Ärzteschaft und korreliert stark mit unserem Wohnort sowie mit unserem Einkommen. Dieser unfaire Effekt schlägt in unterentwickelten Ländern besonders brutal zu. Wo man schon an vermeidbaren Alltagserregern wie Tuberkulose stirbt, ist die Chance verschwindend gering, auf einen Arzt zu treffen, der einen Gehirntumor fachgerecht behandeln kann.

Weltumspannendes Breitbandnetz mischt die Karten neu. Potenziell hat in Zukunft jeder Mensch die gleiche Chance, von der besten Expertin für sein spezielles Leid beraten oder behandelt zu werden. Das ist eine gute Nachricht. Basisdaten wie Blutbild, Röntgenaufnahmen oder MRT können an der Klinik oder in der Praxis vor Ort erhoben werden. Worauf es ankommt, ist die Interpretation der Laborergebnisse und Bilder. Einmal an den Experten auf der Fifth Avenue in New York oder am Klinikum von Stanford oder des MIT geschickt, kommen die Diagnose und der Therapievorschlag in einer Qualität zurück, die selbst Menschen in Industrieländern heute nicht geboten bekommen, geschweige denn in ärmeren Regionen.

Wie aber soll der Topkardiologe an der Charité all die Bilder und Daten auswerten, die aus aller Welt auf ihn einstürmen? Auch hier bietet Technologie eine elegante Lösung. Über den Einsatz von künstlicher Intelligenz in der Medizin ist viel geschrieben und spekuliert worden. Anders als vielfach vermutet, wird es wohl nicht so kommen, dass menschliche Ärzte und Algorithmen in einem direkten Wettbewerb zueinander stehen. Man darf sich die künftige Entwicklung stattdessen so ähnlich wie beim autonom fahrenden Auto vorstellen. Das vollautomatische Auto steht nicht in Konkurrenz zum handgesteuerten Wagen, sondern der handgesteuerte Wagen wird Stück für Stück in kleinen Schritten automatisiert. Die beiden Scheinalternativen verschmelzen zu einem einzigen gemeinsamen Szenario.

Konkret bedeutet das: Auf der Station des Topkardiologen an der Charité oder des weltberühmten Onkologen an der Fifth Avenue arbeiten selbstverständlich auch Computerexperten. Medizin und Information fusionieren zu einer neuen Gemeinschaftsdisziplin: der medizinischen Informatik. Experten der Klinik verfolgen die Entwicklung der künstlichen Intelligenz genau, probieren Algorithmen aus, entwickeln sie weiter, führen Forschungsprojekte der Softwareindustrie durch und formulieren Wünsche für neue Features an die Programmierer. In ihrer klinischen Praxis läuft die jeweils modernste Variante der künstlichen Intelligenz. Gefüttert wird sie mit Daten der verschiedenen Instrumente. Lernen kann die Maschine aufgrund von Diagnosen, die menschliche Ärzte stellen. Schon heute verschlingen Computer beispielsweise Millionen von Mammografien aus Reihenuntersuchungen. Kombiniert werden diese Bilddaten mit Informationen über Brustkrebs und Geschwulstarten, die später bei Frauen festgestellt wurden, die an diesen Reihenuntersuchungen teilgenommen haben. Die künstliche Intelligenz versteht nicht dem Inhalt nach, was sie da sieht. Für die schlüssige Interpretation braucht es den menschlichen Verstand. Aber sie erkennt Muster besser als der Mensch. Auf Basis von Millionen korrekt als »unauffällig« oder »auffällig« beschriebenen Bildern wagt sie Urteile über jedes neue Bild, das aus der Reihenuntersuchung hereinkommt. Dieses Urteil geht immer erst an die Ärztin und nur selten direkt an die Patientin. Hat die Maschine falsch oder fahrlässig geurteilt, kann der Mensch das immer noch korrigieren. Doch je öfter die Maschine korrigiert wird, desto treffsicherer wird sie genau diese Fehler in Zukunft vermeiden.

Algorithmen analysieren Bilder und Daten in Bruchteilen von Sekunden. Damit steigern sie die Produktivität der Ärzte um

Potenzen. Ausgerüstet mit solchen Maschinen, können die besten Experten der Welt es schaffen, Anfragen aus der ganzen Welt qualifiziert zu beantworten, die ihrer Zahl nach weit über dem liegen, was sie heute bewältigen. Da sich die Qualität ihrer Diagnosen und Therapievorschläge herumspricht, suchen immer mehr Menschen ihren Rat. Dies führt zu einem »zweiseitigen Markt«, wie Ökonomen das nennen. Mit jedem Bild, das hereinkommt, steigt die Qualität des Datenpools, auf den die Praxis zugreift. Dokumentiert man außerdem die Krankengeschichte des Patienten und schreibt sie sorgfältig in die Zukunft fort, bekommt die Maschine verlässliche Daten, um saubere Prognosen zu stellen. Ihre Treffsicherheit steigt so immer weiter an. Weil die Produktivität der Klinik oder Praxis massiv damit ebenfalls steigt, wird die Leistung tendenziell preiswerter und somit auch erschwinglich für Menschen in Nigeria, die bessere Behandlung für ihre Malaria suchen, als der örtliche Doktor ihnen liefern kann. Irgendwann werden die Algorithmen so effizient und treffsicher sein, dass man sie in einer Economy-Variante ohne begleitenden Arzt auf Patienten loslassen wird können. In den kommenden zehn Jahren erleben wir sehr wahrscheinlich schon Medizinbots – also automatische Serviceprogramme –, die Menschen in unterversorgten Regionen besser verarzten können als der überlastete Doktor vor Ort. Damit macht die Volksgesundheit auf breiter Front Fortschritte. Zahlreiche Ungerechtigkeiten der heutigen Welt gehören bald der Geschichte an.

Interessanterweise egalisiert dieser Mechanismus viele Unterschiede zwischen reichen und armen Ländern. Heute behandelt der Arzt auf der Fifth Avenue nur reiche Amerikaner. In Zukunft tut er dies noch immer, bekommt durch künstliche Intelligenz, Cloud und weltweites Satelliten-Datennetz sein Angebot aber zu vergleichsweise geringen Zusatzkosten auch in arme Regionen wie die Subsahara getragen. Anders ausgedrückt: Die Reichen zahlen aus eigenem Interesse für die Entwicklung des Systems, weil es ihre eigenen Chancen auf Heilung verbessert. Und die Armen können die Vorteile des Systems zu sehr geringen Kosten in Anspruch nehmen, da dem Arzt ein kleiner Zusatzaufwand einen weiteren Gewinn einbringt.

Damit nähern wir uns der zweiten Warte, aus der wir auf die Medizin der Zukunft schauen wollen. Was können wir tun, damit es uns selbst noch besser geht als heute? Bei dem unnötigen Leid in armen Ländern, von dem wir soeben gelesen haben, mag uns unser eigener körperlicher Verfall bedeutungslos – fast wie ein Luxusproblem – vorkommen. Doch es lohnt sich eine Erinnerung an den Umstand, dass die Sterberate immer 100 Prozent beträgt. Sterblich zu sein bedeutet, dass alle sterben. Was sich ändert, sind lediglich die Todesursachen und die Zeitpunkte. Nicht nur der globale Süden hat seine großen Geißeln und Killer. Auch der Norden besitzt sie. In Deutschland starben im Jahr 2021 genau 1 016 899 Menschen. Davon erlagen 34,3 Prozent Krankheiten des Kreislaufsystems, 23,5 Prozent einem Krebs, 6,2 Prozent Krankheiten des Atmungssystems, 6 Prozent psychischen Störungen und Störungen des Verhaltens, 4,3 Prozent dem Verdauungssystem, 4,2 Prozent Verletzungen und Vergiftungen, 4 Prozent erlagen Covid-19, sowie 17,4 Prozent sonstigen Ursachen. Unsere gefährlichsten Killer heißen also Kreislauf, Krebs, Lungenerkrankung und Psyche. Bis auf wenige Ausnahmen wie einige Krebsarten sowie Covid ist keine der Ursachen ansteckend. Auch sind es durchweg Krankheiten, die meist dort auftreten, wo man Tuberkulose, Malaria oder AIDS überlebt oder nie bekommt. Es ist der typische Mix von Todesursachen, die in reichen, hoch entwickelten Ländern anzutreffen sind. Hierzulande dem Tod ein Schnippchen zu schlagen bedeutet vor allen Dingen, Kreislauf und Krebs in den Griff zu bekommen. Sie haben in Deutschland jährlich mehr als eine halbe Million Menschen auf dem Gewissen und stehen zusammen für mehr als die Hälfte der Todesfälle. An diesem Problem können wir arbeiten und es beheben.

Folgerichtig wird auf keinem anderen Gebiet so viel geforscht und zu keinem anderen Thema so viel gegründet wie zu Kreislauf und Krebs. Der Verstopfung unserer Adern durch Cholesterin und falsche Ernährung ist durch neue pflanzenbasierte Lebensmittel gut vorzubeugen. Mehr dazu erfahren wir im Kapitel über Ernährung. Damit können wir Schlaganfällen vorbeugen. Systemkritischstes Organ aber ist das Herz selbst. Was zu tun ist, wenn die Kammern erst einmal flimmern oder der Herzschlag aus dem Rhythmus kommt, ist in den vergangenen Jahrzehnten immer besser erforscht und in der Praxis implementiert worden. Wer mit Herzanfall schnell in eine Klinik kommt, überlebt die Attacke mit einer Wahrscheinlichkeit von 85 Prozent. Wer nicht behandelt wird, kommt hingegen nur in 40 Prozent der Fälle lebend davon. Herzanfälle kündigen sich oft Wochen vorher an. Doch viele Menschen nehmen die Signale entweder nicht ernst oder gar nicht wahr.

Hier liegt unsere größte Chance für die Entwicklung einer Life-Changer-Technologie. Elektronische Tracker unseres Herz-Kreislauf-Systems können alle Vitalfunktionen live und in Echtzeit mitschreiben, an die Cloud übermitteln, mit anonymisierten Referenzdaten vergleichen und sofort Alarm schlagen, wenn das Herz aus dem Rhythmus gerät. Früher mussten wir am EKG liegen, um mitzulesen, wie das Elektrogewitter rund ums Herz die Pumpe in Gang hält. Künftig tragen wir das EKG in Form einer Uhr am Handgelenk oder als Implantat unter der Haut. Rechtzeitig vor Herzstolpern gewarnt, können wir beizeiten einen Spezialisten aufsuchen, um den Fall abklären zu lassen. Noch vor einigen Jahren waren tragbare EKGs teure und klobige Apparaturen, die man für ein paar Tage mit sich herumtrug, die aber niemand als dauerhafter Begleiter wählte. Dies hat sich geändert. Hersteller wie *Apple* bieten EKG-Aufzeichnung heute schon an. Eine App übermittelt die Daten, die von der *Apple* Watch am Handgelenk erfasst werden, zur Auswertung per künstlicher Intelligenz. Jeder

Reichtum schützt besser vor frühem Tod

Entwicklung der Sterblichkeitsrate und Anzahl von Todesfällen in den Jahren 2000-2019 für die weltweit wichtigsten Gruppen potenziell tödlich verlaufender Krankheitsbilder

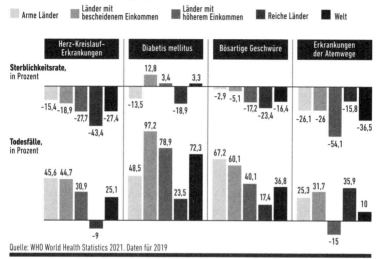

Quelle: WHO World Health Statistics 2021. Daten für 2019

Je reicher ein Land ist, desto geringer fällt die Wahrscheinlichkeit aus, dass seine Bürgerinnen und Bürger einer der tödlichen Volkskrankheiten zum Opfer fallen.

falsche Alarm – zu spät oder zu früh ausgelöst – verbessert den Algorithmus.

In zehn Jahren stirbt an einem Herzanfall nur noch überraschend, wer keine elektronischen Helfer bei sich trug oder wer ihre Warnungen ignorierte. Die Volksseuche Herzinfarkt wird viel von ihrem Schrecken verlieren. Sie wird auf einen hinteren Platz der Sterbestatistik abrutschen. Versicherungen werden uns Smartwatches spendieren, Trainings bezahlen und vielleicht die Tarife für all diejenigen erhöhen, die sich weigern, einen Tracker zu tragen. Schließlich kostet eine Bypassoperation rund 30 000 Euro und das Einsetzen einer Stentprothese rund 16 000 Euro. Es lohnt sich für die Kassen also, in Prävention zu investieren.

Haben wir Herz- und Kreislaufversagen erst einmal vom Thron

der Todesursachen gestoßen, bleibt das große Mysterium Krebs. Bei diesem Bündel höchst unterschiedlicher Krankheiten, die vor allem durch ihren gemeinsamen Oberbegriff geeint sind, verbieten sich Prognosen. Kein einfacher Lösungsweg zeichnet sich ab. Jeder einzelne Krebstyp verlangt nach eigenen Ansätzen bei Diagnose und Therapie. Manche Vorhersagen lassen sich aber mit einiger Gewissheit treffen. So könnten mRNA-Therapien einen großen Fortschritt bringen. Krebs war es, woran *BioNTech* mehr als zehn Jahre geforscht hatte, bevor Özlem Türeci und Uğur Şahin den Corona-Sprint dazwischenschoben. »Ich wollte schon immer Arzt werden«, sagt Şahin im Buch »Projekt Lightspeed«. Eine Tante in der Türkei litt an Brustkrebs, und er erinnert sich noch gut, wie ihn das beschäftigte. »Bereits als Kind konnte ich einfach nicht akzeptieren, dass Menschen, die Krebs bekommen, obwohl sie gesund aussehen, todkrank sind.« Türeci und Şahin wollen eine völlig neue Klasse von Medikamenten schaffen: »Krebsmedikamente gehen nicht die eigentliche Ursache von Krebs an«, sagen sie. »Jeder Patient hat einen anderen Krebs, zusammengesetzt aus Milliarden verschiedener Zellen. Die Medikamente, die wir bislang den Patienten bieten können, werden dieser Komplexität nicht gerecht, sie lassen die Wandlungsfähigkeit dieser Krankheit völlig außer Acht.« Daher müsse man maßgeschneiderte Medikamente schaffen, die zielgerichtet auf die individuelle Konstellation in jedem einzelnen Patienten wirken.

Personalisierte Medizin – darüber wird seit vielen Jahren gesprochen. Noch ist sie nicht in breitem Maßstab Wirklichkeit geworden. Das könnte sich bald ändern. Mehrere Faktoren treiben den Wandel voran. Die Teilentschlüsselung des Genoms von Menschen kostet heute schon weniger als 500 Euro und dauert nur wenige Tage. Bald sinken die Kosten unter 100 Euro, und die Dauer schmilzt auf wenige Stunden. Zum Vergleich: Die erste Sequenzierung des Genoms vor 20 Jahren hatte 3,2 Milliarden Dollar gekostet – rund ein Dollar pro Basenpaar – und mehr als zehn Jahre gedauert. Künftig lassen wir Genanalysen so schnell und preiswert anfertigen wie Blutbilder, bloß dass wir sie nur einmal im Leben benötigen. Ähnlich schnell und preiswert entschlüsseln wir die Daten von Krebszellen. Computer vergleichen die Datensätze mit riesigen Gendatenbanken. Sie finden massenhaft Referenz- und Vergleichsfälle. Ausgefeilte statistische Methoden rechnen aus, welches Molekül den unkontrolliert wachsenden Zellen am besten Einhalt gebieten kann. Produzieren lassen wir die Wirkstoffe in körpereigenen Zellen, indem wir sie wie bei Covid von außen per messenger-RNA programmieren.

Kühne Sprünge machen wir auch beim Beheben von Erbkrankheiten. Dazu gehören ebenfalls bestimmte Formen von Krebs. In zehn Jahren werden wir DNA innerhalb des Körpers reparieren können. Notabene: *BioNTech* forscht an messenger-RNA, also dem Transfermechanismus für genetische Informationen. Ebenso spektakulären Fortschritt gibt es aber auch beim Umgang mit DNA, also der eigentlichen Trägerin der Geninformation.

Zellen besitzen ein eigenes Immunsystem, das sie vor eindringenden Viren schützt. Seit Jahrmillionen stehen Viren und Einzeller miteinander auf Kriegsfuß. Es stellte sich heraus, dass Zellen nicht nur durch evolutionäre Zuchtwahl überleben, also durch die Kombination von Evolution und Selektion, sondern auch dadurch, dass sie eine aktive Gegenwehr aufbauen. Diese Gegenwehr besteht aus einem cleveren Gedächtnis für schädliche Moleküle. Dieses Gedächtnis nennt man CRISPR, eine Abkürzung für die sperrige Bezeichnung *Clustered Regularly Interspaced Short Palindromic Repeats*. Dringt ein Virus in die Zelle ein, liest die Zelle dessen Erbgut aus und speichert eindeutige Merkmale zur Wiedererkennung ab. Greift ein Virus gleichen Typs noch einmal an, dann fallen Kampfagenten der Zelle über ihn her und reißen ihn in Stücke.

Die größte Überraschung vor einigen Jahren war die Entdeckung spanischer Forscher, die Bakterien aus Salztümpeln untersuchten. Als Gedächtnis, Steuereinheit, Schnüffelhund, Zielmarkierer und Kampfaufsicht dient nicht etwa das zentrale Erbgut DNA, sondern der Mittlerstoff RNA, den man lange Zeit für einen tumben Boten gehalten hatte. Tumb – so stellte sich heraus – ist RNA aber ganz und gar nicht. Vielmehr handelt es sich um einen der geschicktesten Zellmechanismen, den Forscher in Lebewesen bislang überhaupt entdeckt haben.

Aufbauend auf diesen Ergebnissen, haben die US-Forscherin Jennifer Doudna und ihre französische Kollegin Emmanuelle Charpentier drei bemerkenswerte Durchbrüche geschafft, die ihnen 2020 den Nobelpreis für Chemie einbrachten. Es war das erste Mal, dass sich zwei Frauen allein einen naturwissenschaftlichen Nobelpreis teilten. Sie wiesen nach, dass CRISPR ein universeller Mechanismus ist, der in nahezu allen Zellen lebt und waltet. Sprich: Alle Zellen besitzen ein RNA-Gedächtnis für Angreifer und erweitern dieses Gedächtnis noch zu Lebzeiten permanent. Der Schutz gegen Angreifer wird also nicht nur von Generation zu Generation, sondern auch innerhalb einer Generation immer besser. Kurz gesagt: Wer lebt, der kann sich wehren.

Aus diesen Forschungen ergab sich die wichtigste Erkenntnis: CRISPR kann frei programmiert werden. Biologen und Pharmazeuten können dem Mechanismus jedes erdenkliche Ziel vorgeben. Entsprechend programmierte RNA beißt überall genau dort zu, wo sie zubeißen soll. Sie ist für Viren das, was eine hochgezüchtete, gut dressierte Bulldogge für Einbrecher ist.

Vor unseren Augen entsteht eine neue Sparte der Pharmazie mitsamt einer neuartigen Klasse von Medikamenten. Eine Vielzahl von Anwendungen zeichnet sich ab: die Heilung von Erbkrankheiten bei lebenden Menschen, die Behandlung von Erbkrankheiten noch in Embryonen sowie die Behandlung und eventuell die Heilung erbbedingter oder virusinduzierter Krankheiten wie Krebs, Chorea Huntington, Sichelzellenanämie oder HIV. Auch die Veränderung äußerlicher Merkmale könnte möglich sein. Vor Jahren ist es schon gelungen, die Fellfarbe von Mäusen zu modifizieren.

Besonders viele Hoffnungen weckt CRISPR beim Kampf gegen Krebs: Krebs entsteht, wenn Zellen sich krankhaft weiter vermehren und sich dabei vor dem Immunsystem verstecken. CRISPR könnte Immunzellen so verändern, dass sie den Krebszellen nicht mehr auf den Leim gehen. Von fahrlässigen Gendarmen könnten sich die Immunzellen zu hochpräzisen Scharfschützen weiterentwickeln. Die erste klinische Versuchsreihe für eine Krebsbehandlung mit CRISPR an Menschen wurde Anfang 2016 in den USA gestattet. In China kam es kurz darauf zu ersten Behandlungsversuchen an Lungenkrebspatienten.

Ein letzter atemberaubender Durchbruch soll noch erwähnt werden. Im Dezember 2021 kürte die (gemeinsam mit *Nature*) führende Wissenschaftszeitschrift *Science* den wichtigsten Forschungserfolg des Jahres. Die Wahl fiel auf die Entschlüsselung der dreidimensionalen Struktur von Proteinen durch künstliche Intelligenz. Was war geschehen? Ein halbes Jahr zuvor hatte die *Alphabet*-Tochter *DeepMind* – also eine Konzernschwester von *Google* – völlig überraschend angekündigt, die räumliche Gestalt Tausender Proteine allein aufgrund ihres Gencodes bestimmt zu haben. Das war eine der größten Sensationen, von denen man in der Biologie überhaupt träumen konnte. Bislang musste man Proteine mühsam in kristalline Form bringen, mit Röntgenstrahlen durchleuchten und dann anhand der zweidimensionalen Fotos die dreidimensionale Struktur erraten. Das kostete extrem viel Zeit, Geld und Nerven. Doch es gab keine Alternative. Ein halbes Jahrhundert träumten Biologen davon, die Gestalt von Eiweißen vorhersagen zu können, indem sie mit Hilfe der Gensequenz vorhersagten, an welcher Stelle sich der Strang von Bausteinen auffalten würde. Eine Information von unschätzbarem Wert, denn ihre Wirkung im Körper erlangen Proteine nur aufgrund ihrer räumlichen Struktur. Doch die

Rechenaufgabe erwies sich als so voluminös, dass selbst große Computer sie nicht lösen konnten.

DeepMind löste das Problem auf völlig neuartige Weise. Das Team, das früher mit AlphaGo den führenden Go-Weltmeister geschlagen hatte, brachte seinem neuen Programm AlphaFold nichts anderes bei als die Struktur bekannter Proteine sowie deren Gencode. Daraus errechnete AlphaFold im Hintergrund pfeilschnell Muster. Gab man eine neue Gensequenz ein, zu der man noch keine 3D-Struktur besaß, spuckte das Programm diese Struktur plötzlich mit hoher Präzision aus. Innerhalb weniger Monate holte AlphaFold so die Arbeit von Generationen Kristallografen ein. Für das Jahr 2022 oder 2023 rechnet man mit der Entschlüsselung aller Proteine in Lebewesen inklusive des Menschen, im Jahr darauf mit der Entschlüsselung aller theoretisch möglichen Proteine. Jahrzehntelange Arbeit wird plötzlich überflüssig. Auf einen Schlag kennen Computer bald alle Proteine, die mit den Bausteinen herstellbar sind, die es auf der Erde gibt.

Vor uns liegt eine Medizin der Zukunft, die Anlass zu bedeutenden Hoffnungen gibt. Wir lesen den Code des Lebens schnell und preiswert aus. Wir sagen Zellen, was sie herstellen sollen. Wir kennen jedes erdenkliche Protein. Wir verstehen und manipulieren die Weitergabe von Erbinformationen. Wir reparieren Erbkrankheiten. Wir produzieren individualisierte Medikamente, die der Krankheit eines einzelnen Menschen passgenau entgegenwirken. Wir rücken dem Herztod und dem Krebs endlich zu Leibe. Wir bekämpfen vermeidbare, ansteckbare Krankheiten in armen Ländern. Wir bäumen uns gegen viele Arten der Ungerechtigkeiten zwischen Arm und Reich auf. Wir ermöglichen jedem Menschen den Zugang zum bestmöglichen medizinischen Rat. All das führt dazu, dass ein Lebensalter von 120 Jahren für Kinder wahrscheinlich wird, die heute geboren werden. Dieses Szenario ist so wahrscheinlich geworden, dass wir jetzt schon mit der notwendigen Diskussion beginnen sollten, ob wir das wirklich wollen und wie wir den künftigen Fortschritt in produktive Bahnen lenken.

Bis hierher haben wir in diesem Buch vor allem über den Menschen gesprochen. Nun wird es Zeit, diesen Anthropozentrismus zu überwinden und Tiere in den Blick zu nehmen. Das ist bitter nötig. Sie sind bislang die bedauernswerten Opfer unserer Zivilisation. Mit Technologie können wir das ändern. Wir müssen aufhören, Tiere zu essen. Die gute Nachricht ist: Es gibt viel bessere und genauso schmackhafte Alternativen.

Ernährung:
Wie wir zum ersten Mal in der Geschichte Frieden mit den Tieren schließen können

Mit Produktion und Verzehr von tierischen Nahrungsmitteln richten wir unbeschreibliches Leid an. Die ethisch bedenklichen Folgen der Tierwirtschaft mögen lange unvermeidlich gewesen sein, doch nun können wir sie mit Hilfe von Technologie endlich überwinden. Wir werden Fleisch und Milch produzieren, die von tierischen Produkten nicht zu unterscheiden sind und können Tiere dabei erstmals von unserem Hunger verschonen.

> »Alle lebenden Kreaturen haben die gleiche Seele,
> auch wenn ihre Körper verschieden sind.«
> HIPPOKRATES VON KOS,
> GRIECHISCHER ARZT

> »Tiere sind die Hauptopfer der Geschichte, und die
> Behandlung domestizierter Tiere in industriellen Farmen
> ist vielleicht das größte Verbrechen der Geschichte.«
> YUVAL NOAH HARARI, ISRAELISCHER
> HISTORIKER UND AUTOR

Eine Gazelle streift durch die Savanne. Ihre Nase in die Luft erhoben, wittert sie misstrauisch in den Wind. Plötzlich springt eine Löwin von hinten auf sie zu und krallt sich in ihre Flanke. Die Gazelle schüttelt die Löwin ab und flüchtet nach vorn. Aus dem flachen Gras schießt von links eine zweite Löwin hervor. Mit einem Satz wirft sie die Gazelle zu Boden und vergräbt ihre Zähne

in ihren Hals. Das Tier zuckt. Die erste Löwin läuft heran und
reißt einen Brocken Fleisch aus dem Bauch der Gazelle. Einmal
hebt das Tier noch den Kopf. Dann erlahmt sein Widerstand, und
es sinkt tot ins Gras.

Diese Bilder liefen kürzlich in einer Naturdokumentation auf
dem Discovery Channel. »So heimtückisch kann die Tierwelt
sein«, sagte der Kommentator. »Die Löwinnen jagten im Rudel.
Der erste Angriff diente nur zum Schein. Er sollte die ahnungs-
lose Gazelle nur zur zweiten Löwin treiben, die versteckt im Gras
lauerte. Die Raubtiere zerfleischten ihr Opfer bei lebendigem
Leib. Sie warteten den Tod nicht ab.« Im Ton des Kommenta-
tors lag ein Vorwurf. Nur Tiere seien so heimtückisch und rücksichtslos. Meine zwölfjährige Tochter schüttelte sofort den Kopf:
»Wir Menschen sind nicht viel besser.« Die grausam ausgespielte
Überlegenheit gegenüber ihren Opfern, die der Kommentator
der Dokumentation den Löwinnen vorhielt, sah meine Tochter
genauso dem Umgang unserer Gesellschaft mit Tieren, die wir
zur Fleischproduktion halten. Wo immer es geht, vermeidet sie
den Verzehr von Fleisch.

In diesem Kapitel erlauben wir uns, von einer Welt zu träumen, in der meine Tochter mit ihren Bedenken angesichts unserer
Tierhaltung recht behält und Menschen keine Tiere mehr töten,
um mit ihnen ihren eigenen Bedarf an Nahrung zu decken, dabei
aber gleichzeitig auch nicht auf den Genuss saftiger Steaks, wür-
ziger Hamburger und zarter Hühnchencurrys verzichten müssen.
Neue Technologie wird es möglich machen, künstliches Fleisch
so zu produzieren, dass selbst Aficionados den Unterschied nicht
mehr bemerken. Das künstliche Fleisch wird besser schmecken
und preiswerter sein als das heutige Schnitzel. Erste Versuche zeigen bereits die Vorteile des künstlichen Fleischs. Es ist gesünder
und gibt bei seiner Produktion weniger klimaschädliche Gase ab.
Dabei ist das neue Fleisch nicht mal wirklich »künstlich«. Seine
Muskelfasern entsprechen genau dem Rinderfilet, das wir heute

essen. Nur dass diese Fasern nicht unter der Regie eines zentralen Nervensystems in einem lebenden Rind gewachsen sind, sondern völlig ohne neuronale Verknüpfung und Bewusstsein in einer Maschine entstanden, die nackte Muskelzellen durch Bewegung trainiert und zum Wachsen anregt.

Wir stehen vor dem Durchbruch in eine Welt, in der Vegetarier, Veganer und Fleischesser ihre Dispute beilegen können und Kinder nie wieder Ekel, Schuldgefühle und Scham verspüren, wenn sie zum ersten Mal verstehen, woher das Würstchen auf ihrem Teller kommt. Wir werden auf unser heutiges Leben zurückschauen wie auf ein dunkles Mittelalter der Barbarei, in der Ströme von Blut fließen mussten, um unseren Hunger nach Fleisch zu befriedigen. Heute können wir uns nicht mehr vorstellen, dass Kreuzigungen im Römischen Reich eine ganz alltägliche Form der Hinrichtung waren. Es erscheint uns heute zu Recht als grausamer, unzivilisierter Despotismus, dass Statthalter römischer Provinzen es normal fanden, den Besuch eines Kaisers durch das Aufstellen von Hunderten Kreuzen an der Hauptstraße zu ehren, sodass der hohe Gast durch ein Spalier sterbender Verbrecher und Dissidenten in die Stadt reiten konnte. Genauso absurd wird es unseren Kindern und Enkeln in 50 oder 100 Jahren vorkommen, dass wir einst riesige Herden leidensfähiger Tiere niedermetzelten, nur um uns an ihrem Fleisch zu weiden. Sie werden es für völligen Unsinn halten, dass wir ein totes, bewusstloses Nackensteak verzehrt haben, welches wir zuvor einem lebendigen, selbstbewussten Wesen entreißen mussten. Denn für den Geschmack kommt es ja nicht auf das frühere Bewusstsein unserer Speise an, und auch sonst nehmen wir jede Menge Lebensmittel zu uns, die nie zuvor irgendeine Form von Gefühl verspürt haben – Hafer, Hirse, Kartoffel, Apfel. Warum also ausgerechnet beim Fleisch darauf bestehen, dass die Nahrung einem Wesen entstammt, das Schmerz empfindet? Das ist doch widersinnig. Warum beim toten Fleisch den Umweg über ein lebendiges Wesen gehen, wenn man es genauso gut ohne das Leid der herkömmlichen Tierhaltung herstellen kann? So oder so ähnlich werden unsere Nachfahren über unsere heutige Nahrungsmittelproduktion urteilen. Vermutlich werden sie sich genauso vor Ekel und Abscheu schütteln, wenn sie eine Dokumentation über die Fleischproduktion des frühen 21. Jahrhunderts sehen, wie wir dies heute tun, wenn wir bei *ZDF-History* sehen, wie Hexen verbrannt, Verräter geblendet, Feinde geviertteilt, Schrumpfköpfe aufgespießt und Gegner skalpiert wurden.

Die Zukunft ist nicht fleischlos. Die Zukunft ist auch nicht tierlos. Die Zukunft ist nur tierfleischlos. Vor einigen Jahren stand diese Absicht vielleicht nur auf den Transparenten und in den Programmen von Tierschutzorganisationen und obskuren Splitterparteien. Heute hingegen ist das Ziel im Mainstream von Venture-Investoren, Start-up-Gründern und Forschungsabteilungen angekommen. Von den 519 Milliarden Dollar Wagniskapital, die bislang in den Sektor Foodtech investiert worden sind und die 7188 Firmen zugutekommen, floss ein wesentlicher Anteil in die Kategorie *Bio-engineered Food*. Die anderen Kategorien des Sektors befassen sich mit Produktion und Verbrauch, Entdeckung und Bewertung, Handel und Zustellung sowie mit neuen Lebensmittelmarken. Dort finden sich beispielsweise Sofortzusteller wie *Flink, Gorillas* und *Getir*. Viele dieser Dienste erleichtern unser Leben oder bringen neue Geschmacksrichtungen auf unsere Teller. Doch sie verändern nicht die Art und Weise, wie wir Lebensmittel produzieren und auf welcher Basis ihre Herstellung beruht. Wirkliche Life Changer, die echten Fortschritt im Sinne der Verminderung von Leid liefern, finden wir vor allem in der Kategorie der künstlich hergestellten Nahrungsmittel, des *Bio-engineered Food*. Der Name klingt wie ein Schreckgespenst der Grünen aus den Reagenzgläsern von Geningenieuren. Gemeint ist damit aber etwas anderes, nämlich der Ersatz tierischen Fleischs durch alternative Methoden. Schon heute ist der Markt für neuartige Lebensmittel weltweit 32 Milliarden Dollar groß. Bis 2026 soll er nach Schätzungen von *PitchBook* um 40 Prozent auf 46 Milliarden Dollar wachsen.

Der Hunger auf Lebensmittel, deren Produktion Tieren nicht schadet, befällt mehr und mehr Menschen in der Mitte der Gesellschaft. *Beyond Meat,* der börsennotierte amerikanische Hersteller pflanzlichen Fleischersatzes für Hamburger, kommt inzwischen auf fast eine halbe Milliarde Dollar Umsatz pro Jahr, sein Wettbewerber *Impossible Foods* auf das Dreifache. Viele Fleischfans halten die Produkte von *Beyond* und *Impossible* für einen schlechten Abklatsch der echten Ware. Für sie ist die kritische Qualitätsschwelle für einen Wechsel zum Pflanzenburger noch nicht überschritten. Mir persönlich schmecken *Beyond*-Burger inzwischen besser als Burger aus Rindfleisch. Doch die Geschmäcker gehen auseinander. Am Horizont aber sehen wir Ersatzprodukte, über deren Güte wir nicht mehr streiten müssen, weil sie selbst den kernigsten Grillkönigen besser schmecken werden als ein Tomahawk Steak. Dieser Wandel pressiert, denn so wie bisher können wir nicht weitermachen. Am besten erkennen wir die moralisch prekäre Lage, wenn wir die Welt für einen Moment durch die Augen unserer Kinder betrachten. Sie wachsen auf mit glücklichen Schäfchen und liebreizenden Kühen in Trickfilmen und mit Kuscheltieren neben ihrem Kopfkissen. Mit dem Einsetzen ihres kritischen Verstandes aber trifft die Wirklichkeit sie wie ein Schlag. Die vermenschlichten Comic-Kühe und Playmobil-Farmen ihrer Kinderjahre haben mit der Wirklichkeit nichts zu tun. Diesen Widerspruch aufzudecken, gehört zu den Enttäuschungen, mit denen das Erwachsenwerden beginnt.

Meine Tochter hat Bilder und Filme von engen Ställen und Schlachthöfen gesehen. Von Schweinen, die aus Stress und Lethargie gegenseitig ihre Wunden anknabbern und unter riesigen geschwollenen Geschwüren leiden. Von männlichen Küken, die achtlos in Schredder geworfen werden und von Lämmern, denen man mit Knüppeln den Schädel einschlägt. Im Strafgesetzbuch

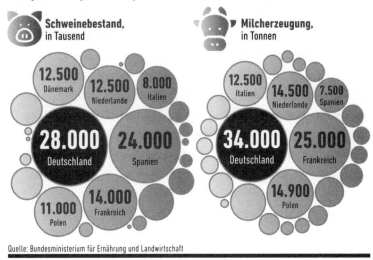

Die Debatte über den Schutz von Tieren wirkt sich bislang nicht merklich auf die Zahl der Lebewesen aus, die zwecks Schlachtung oder Milcherzeugung gehalten werden.

wird Mord folgendermaßen definiert: »Mörder ist, wer aus Mordlust, zur Befriedigung des Geschlechtstriebs, aus Habgier oder sonst aus niedrigen Beweggründen heimtückisch oder grausam oder mit gemeingefährlichen Mitteln oder um eine andere Straftat zu ermöglichen oder zu verdecken, einen Menschen tötet.« Würde man das vorletzte Wort gegen »ein Wirbeltier« oder »ein Tier« austauschen, hätten Staatsanwälte guten Grund, strafrechtlich gegen Züchter und Schlächter vorzugehen. Heimtücke und Grausamkeit sind bei der industrialisierten Tierhaltung allemal gegeben. Ob die Absicht, das Fleisch eines Tieres zu verkaufen, Habgier oder einen anderen niedrigen Beweggrund darstellt, ließe sich mit Fug und Recht diskutieren. Rechtlich zulässig ist unsere Praxis der Fleischproduktion heute nur, weil wir eine striktere

Grenze zwischen Menschen und andere Lebewesen ziehen, als die Natur selbst es tut. Die Natur kennt keine scharfen Linien für Bewusstsein, Schmerzempfinden und Leidensfähigkeit, sondern nur fließende Übergänge. Lange haben wir Menschen uns damit herausgeredet, dass Tiere nicht denken könnten. Doch das ist ein schwaches Argument. Erstens werden wir wohl niemals mit letzter Sicherheit beweisen können, ob Tiere denken können oder nicht. Und zweitens kommt es darauf gar nicht an. Tiere können leiden, selbst wenn es stimmen sollte, dass sie nicht denken. Leidensfähigkeit ist der einzige Umstand, auf den es Rücksicht zu nehmen gilt. Wer leiden kann, muss vor Leid geschützt werden. Mit unserer industriellen Tierzucht aber fügen wir Tieren Leid nicht nur im Moment der Schlachtung zu. Dies ließe sich vielleicht noch rechtfertigen, wenn es die völlig schmerzfreie und absolut überraschende Tötungsmethode abseits der Jagd im Wald oder auf freiem Feld denn jemals gäbe. In der Praxis ahnen Tiere im langen Aufmarsch zum Schafott des Schlachthofs vermutlich sehr wohl, was auf sie zukommt, und leiden unter Todesangst. Doch nur um den Moment der Schlachtung geht es nicht. Wir bereiten Tieren die Hölle auf Erden während ihrer gesamten Lebenszeit, von der Geburt bis zum Tod zu. Für die allermeisten Zuchtiere gibt es das ganze Leben lang keinen einzigen schönen Moment. Was Kühe oder Schweine mögen, sehen wir, wenn wir die wenigen glücklichen Exemplare auf der Weide beobachten. Sie stehen oder liegen mit ihren Artgenossen herum. Sie fressen, wühlen, schlafen, träumen, wandern, schmusen, kabbeln, knuffen oder raufen. Es sind soziale Wesen. Kaum jemals sieht man eine Kuh oder ein Schwein ganz für sich allein. Doch eng beieinander stehen Kühe auf der Weide trotzdem selten. Sie halten größeren sozialen Abstand voneinander als Menschen. In eine gemeinsame Richtung drehen sie sich so selten wie Menschen dies tun. Vielmehr wenden sie sich einander zu, weil sie sich gegenseitig sehen möchten und miteinander kommunizieren.

All dies nehmen wir den Tieren in unseren industriellen Ställen weg. Wir rauben ihnen alles, was ihr Leben lebenswert macht. Von dem, was sie lieben, bleibt nichts übrig außer dem Fressen. Dies gönnen wir ihnen nur deswegen, weil es das Einzige ist, was uns an ihnen interessiert. Wir möchten, dass sie schnell Gewicht zulegen, damit wir sie möglichst bald essen können. Beim Futter sparen wir an allen Ecken und Enden. Je billiger und nahrhafter, desto besser. Unter ihr Futter mischen wir zermahlene andere Tiere. So etwas würden Kühe nie anrühren, wenn sie es selbst entscheiden dürften.

Im Vergleich zum Verhalten der beiden Löwinnen gegenüber der Gazelle ist unser Benehmen gegenüber anderen Wirbeltieren nicht weniger hinterlistig, heimtückisch und grausam. Der Gazelle ergeht es sogar noch besser als unseren Nutztieren. Immerhin konnte sie ein Leben lang frei tun, was sie wollte, und im Moment des Todes stand ihr immerhin noch die minimale Chance zur Flucht frei. Auch wenn diese Chance nicht groß war, übertraf sie das Los unserer Kühe und Schweine. Deren Chancen, sich dem tödlichen Mahlstrom zu entziehen, liegt bei null. Das Pech der Kühe und Schweine ist, dass sie innerhalb der Klasse der Säugetiere nicht zur Gattung der Menschenaffen, sondern zur Gattung der »Eigentlichen Rinder« und der »Sus« gehören. Ende 2021 lebten in Deutschland elf Millionen Rinder, 23,6 Millionen Schweine und 92 Millionen Hühner. Von unseren drei wichtigsten Fleisch- und Milchlieferanten existieren in diesem Land also rund 126 Millionen Individuen, also 50 Prozent mehr als Menschen. Für jede Bürgerin und jeden Bürger stehen irgendwo anderthalb Tiere eingepfercht in einem Stall. Lange leben sie nicht. Bis auf die 3,9 Millionen Milchkühe erreicht kein Nutztier seinen ersten Geburtstag. Die meisten Kälber und Schweine werden im Alter von 22 Wochen geschlachtet, also nach weniger als einem halben Jahr. Menschenbabys lernen in diesem Alter gerade, sich in der Bauchlage mit den Händen aufzustützen. Hühner sterben sogar noch jünger. In der Kurzmast nach einem Monat und in der Freilandproduktion nach zwei Monaten. Dies hat zur Folge, dass die Zahl der jährlich geschlachteten Tiere viel höher ist als die Zahl der Tiere, die gerade heute in den Ställen steht. Pro Tag sterben bei uns mehr als zwei Millionen Tiere, darunter 1,7 Millionen Hühner, 151 000 Schweine und 94 000 Puten. Alle anderthalb Monate sterben bei uns etwa so viele Nutztiere, wie Menschen in Deutschland leben. Jährlich geraten 760 Millionen Tiere ans Messer, fast zehn pro Bürgerin und Bürger. »Der Marsch des menschlichen Fortschritts ist mit toten Tieren übersät«, schrieb Historiker Yuval Noah Harari in *The Guardian.* »Das Schicksal von Nutztieren ist eine der drängendsten ethischen Fragen unserer Zeit. Dutzende Milliarden fühlender Wesen, jedes mit komplexen Empfindungen und Emotionen, leben und sterben auf einer Produktionslinie.«

Würde man Kälbern und Hühnern ihr natürliches Leben lassen, betrüge ihre Lebenserwartung fünf bis zehn Jahre. Schweine werden sogar 15 bis 20 Jahre alt. Wir schlachten die Tiere also in ihrer frühen Jugend: Rinder nach einem Zehntel ihres natürlichen Lebens, Hühner und Schweine nach einem Dreißigstel. Übertragen auf die Dauer von Menschenleben bedeutet das: Rinder sterben als Drittklässler, Hühner und Schweine schon in der Krabbelgruppe. Pro Jahr verzehren wir Fleisch etwa in der Menge des eigenen Körpergewichts: 57 Kilogramm reines Fleisch, 84 Kilogramm, wenn man den Verbrauch von Tierfutter, die industrielle Verwertung und die Produktverluste mitrechnet. Das Lebendgewicht der Tiere, die für diese Fleischmengen starben, liegt sogar noch höher, da wir ihre Knochen und die meisten Innereien nicht mitessen. Unsere Gattung nimmt sich also die Freiheit heraus, unser eigenes Gewicht jedes Jahr mit den Filetstücken der Kinder einer anderen Gattung aufzuwiegen. Das klingt wie eine Verschwörungstheorie, ist aber leider wahr. Trotz aller Kampagnen für fleischfreie Ernährung bleibt der Fleischkonsum pro Kopf in Deutschland seit Jahrzehnten fast gleichbleibend stabil. Wir essen zwar etwas weniger Schweine und Rinder als früher, schlachten dafür aber jährlich Hühner mit einem Gesamtgewicht von 1800 Tonnen, doppelt so viel wie vor 20 Jahren.

Wie aber können wir das fortlaufende Massaker von Tieren überwinden? Start-ups greifen den Status quo an verschiedenen Stellen an. Vor allem geht es darum, alternative Proteine zu entwickeln. Das ist die Königsdisziplin der neuen Industrie. In nichts anderes fließen so viele Forschungsgelder und so viel Wagniskapital. Und das nicht erst seit gestern, sondern in einigen Teilbereichen schon seit Jahrzehnten. Bekannte Marken sind entstanden, die wir seit Jahr und Tag aus dem Supermarkt kennen. Weltweit operierende Lebensmittelkonzerne haben einige von ihnen aufgekauft und in ihre Sortimente eingegliedert. Andere Hersteller wie beispielsweise *Oatly* sind unter Eigenregie an die Börse gegangen. Dabei dreht sich alles um Proteine – also Eiweiße. Warum das so ist, erkennen wir, wenn wir das First Principle ausbuchstabieren. Wie immer bei First Principles klingen die Sätze sehr schlicht. Erstens: »Tiere haben ein eigenes Recht auf Schutz von Leben und Unversehrtheit.« Zweitens: »Menschen sollten Fleisch essen. Sie tun es gern und sind evolutionär darauf programmiert.« Beide Sätze stehen im Widerspruch zueinander, solange die Gleichung gilt: Alles Fleisch, das wir essen, kommt von Tieren. Der Widerspruch verschwindet jedoch, sobald wir eine andere Ableitung zulassen. Nicht alles Fleisch, das wir essen, kommt von Tieren. In diesem Fall kann der zweite Satz unseres First Principles erfüllt werden, ohne den ersten zu verletzen. Folglich geht es Life Changern darum, künstliches Fleisch zu erzeugen, dem man allerdings nicht anmerkt, dass es künstlich ist. Viele Forscher träumen davon, dass man eines Tages gar nicht mehr von »künstlichem Fleisch« sprechen muss, weil die Fleischfasern außerhalb der Körper von Tieren genauso natürlich heranwachsen wie in ihnen. Bestehen soll das neue Gewebe im besten Fall aus Komponenten, die exakt die gleiche Funktion erfüllen wie Komponenten innerhalb des

Körpers, die aber nicht aus Tieren gewonnen worden sind. Das ist ein wichtiger Unterschied, wie wir gleich sehen werden. Funktionsgleiche Komponenten sind etwas anderes als tierische Komponenten, so wie künstlicher Erdbeergeschmack etwas anderes ist als eine echte Erdbeere.

Menschen brauchen Energielieferanten, um zu überleben. Die wichtigsten darunter sind Kohlenhydrate. Sie sind eine der essentiellen Grundlagen des Lebens. Kohlenhydrate entstehen in Pflanzen. Das Licht der Sonne kombiniert mit Wasser und Zutaten aus Luft und Boden reicht aus, um Proteine zu synthetisieren. In der Fachsprache wird dieser Vorgang Photosynthese genannt. Diese Synthese erzeugt energiereiche Biomoleküle aus energieärmeren Stoffen. Farbstoffe wie Chlorophyll nehmen die Energie des Lichts in sich auf und verwandeln sie in chemische Energie. Kohlenhydrate sind ein Wunder. Auch wenn wir ihnen im Alltagsleben meist im Rahmen unserer Versuche begegnen, sie zu vermeiden, um nicht zu viel Gewicht zuzulegen, könnten wir ohne sie nicht leben. Ein Wunder sind sie deswegen, weil sie energiearme anorganische Stoffe wie Kohlenstoffdioxid und Wasser zu einer energiegeladenen organischen Einheit verbinden, auf die unser Körper sich hungrig stürzt und die ihn am Leben erhält.

Woher aber kommt die Energie, die in Kohlenhydraten gebunden ist? Aus der Sonne. Zwischen der Kernfusion im Inneren der Sonne und unserem eigenen Leben besteht ein einfacher Kausalzusammenhang. Er ist mit wenigen Sätze beschrieben: Die gewaltige Masse der Sonne drückt den Wasserstoff in ihrem Kern so dicht zusammen, dass seine Kerne zu Helium verschmelzen. Dabei wird Energie in Form von Hitze freigesetzt. Sie wandert vom Inneren der Sonne an die Oberfläche. Das dauert nicht weniger als 50 000 Jahre. An der glühenden Oberfläche angelangt, nimmt die Energie die Form elektromagnetischer Wellen an. Diese Wellen reisen innerhalb von acht Minuten zur Erde. Ein Teil von ihnen wird von der Atmosphäre und den Magnetfeldern des Planeten abgelenkt. Ein anderer Teil trifft auf spiegelnde Oberflächen wie Wasser und wird zurück ins All reflektiert, wo diese Wellen sich im Nichts verlaufen. Ein kleiner Teil trifft jedoch zu unserem Glück auf Chlorophylmoleküle in Weizen, Gerste, Hirse, Mais, Gras, Kartoffeln oder Kirschen, die sich in den Blättern dieser Gewächse finden. Dort geben die Wellen jene Energie wieder ab, die einst bei der Fusion zweier Wasserstoffatome im Sonnenkern entstanden ist. Kohlenstoffdioxid und Wasser nehmen die Energiespende dankbar an und vermählen sich zu Kohlenhydrat. Wie durch Zauberhand steckt in diesem Molekül plötzlich die Energie, die vorher einem Wasserstoffatom gehört hat und die es unter dem höllischen Druck der Sonne bei der Zwangsfusion mit einem Artgenossen verlor. Wenn Wasserstoffatome denken und fühlen könnten, würden sie sich vielleicht darüber freuen, dass ihre verlorene Energie eine neue Heimat in dem freundlichen Kohlenhydrat auf der Erde gefunden hat.

Wir Menschen können unser Leben nun ganz elegant und einfach damit erhalten, dass wir die Pflanzen essen, die das Kohlenhydrat erzeugt haben. Die Energie des verschmolzenen Wasserstoffatoms aus der Sonne landet so in unserem Körper und damit in einem hochkomplexen biologischen System. Nachdem wir sie aufgenommen haben, wandeln wir die Energie des Sonnenatoms in alle möglichen anderen Arten von Energie um und lassen sie so schlussendlich wieder ziehen. Nach dem Energieerhaltungssatz der Physik bleibt dabei die Menge der aufgenommenen und abgegebenen Energie immer exakt gleich. Das, was beim Prozess der Umformung dieser Energie geschieht, nennen wir *Leben*.

Nun hat es die Natur so eingerichtet, dass nicht nur wir Menschen die Kohlenhydrate aus der Photosynthese verzehren, sondern mit einigen Wettbewerbern darum konkurrieren. Zu diesen Wettbewerbern gehören Tiere. Die allermeisten dieser Wettbewerber, wie zum Beispiel Igel, Eichhörnchen, Koalabären, Schlangen, Küchenschaben oder Spinnen, finden wir entweder zu niedlich, zu unappetitlich, zu giftig oder zu geschmacklos, um sie anzuknabbern, doch im Falle von Rindern, Schweinen, Schafen, Hühnern, Puten und einigen anderen Kandidaten haben wir uns angewöhnt, ihre Kohlenhydrate einfach zu verspeisen. Energetisch betrachtet, schlägt die Kraft aus dem Sonnenatom damit einen äußerst ineffizienten Umweg ein. Sie schaltet eine Zwischenstufe ein, jedoch handelt es sich dabei um den unelegantesten, verschwenderischsten Umweg, den man sich bildlich vorstellen kann. Das ist so, als wollten wir von München nach Dachau, von Hamburg nach Wedel oder von Berlin nach Potsdam laufen, würden dabei aber einen kleinen Abstecher über Rom machen. Beim Weg durch das Tier verpulvert die Energie des Sonnenatoms fast alle Kraft, die ihm zu Gebote steht. Als wuchtiges Lebewesen verbraucht die Kuh oder das Schwein den größten Teil der Energiespende aus der Sonne schon allein durch Herumlaufen (sofern das im Stall überhaupt möglich ist), den Stoffwechsel, die Körpertemperatur und die Keilerei mit dem Nachbarn in der Nebenbox. Nur ein winziger Teil der ursprünglichen Kraft landet in den Energiespeichern des Fleischs.

Pflanzen sind hingegen in der Lage, Photosynthese zu betreiben, die kein einziges Tier beherrscht. Zur Photosynthese sind nur Pflanzen, Algen und manche Bakterien in der Lage. Wir Menschen können uns so lange in die Sonne legen, wie wir wollen, unsere Körper werden dabei kein einziges energiereiches Biomolekül herstellen. Wenn wir eine knackige Bratwurst essen, erfahren wir durch den Genuss zwar einen Lustgewinn, doch energetisch erleiden wir eine Komplettniederlage – fast so, als würden wir mitten im Winter die Heizung auf Vollgas stellen und alle Fenster stundenlang bis zum Anschlag aufreißen, um mal richtig gut durchzulüften. Viel klüger wäre es, dem Kohlenhydrat den Umweg durch die Kuh zu ersparen und das Molekül direkt aus der Sojabohne zu uns zu nehmen. Dies wäre ohne Frage die intelligentere Form des Energiemanagements. Doch dabei spielt die

Sinnesmechanik des evolutionär konditionierten Fleischfressers nicht mit, der wir als Mensch biologisch immer noch unterworfen sind. Beim Fleischgenuss nehmen wir im Übrigen nicht nur einen Bruchteil der Energie des Sonnenatoms in uns auf, sondern auch Eiweiße, die von den Kühen mit Hilfe der Kraft aus den Kohlenhydraten hergestellt worden sind. Doch diese Eiweiße können wir auch auf anderem Wege ohne die Tiere gewinnen, wie wir gleich noch sehen werden.

First-Principle-Denker folgern an dieser Stelle aufmerksam, dass es irgendwie gelingen muss, unseren animalischen Hunger auf Fleisch zu überlisten, um unseren Verstand zu einem Sieg über unsere primitiven Urgelüste zu verhelfen – nichts anderes ist ja die Kunst der logischen Deduktion. Also gilt es, die Fleischlust auszutricksen, indem wir ihr Pflanzen unterschieben, die nach Form, Funktion und Geschmack in rein gar nichts von echtem Tierfleisch zu unterscheiden sind. Damit ist die Auftragslage der Clean-Meat-Forscher klar beschrieben. Klar ist, dass diese Forscher Unheil vermeiden statt neues schaffen sollen. Also sind sie angehalten, ihr künstliches Fleisch aus nachhaltigen, tierfreien Komponenten herzustellen.

Ganz vorne mit bei der Suche nach nachhaltigen Komponenten für Clean Meat spielt die deutsche Firma *Merck* aus Darmstadt. Sie betreibt ein eigenes Innovationszentrum für Fleisch aus der Retorte. Bis zum April 2021 war Stefan Oschmann Vorsitzender der Geschäftsleitung des Konzerns. Etwa ein Jahr vor seiner Pensionierung besuchte er mich in unserem Berliner Podcaststudio. Wir waren verabredet, um ein Interview über die Digitalisierung des Konzerns aufzunehmen. Vor und nach dem Interview drehte sich unser Gespräch aber vor allem um künstliches Fleisch. Oschmann war leidenschaftlich bei der Sache: »Das Fleisch entsteht, ohne dass ein Tier dabei zu Schaden kommt. Man kann dem Fleisch Nährstoffe und Vitamine zumischen, die nicht im Fleisch der Rinder landen würden, selbst wenn man sie damit füttern würde. Man braucht keine Medikamente für Tiere mehr, also tauchen sie auch nicht mehr im Fleisch auf. Krankheiten gibt es nicht, Ansteckungen zwischen Tieren in den Ställen spielen keine Rolle mehr.« – »Wollen Sie denn auch selbst in die Fleischproduktion einsteigen?«, habe ich Oschmann damals gefragt. »Nein, sicher nicht«, antwortete er, »aber wir möchten ein weltweit führender Produzent für Maschinen und Komponenten sein, die man zur Produktion künstlichen Fleisches benötigt.«

Bei der Herstellung pflanzlicher Ernährung verfolgen Forscher drei verschiedene Ansätze, die heute unterschiedlich weit gediehen und erprobt sind. Dabei geht es nicht nur um Fleisch, sondern auch um Milchprodukte. Wir haben uns bis hier mit den Qualen von Kühen in der Milchproduktion noch nicht ausführlich beschäftigt und müssen es auch nicht tun. Mir persönlich wird aber immer ein Besuch auf einem Milchhof in Erinnerung bleiben, bei dem ich gelernt habe, wie viel Milch eine Kuh normalerweise gibt und vor allem wann sie es tut – im Vergleich mit den Akkordanforderungen an eine moderne Hochleistungskuh. Normalerweise spenden Kühe rund sechs Liter Milch am Tag, und zwar nur, nachdem sie ein Kalb zur Welt gebracht haben und es stillen. Dasselbe Prinzip wie beim Menschen also. Hochleistungskühe, wie ich sie auf dem Bauernhof in Niedersachsen gesehen habe, produzieren aber ganze 40 bis 60 Liter Milch pro Tag – also rund die zehnfache Menge –, und das fast rund ums Jahr, weil ihre Körper durch ständiges Melken im Glauben gehalten werden, Kälber stillen zu müssen. Das echte Kalb hingegen wird der Mutter schon nach der Geburt weggenommen und noch im Kindesalter getötet, um aus ihm Kalbsschnitzel zu produzieren, die in Panade frittiert und von Gurken- und Kartoffelsalat begleitet auf unseren Tellern landen. Einen brutaleren Eingriff in das natürliche Verhältnis von Mutter und Kind kann man sich kaum vorstellen. Aus der Kuhmilchwirtschaft auszusteigen, gilt vielen Kritikern daher als genauso wichtig wie die Schließung der Schlachthöfe.

Der erste der drei Ansätze, die Forscher und Produzenten verfolgen, befasst sich mit *pflanzenbasierten Proteinen*. Sie sind die Grundlage vegetarischer Lebensmittel, die Fleisch und Milchprodukte in Geschmack, Textur und Erscheinungsbild so gut wie möglich nachahmen. Mandelmilch oder Sojajoghurt von *Alpro* gehören beispielsweise dazu. Sie stehen in jedem Supermarkt. *Alpro* stammt aus Belgien, ist schon 42 Jahre alt und gehört mittlerweile zur französischen Nahrungsmittelgruppe *Danone*. Auch Burgerpads von *Garden Gourmet* gehören zu der genannten Warengruppe. *Garden Gourmet* ist eine Marke des Schweizer Lebensmittelkonzerns *Nestlé*. Überdies stellen *Alnatura* (gegründet 1984) und die börsennotierte Berliner Gruppe *Veganz* (2011) zahlreiche Lebensmittel auf Basis pflanzlicher Proteine her. Am fortgeschrittenen Alter der Firmen, an ihrer Notierung an der Börse oder an der Zugehörigkeit zu Großkonzernen erkennen wir schon, dass dieser Trend breit wurzelt und seinen Anfangsjahren längst entwachsen ist.

Der zweite Ansatz auf dem Weg zu alternativen Eiweißen ist weitaus jünger und moderner. Bei den *kultivierten Proteinen* geht es darum, Fleisch, Fisch, Milchprodukte und Eier in Laboren aus lebendigen Tierzellen zu züchten. Diese Zellen leben jedoch nicht im großen Zellverbund eines Körpers und sind auch nicht an ein zentrales Nervensystem angeschlossen. Sie fühlen nichts. Gewissermaßen entstehen sie in der Petrischale, bloß dass diese Petrischalen riesig sind und ganze Berge von Fleisch produzieren können. Weil der Fachbegriff *kultivierte Proteine* aber steril und reichlich unappetitlich klingt, hat die einschlägige Szene sich angewöhnt, von *Clean Meat* oder *Cultured Meat* zu sprechen. Wie ist Clean Meat aber biologisch überhaupt möglich? Die künstliche Erzeugung von Steaks ist komplizierter, als man denkt. Es reicht nicht, Fleischzellen zu klonen und sie mit Nährstoffen zu versorgen. Der Prozess beginnt damit, Stammzellen lebender Tiere in möglichst geringen Mengen zu entnehmen und sie anzu-

Rettung für Tiere naht aus dem Labor

Prognostizierte Entwicklung des weltweiten Markts für Fleisch in Milliarden US-Dollar in den Jahren 2025-2040. Der Gesamtmarkt wächst durchschnittlich mit drei Prozent pro Jahr

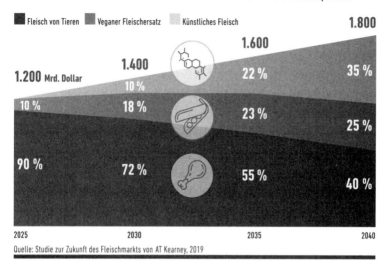

Quelle: Studie zur Zukunft des Fleischmarkts von AT Kearney, 2019

Während der Hunger nach Fleisch immer weiter zunimmt, sinkt der Anteil des Fleischs von Tieren auf 40 Prozent. Veganer Ersatz und künstliches Fleisch boomen.

züchten. Schon allein dieser Vorgang birgt viele Schwierigkeiten. Fleischloses Fleisch würde das Wohlergehen der Tiere nicht verbessern, wenn dafür erst einmal die Entnahme großer Mengen von Stammzellen nötig wäre. Also ist es das Ziel, einmal entnommene Stammzellen außerhalb des Körpers so oft wie möglich zu kopieren und einzusetzen. Ein eigenes Forschungs- und Gründungsgebiet beschäftigt sich allein mit dieser Aufgabe.

Weiter geht es auf der Problemliste der Forscher mit dem sogenannten *Fetal Bovine Serum* (Fötales Rinderserum, FBS). Diese Flüssigkeit ist so gut wie keine andere geeignet, Stammzellen zum Wachstum anzuregen. Sie enthält Nähr- und Botenstoffe, unter deren Einfluss Stammzellen blühen und gedeihen. Die Probleme dabei sind aber die Herkunft und Gewinnungsart von FBS. Wie der Name schon andeutet, handelt es sich – was jetzt kommt, ist nichts für schwache Nerven – um Blut, das Rinderföten entnommen wurde. Man quält die Tiere also mit einer Blutentnahme noch vor der Geburt. Streng genommen handelt es sich nicht um das Blut, sondern um flüssiges Serum, das übrig bleibt, sobald das Blut geronnen ist. So hilfreich FBS bei der Zellzucht auch sein mag, so dringend muss ein Ersatzstoff dafür gefunden werden. Einerseits, weil künstliches Fleisch Tierleid ja verringern und nicht vermehren soll. Andererseits aber auch, weil FBS teuer ist und niemals in den rauen Mengen gewonnen werden könnte, die man benötigt, um Schlachthöfe durch die Produktion künstlichen Fleischs überflüssig zu machen. Gesucht wird also ein geeigneter Ersatz für FBS, der nicht von Tieren stammt. Bei dieser Suche haben Forscher in den vergangenen Jahren große Fortschritte gemacht.

Somit liegt es vor allem an den Herstellern der benötigten Komponenten, ob sich Clean Meat jemals durchsetzen kann. Es gibt beträchtliche Probleme zu lösen. Eines der wichtigsten davon sind die hohen Kosten. Dabei spielen die sogenannten Zellkulturmedien eine entscheidende Rolle, von denen die Zellen in eine räumliche Struktur eingebettet und gefüttert werden. 50 bis 80 Prozent der Kosten für die Produktion künstlichen Fleisches fallen allein für diese Zellkulturmedien an. Damit Laborfleisch auch nur in annähernd den Mengen produziert werden kann, die ein traditioneller Schlachthof liefert, müssen diese Kosten drastisch fallen. Clean Meat benötigt nach heutigem Stand acht solcher zentralen Komponenten. Ihre durchschnittlichen Kosten belaufen sich heute auf 376 Dollar pro Liter. Um einen typischen Bioreaktor mit einem Volumen von 20 000 Litern zu füllen, würden Kosten von 7,5 Millionen Dollar anfallen. Der Kilopreis für das resultierende Fleisch wäre damit absurd hoch. Allenfalls wohlhabende Stop-Eating-Animals-Missionare könnten es sich leisten. Der Rest der Menschheit würde nach wie vor das überall verfügbare Billigfleisch aus der Massentierhaltung kaufen. Doch die Forscher bei

246

Merck sind optimistisch. Auf der Future-Food-Tech-Konferenz im März 2021 in San Francisco stellten viele Teams neue Ingredienzen und Verfahren vor, wie die acht kritischen Komponenten sparsamer eingesetzt, billiger produziert und effizienter verwendet werden können. Timothy Olsen und Aletta Schnitzler von *Merck,* damals beide in der Clean-Meat-Sparte des Konzerns tätig, sprachen von »kleinen, aber stetigen Schritten nach vorn«. Jetzt gehe es vor allem darum, »die Kosten der Komponenten zu senken, ohne ihre Wirksamkeit zu verringern«, sagte Aletta Schnitzler.

Neben den passenden Biokomponenten kommt es beim Züchten von Fleisch darauf an, die richtige Textur und Bissfestigkeit zu produzieren. Wie echtes Fleisch soll das künstliche Filet von etwas Fett und kleinen Äderchen durchzogen sein. Es darf nicht nach einer Art Gelee aussehen, so wie es Prototypen aus der Forschung lange taten. Fett und Äderchen stellen Forscher jedoch vor vertrackte Probleme. Als besonders kompliziert erweist es sich, das Fett fein durch das Fleisch hindurchwandern zu lassen, es also zu marmorieren. Deswegen ist es so wichtig, die Zucht mit Stammzellen zu beginnen. Sie können sich in fast alle anderen Arten von Zellen entwickeln. Damit sie die richtige Mischung aus Fett, Äderchen und Fleisch ergeben, müssen sie sich an der richtigen Stelle zur richtigen Zeit in ihre jeweilige Endform hineinentwickeln. »Eigenschaften exprimieren«, nennen Biologen diesen Vorgang. Das richtige Schnipsel der DNA kommt an der richtigen Stelle zum Tragen. Hier verwandelt sich die Stammzelle in Fleisch, dort in Fett, da drüben in Bindegewebe und daneben in Äderchen. So einfach das klingt, so schwierig ist es bei der künstlichen Zucht zu erreichen.

Noch eine andere Komplexität kommt hinzu. Das meiste Fleisch lebender Tiere, das wir verzehren, ist Muskelfleisch. Unverzichtbarer Faktor beim Wachsen von Muskeln ist aber Bewegung. Wer rastet, der rostet – das alte Sprichwort ist zutreffender, als es klingt. Nach einer Operation im Krankenhaus merken wir, wie schnell Muskelmasse verschwindet. Schon eine Woche auf dem Rücken führt zu so viel Verlust und Schwächung, dass man nach der Entlassung aus der Station lange benötigt, um sich die alte Kraft und Muskelmasse wieder anzutrainieren. Wer einen Arm oder ein Bein sogar für sechs Wochen in Gips getragen hat, sieht nach Abnahme des Verbands mit bloßem Auge, um wie viel dünner das kranke Glied gegenüber dem gesunden geworden ist. Diesen Effekt, den Bewegung im negativen wie im positiven Sinne auf Muskeln hat, machen sich die Produzenten künstlichen Fleischs zunutze. Sie setzen Bewegung ein, um Muskelzellen zum Wachstum anzuregen. Würden sie die Zellen einfach nur füttern und ansonsten in Ruhe lassen, entstünde lediglich ein mickriger, unappetitlicher Haufen. Genießbares Fleisch entsteht erst dann, wenn man die Zellen herausfordert. Sie müssen arbeiten. Man zieht sie in die Länge, sodass sie sich danach wie in einem echten Muskel kontrahieren müssen. Die Petrischale einfach nur grob durchzuschütteln, reicht dabei nicht aus. Jede einzelne Zelle braucht ihr Training. Zahlreiche Firmen – Start-ups wie Konzerne – arbeiten an der Verfeinerung ebendieser Technik.

Der dritte Ansatz neben *pflanzenbasierten Proteinen* und *kultivierten Proteinen* befasst sich mit *fermentierten Proteinen*. Eine der bekanntesten Pioniere auf diesem Gebiet ist das Start-up *Perfect Day* aus dem kalifornischen Emeryville in der Nähe von Berkeley, an der Bucht auf der gegenüberliegenden Seite von San Francisco. Das Unternehmen hat über 700 Millionen Dollar Wagniskapital eingesammelt und ist Investoren rund 1,5 Millionen Dollar wert. Ich persönlich finde einen der Werbeslogans der Firma klug: »We aim to make humankind more human and more kind« – ein Wortspiel, das mit der Doppelbedeutung des Begriffs »kind« arbeitet, nämlich »Art« und »freundlich, milde«. Genau darum geht es: Die Menschheit menschlicher und milder gegenüber anderen Tieren auftreten zu lassen. Ein anderer Spruch des Unternehmens fasst in einer einzigen kurzen Aussage perfekt zusammen, worum es beim Ansatz der Fermentierung geht: »Andere Proteine stammen von Kühen, unsere Proteine stammen von Mikroflora. Wir produzieren Milch, die Kuhmilch nicht nur ähnelt, sondern identisch mit ihr ist.«

Was aber meinen die Leute von *Perfect Day* damit? Ihrem Unternehmen liegt wie allen Produkten ihrer Wettbewerber eine einfache Beobachtung zugrunde. Mitnichten ist es die Kuh, die Milch produziert. In Wahrheit sind es die Bakterien in den Kühen, die diese Aufgabe erledigen. Die Kuh liefert lediglich die Plattform, auf der diese Bakterien arbeiten. Genauso sind es nicht wir Menschen, die unsere Nahrung verdauen, sondern die Milliarden von Bakterien in unseren Gedärmen, die in der Summe rund zwei Kilogramm unseres Körpergewichts ausmachen. *Perfect-Day*-Gründer Ryan Pandya, ein gelernter Biochemiker, befreit diese Bakterien aus den Körpern der Kühe und lässt sie ihr Werk in großen Tanks verrichten. Was dabei entsteht, ist nicht *wie* Milch, es *ist* Milch. Diese Technik könnte die Lösung sein, die Milchkühe aus ihrer Akkordqual befreit. Mir persönlich schmeckt Sojajoghurt besser als Milchjoghurt, aber ich würde niemals in Abrede stellen, dass er völlig anders mundet. So erfolgreich *Alpro* und seine Mitstreiter inzwischen auch sind, so schwer werden es pflanzliche Milch und Milchprodukte gegen Kuhmilch immer noch haben, wenn sie den Geschmack nicht genau treffen. Und genau das dürfte wegen des Eigengeschmacks von Soja, Hafer, Mandel oder Reis – den wichtigsten Lieferanten pflanzlicher Milch – weitgehend unmöglich sein. Fermentierung, gesehen als die Befreiung der Mikroben aus der Kuh und der Kuh von ihrer Reduzierung als Plattform für Mikroben, hat somit die besten Aussichten auf eine Revolution der Milchindustrie.

Vor einigen Jahren legten Bauern, die aus dem ganzen Land nach Berlin gekommen waren, die Hauptstadt mit endlosen Kolonnen von Treckern lahm. Sie demonstrierten gegen eine neue Gülleverordnung. Dabei entdeckten sie, dass Sternfahrten mit Traktoren die wohl beste Strategie sind, einer Großstadt den Verkehrskollaps zu verschaffen. Weil die Kolonnen aus allen Richtungen auf das Kanzleramt zuhielten, gerieten Autos zwischen ihnen unfreiwillig in Gefangenschaft. So geschah es auch mir. Ich hatte somit drei Stunden lang Zeit, den wütenden Bauern zuzuschauen und mit ihnen zu reden, bevor ich meine Fahrt fortsetzen konnte. Mit Plakaten an ihren Stoßdämpfern forderten sie das Recht, den Boden weiter mit Gülle tränken zu dürfen, die unweigerlich zum Grundwasser vordringt und es verschmutzt. Ich konnte die wirtschaftliche Not der Bauern gut verstehen. Vielen stand das Wasser bis zum Hals. Betriebswirtschaftlich gedacht, konnten sie auf meine Sympathie zählen. Doch mehr als offenkundig war an diesem Tag auch, dass die Bauern mit ihrem Aufmarsch Zeugnis von ihrer eigenen Gefangenschaft in einem überholten System ablegten. Denn unsere Landwirte sind gekettet an eine frühzeitliche und zunehmend absurde Wertschöpfungskette, die mit fortschreitender Technologie immer hinfälliger und altmodischer wird. Besonders deutlich wird das in der Viehlandwirtschaft. Die Bauern demonstrieren für das umfangreiche Düngen mit Gülle, weil ihr Boden viel Dünger braucht, um noch mehr Pflanzen mit noch mehr Chlorophyll auszutreiben. Mit diesem Chlorophyll können noch mehr Energiequanten aus dem Sonnenkern zu noch mehr Kohlenhydraten synthetisiert werden, nur um diese mühsam gewonnene Energie dann in der Mikrobenplattform Kuh zu verschleudern. Die Kuh wiederum muss unter Schmerzen Milch geben – die wir auch außerhalb ihres Euters fermentieren könnten – und Kinder gebären, die wir bald nach der Geburt per Bolzenschuss ins Gehirn töten, nur um an ihre Muskelzellen zu kommen – die wir ebenso gut außerhalb ihres Körpers züchten könnten.

Dieses System ist mindestens so ineffektiv und unhaltbar wie die heutige Benzin-, Diesel- und Kerosinwirtschaft, die wir im Kapitel über Energie beschrieben haben. Nicht der Landwirt oder sein Bauernhof sind altmodisch oder überflüssig, sondern die Methode, mit der er den Transfer von Sonnenenergie in den menschlichen Körper organisiert, ist es. Bauern haben eine glänzende Zukunft. Da nur Pflanzen und Algen die Photosynthese beherrschen und sie daher neben einigen wenigen Bakterien die einzigen uns bekannten Produzenten von Kohlenhydraten sind, wird das Geschäft mit Aufzucht und Hege von Kohlenhydraten und Proteinen einträglich sein, solange es Menschen gibt. Eine krisensicherere Branche ist kaum vorstellbar. Wenn auf diesem Planeten irgendwann wirklich einmal jemand das Licht ausmacht, ist es, anders als viele glauben, nicht der Anwalt, sondern der Bauer. Nur werden Bauern über die Zeit ihr Geschäftsmodell verändern müssen. Sie sind entgegen ihrer eigenen Vorstellung gar nicht im Milch- oder Fleischgeschäft tätig, sondern in der Photosynthese und im Fortleitungsgewerbe von Fusionsenergie aus Wasserstoffatomen in der Sonne. Und diese Branchen sterben niemals aus. Wir brauchen Landwirte, um diese wichtigen Aufgaben zu erfüllen, und sollten ihnen helfen, ihre Betriebe behutsam, aber entschlossen in diese Richtung zu entwickeln.

Vor uns liegt eine Zeit, in der wir Frieden mit den Tieren schließen werden. Damit schließen wir dann auch Frieden mit unserer eigenen Seele. Wie können wir es heute nur ertragen, unseren geliebten und etwas verhätschelten Bernhardiner für Tausende von Euro zur Krebstherapie beim Veterinär zu bringen, während wir gleichzeitig dem Massenmord an zehn Tieren pro Kopf und Jahr in den Schlachthöfen zuschauen? Das ergibt keinen Sinn. Doch das ändert sich: In den kommenden Jahrzehnten hören wir damit auf, Tiere auf ihre Muskelzellen und Mikroben zu reduzieren. Wir züchten das, was wir brauchen und gern essen, in neuartigen Fabriken. Die Tiere lassen wir in Ruhe auf der Weide spielen, träumen und herumtollen. Technologie, die wir heute entwickeln, wird diese Vision wahr werden lassen. Sie wird uns helfen, nicht länger dem gefährlichen biblischen Satz aus Genesis

1,28 nachzuhängen: »Macht euch die Erde untertan und herrschet über die Fische des Meeres, die Vögel des Himmels, über das Vieh und alles Getier.« Denn dieser Satz ist Unsinn. Wir sind nicht die Herren der Welt, und Tiere sind nicht unsere Untertanen. Es sind unsere Brüder und Schwestern, und mit ihnen teilen wir das eigentümliche Schicksal, in einem ziemlich kalten und leeren Universum weit und breit die einzigen Lebewesen zu sein.

Man muss dieses Leben nicht für heilig halten, wenn man nicht an Gott glaubt. Man kann auch ohne Gott Respekt vor der Komplexität und Verletzlichkeit des Lebens haben und ganz besonderen Respekt vor der Leidensfähigkeit von Lebewesen mit einem zentralen Nervensystem. Technologie gibt uns zum ersten Mal in der Menschheitsgeschichte die Möglichkeit, den alttestamentarischen Aberglauben des Buches Genesis zu überwinden und die Erkenntnisse der Evolutionsbiologie in das praktisch-sittliche Handeln der Ernährungswirtschaft zu übersetzen. Unsere Brüder und Schwestern auf dem Stammbaum des Lebens verdienen den gleichen Respekt vor ihrer körperlichen Existenz wie wir selbst. Der Fortschritt in der Biologie ermöglicht dem Homo sapiens zum ersten Mal seit seinem Erscheinen, Frieden mit anderen Arten zu schließen. So gesehen, handelt es sich bei den Life Changern der Ernährung in Wahrheit auch um History Changer. Wir sind die erste Generation, die Tiere in die Freiheit entlassen kann. Diese Chance sollten wir nutzen.

Das größte Verbrechen, das wir begehen, sagt Yuval Noah Harari in dem Zitat, das ich diesem Kapitel vorangestellt habe, begehen wir an Tieren. Technologie macht es endlich möglich, dieses Verbrechen dauerhaft zu beenden. »Alle Menschen werden Brüder«, heißt es in der Europahymne nach Schiller und Beethoven. Nicht nur alle Menschen, möchten wir hoffen, sondern alle Menschen und Tiere.

Bildung, Gesellschaft und Staat: Wie Despoten das offene Netz missbrauchen und wir ihnen Einhalt gebieten können

Weil das Internet allen offensteht, kann es auch von jedem missbraucht werden. Demokratien sind auf dem Rückzug, Autokraten auf dem Vormarsch. Daran trägt auch die Kommunikationstechnologie eine Teilschuld, deren Weiterentwicklung die Gefahr künftig noch steigern wird. Sie können wir am besten bekämpfen, indem wir ein Netz bauen, das weder manipuliert noch abgeschaltet werden kann.

> »Bloß jene Herrschaft ist von Bestand,
> die freiwillig zugestanden wird.«
> NICCOLÒ MACHIAVELLI,
> MACHTTHEORETIKER

Sobald wir einen Zwischenbefund für die Welt schreiben, die gerade an der Schwelle nie gekannter Innovationen und Fortschritte steht, stoßen wir auf ein seltsames Paradoxon. Obwohl wir den Globus mit einem Netz aus Satelliten überziehen und jedes Ding mit jedem anderen verbinden – die Menschen untereinander ebenso –, einem freien Austausch von Daten und Ansichten also dank bislang unerreichter Infrastruktur nichts mehr im Wege steht, entscheiden immer mehr Staaten sich dafür, diesem internationalen, allumfassenden Dialog nicht beiwohnen zu wollen. Nicht nur gefühlt schalten immer mehr Gesellschaften von offenen auf geschlossene Modelle um. Die britische Zeitschrift *Economist* misst den Grad der Demokratie einmal jährlich mit einem eigenen Index. Nach der jüngsten Erhebung dieses Demokratieindex lebten im Jahr 2021 etwa 45,7 Prozent der Weltbevölkerung in einer Demokratie, 37,1 Prozent hingegen in einer Diktatur. Der *Economist* schlüsselt diese Zahlen sogar noch etwas genauer auf. In vollständigen Demokratien leben nur rund 6 Prozent der Weltbevölkerung, in unvollständigen Demokratien (*flawed democracies*), in denen es durchaus zu Einschränkungen etwa der Pressefreiheit oder zur Unterdrückung politischer Oppositionen kommt, rund 40 Prozent, in Hybridregimen, die beispielsweise zwar Wahlen abhalten, diese aber manipulieren und kontrollieren, 15 Prozent und in offen autoritären Regimen etwa 35 Prozent. Überall auf der Welt ist die Demokratie auf dem Rückmarsch. So lebten vor 15 Jahren prozentual fast dreimal so viele Menschen wie heute in vollständigen Demokratien. Immer mehr Länder rutschen in die Kategorie der unvollständigen Demokratien und der autoritären Regime ab.

Diese Entwicklung sticht ins Auge, da sie zeitlich zusammenfällt mit der Ausbreitung des Internet. Doch Koinzidenzen sind bekanntlich keine Kausalitäten. Deswegen sollten wir uns hüten, allein aus der Vernetzung der Welt leichtfertig ihre schleichende Entdemokratisierung abzuleiten. Manche Einschnitte in unsere Freiheit mussten wir im Zuge der Maßnahmen gegen Covid hinnehmen. So betitelte der *Economist* seinen Jahresbericht für 2020 mit den Worten: »Global democracy has a very bad year – The pandemic caused an unprecedented rollback of democratic freedoms« (»Weltweit erlebt die Demokratie ein sehr schlechtes Jahr – Die Pandemie hat zu einer nie da gewesenen Einschränkung demokratischer Freiheiten geführt«). Dennoch lohnt sich die Frage, ob nicht gerade die fortschreitende digitale Kommunikation Autokraten Vorschub leistet. Ohne Frage missbrauchen Diktatoren das Netz für Manipulation und Propaganda. Russlands Staatspräsident Wladimir Wladimirowitsch Putin etwa hat das freie Netz zu seinem Feind erklärt und zugleich die nahezu uneingeschränkten Kommunikationsmöglichkeiten in ihm in eine Waffe verwandelt. Im amerikanischen Sprachgebrauch gibt es für das, was Putin tut, einen guten Ausdruck. Er verwandelt das Wort »Weapon« (Waffe) in ein Verb: »He weaponized the internet«, sagte mir ein Freund aus Washington kürzlich. Putins Hacker rückten der Ukraine zeitgleich mit den Panzern und Bombern zu Leibe. Oft kamen sie ihnen sogar zuvor, um Infrastrukturen des Gegners schon im Vorhinein zu schwächen. Krieg wird gegen die Glaubwürdigkeit des Gegners ebenso unerbittlich geführt wie gegen seine Soldaten. Chinas Propagandamaschine steht Russland dabei in nichts nach, auch wenn China bislang noch keine militärische Aggression an den Tag legt.

Trotzdem liegt das Problem noch tiefer, als es zunächst den Anschein hat. Machtstrukturen demokratischer Staaten bieten den entscheidenden Vorteil, dass sie jedem wahlberechtigten Bürger ermöglichen, an ihnen teilzuhaben und sie so auch zu beeinflussen. Damit stehen sie aber zugleich jedem Verfassungsfeind offen, der nach dem Umsturz der demokratischen Ordnung trachtet. Spätestens nach seinem gescheiterten Putsch in München hatte Hitler verstanden, dass kein Weg schneller und sicherer an die Macht führt als vorgeschützte Legalität. Bewaffnete Aufstände sind etwas für ungehobelte Raufbolde. Der Revolutionär von Welt kommt über den roten Teppich durch den Vordereingang. Auch fast jeder heutige Diktator und Autokrat versteht, dass es immense Vorteile mit sich bringt, den Anschein von Demokratie zu wahren, um die Demokratie zu Grabe zu tragen. Es verhält sich ähnlich wie mit einem gekidnappten Flugzeug. Eine Verkehrsmaschine entführt man auch nicht, indem man sich in den Gepäckraum schleicht, dort die Kabel anzapft und eine heimliche zweite Steuerzentrale errichtet. Man entführt ein Flugzeug, indem man das Cockpit erstürmt, den Piloten zur Seite stößt und beherzt ins Ruder greift. Alternativ arbeitet man mit einem Marionettenregime, indem man den Piloten mit gezückter Waffe zum Ausführen der eigenen Lenkbefehle zwingt.

Im Zeitalter der Digitalisierung setzen Autokraten die Mittel der modernen Kommunikation sehr unterschiedlich ein – sauber getrennt nach den Phasen des Aufstiegs, der Machtergreifung, der Konsolidierung und der absoluten Kontrolle. Während des Aufstiegs stehen sie im Wettbewerb mit anderen Bewerbern um die Macht und nehmen mehr oder minder aufgeschlossen am öffentlichen Diskurs teil. Im Moment der Machtergreifung erreicht ihr Kommunikationsinteresse ein Maximum, da sie sich und ihre Absichten erklären möchten. Allerdings schalten sie an dieser Stelle schon von Dialog auf Monolog um. In der Phase der Konsolidierung geht es darum, Dissidenten in den Netzen zum Schweigen zu bringen. Das Netz bleibt intakt, doch die Dissidenten verschwinden in Kerkern, Arbeitslagern, im Exil oder auf dem Friedhof. Während der letzten Phase – der absoluten Kontrolle – geht es dann darum, die Infrastruktur als solche zu zerstören. Nichts schützt wirksamer vor Dissidenten als das Kappen aller Leitungen. Was China als sein Internet bezeichnet, hat mit dem Internet, das wir kennen, nicht mehr viel zu tun. Die ersten beiden Silben »Inter« stehen auf Latein für »zwischen«, also für den Austausch zwischen Netzknoten. Ein national isoliertes Netz mit hyperaktivem Zensurfilter wie in China schaltet die Aktivität zwischen unabhängigen Zellen jedoch ab. Chinas »Net« ist fraglos ein Netz, ein Internet aber ist es schon lange nicht mehr.

Dennoch bietet uns die Entwicklung der Technologie Anlass zu Optimismus und Zuversicht. Denn die Technik der Zukunft wird so hartnäckig in jede Gesellschaft einsickern wie Wasser ins Blumenbeet. Gegen mehrere Hundert Millionen Kommunikationssatelliten im Weltall fällt Zensur zunehmend schwerer. Heute lassen sich Kabel und Funkmasten noch leicht kappen. Doch in Zukunft? Über ein riesiges Land wie Russland mit seinen elf Zeitzonen eine unsichtbare Kuppel aus undurchdringlichen Störsignalen zu stülpen, dürfte sich als ausgesprochen schwierig erweisen. Von Moskau nach Paris zu kommen, kann man einem unliebsamen Kritiker recht einfach verwehren, doch der Satellit, der seine Botschaft ins Ausland überträgt, fliegt tiefer über Moskau, als Sankt Petersburg von der Hauptstadt entfernt ist, und kommuniziert sie in Sekundenbruchteilen. Einen einzelnen Satelliten oder eine einzelne Konstellation kann man mit Weltraumminen vielleicht zerstören. Russland besitzt diese Technik schon. Doch einen ganzen Himmel voller Millionen Satelliten räumt man nicht so einfach ab. Ein konkretes Beispiel lieferte Elon Musks Netzwerk der *Starlink*-Satelliten in den Tagen nach der russischen Invasion. Per Knopfdruck schaltete Musk das Netz für die Ukraine frei, was bis zu diesem Zeitpunkt noch nicht geschehen war. Zugleich ließ er Empfangsantennen in das Land liefern. Mit Hilfe dieser Technik bleiben Regierungsstellen und Unternehmen mit dem Netz verbunden, obwohl die russische Armee Funkmasten, Netzknoten und Serverfarmen zerstörte, ganz zu schweigen von den Wohnblocks, Krankenhäusern, Theatern und Schulen.

So gesehen dürfen wir die Kommunikationstechnik der Zukunft auch als Hilfsmittel der Demokratie begreifen. In der Phase des Aufstiegs werden Autokraten in spe sie für Desinformation und Propaganda missbrauchen. Da kann sie ihnen noch nützlich sein. Doch in der Phase absoluter Macht wird sich der Satellitenschwarm im Orbit als schwer überwindbare Hürde bei dem Versuch erweisen, ein ganzes Land von der Kommunikation mit der Außenwelt abzuschneiden.

Autokraten greifen immer zuerst das an, was ihnen am gefährlichsten erscheint. Bezeichnenderweise fällt diese Wahl sehr oft auf Einrichtungen der Kommunikation. Beim gescheiterten Putsch des 20. Juli 1944 sanken die Hoffnungen der Stauffenberg-Anhänger, als sie den Kampf um die Kontrolle des Reichsradiosenders in der Berliner Masurenallee verloren. Als Putin in der Ukraine einmarschierte, bombardierte er zunächst Schaltstellen des Militärs, Telefonzentralen und Funkmasten. Seinen Gegner degradiert man am besten vom Staatspräsidenten zum vermeintlichen Aufständischen, indem man ihm Telefon, Lagezentrum, Fernsehen, Radio, Internet und Pressekonferenz abschaltet. Dann kann er toben, wie er möchte, niemand wird ihn hören. Zum Glück ist das Putin im Fall der Ukraine vorerst nicht gelungen. Eindrücklich zeigte Präsident Wolodymyr Selenskyj nach Beginn von Putins Angriffskrieg wie wirksam und damit bedrohlich für Diktatoren digitale Kommunikation sein kann, indem er sich via *Twitter* und *Facebook* regelmäßig aus der umkämpften Hauptstadt Kiew direkt an das ukrainische, das weißrussische und auch an das russische Volk wandte. Putins Vorhaben, die ukrainische Regierung parallel zum Einmarsch seiner Truppen mundtot zu machen, vereitelte Selenskyj effektiv. Digitale Kommunikation organisierte den Widerstand und stärkte den Durchhaltewillen.

Fachkundig angeführt wurde die Social-Media-Kampagne von Digitalminister Mychajlo Fedorow. Der 31-jährige Spezialist für Internetwerbung leitete die digitale Wahlkampagne des Präsidenten und zog nach der Invasion alle Register, um internationale Unterstützung für die Ukraine zu sichern. Auf *Twitter* forderte er amerikanische Unternehmen auf, seinem Land beizustehen. *Google, Meta, Apple, YouTube* und sogar *Netflix* ermunterte er, ihre Dienste in Russland einzuschränken. Viele dieser Unternehmen leisteten der Aufforderung sofort Folge. Auch Kiews Bürgermeister Vitali Klitschko nutzte die sozialen Medien geschickt für die Kommunikation mit der Außenwelt. Jede Offensive der Russen in seiner Stadt postete er sofort, Fotos von Raketeneinschlägen in Wohnblöcke erschienen umgehend in seinen Feeds. Kriegsführung in Zeiten weltweiter Kommunikation bedeutet, dass Missetaten sofort bekannt gemacht werden können und Einfluss auf die Meinung der Weltöffentlichkeit nehmen. Das *Handelsblatt* fasste die Lage nach der ersten Kriegswoche mit folgenden Worten zusammen: »Wenn tatsächlich Bilder von zerstörten Städten und getöteten Zivilisten in Russland die Runde machen, droht Putin endgültig der Verlust seines Rückhalts in der eigenen Bevölkerung. Das will er unbedingt vermeiden, etwa dadurch, dass er die Medien einer strikten Zensur unterzieht. Doch das ist im Zeitalter der sozialen Medien kaum noch möglich.« Je stabiler das Netz läuft, beispielsweise durch Unterstützung der Satellitenschwärme im All, desto schwerer fällt es Autokraten, ihre Propaganda unwidersprochen zu verbreiten.

Kaum ein Oberbefehlshaber, der nicht Ähnliches versuchen würde. Jeder Angriff auf ein Land beginnt wie selbstverständlich mit einem Anschlag auf die Telefonzentrale. Im Umkehrschluss bedeutet dies aber auch: Mit keinem anderen Mittel kann man Autokraten so sehr aus der Fassung bringen wie mit einer intakten, robusten Kommunikationsinfrastruktur. Der Ukraine-Krieg stellt das unter Beweis. Wenn die neuen Satellitennetze nicht sowieso schon entstehen würden, müsste man sie aus Gründen der Demokratieförderung erfinden. Sie verlagern Leitungen vom verletzlichen Boden ins weitaus weniger empfindliche All. Den meisten technologisch schlichter aufgestellten Diktatoren sind sie dort auf Dauer entzogen. Selbst Weltraumbegeisterte wie Putin haben es dort deutlich schwerer, den großen Aus-Knopf zu finden.

Nur leicht übertreibend können wir feststellen, dass Stefan Brieschenks Raketentriebwerk aus dem 3D-Drucker in der *Rocket Factory Augsburg* einen aktiven Beitrag zur Förderung der Demokratie leistet, da es ermöglicht, Satelliten kostengünstiger und somit auch in größerer Zahl ins All zu bringen. Allerdings dürfen wir uns nicht darauf beschränken, Autokraten die Zerstörung des Netzes zu erschweren. Denn früher oder später könnten sie einen Weg finden, auch die Satellitenkommunikation zu unterbinden. Deswegen sollten wir zusätzlich eine weitere Strategie verfolgen – die Strategie der Bildung. Nichts bereitet Autokraten so schnell den Boden wie die Leichtgläubigkeit des Publikums. Aus Leichtgläubigkeit führen nur unabhängige Informationen, sachliche Bildung und empirisch gesichertes Wissen heraus. Im Dritten Reich leistete die BBC unschätzbare Dienste bei der Aufklärung der Bevölkerung. Thomas Manns Radioreden aus dem Exil stärkten dem Widerstand den Rücken. Diese Radioreden waren es, die jenen, die zuhören wollten, auf den Kopf zusagten, was für ein Mensch Hitler in Wahrheit war.

Auch heute ist das wieder vonnöten. Moderne Kommunikationstechnik wird dabei eine wichtige Rolle spielen. Zudem trägt es zur Wahrheitsfindung bei, Putins Geschichte als Lehrbeispiel für die Errichtung autokratischer Regime zu lesen. Was er bei seinem Amtsantritt als Präsident der Russischen Föderation im Mai 2000 vorgefunden hatte, war keine Demokratie westlichen Stils und kein Land mit stabilem, selbstbewusstem Bürgertum. Doch was er im Verlauf eines Vierteljahrhunderts aus diesen Anfängen gemacht hat, ist ein autoritäres, auf ihn persönlich zugeschnittenes, stark vertikalisiertes und verbrecherisches System von Macht. Die Gewaltenteilung ist aufgehoben, Parlament und Gerichte sind zu Claqueuren herabgesunken, selbst seine Generäle wissen nicht, was er vorhat. »Das Militär kennt die verschiedenen Szenarien, mehr müssen sie nicht wissen. Wenn er eine Entscheidung trifft, wissen sie, wie sie auszuführen ist«, sagte William Alberque, Direktor für Strategie, Technologie und Rüstungskontrolle beim Londoner Thinktank International Institute for Strategic Studies dem *Spiegel* nach der Invasion in der Ukraine. Genau hier liegt ein Grund für die uneingeschränkte Macht Putins. Er ist niemandem mehr Rechenschaft schuldig. Moderne Kommunikationsmethoden könnten, sofern sie denn den Menschen zugänglich gemacht würden, dazu beitragen, das Prinzip Rechenschaft und Verantwortung auch in Russland wieder einzuführen.

Autokraten wie Putin setzen jedoch auf Intransparenz. Als Ermunterung mag uns dienen, dass sie Transparenz als Gefahr ansehen und wir ihnen genau damit in die Quere kommen können. Vielleicht kennen engste Vertraute wie Außenminister Sergei Wiktorowitsch Lawrow seine Pläne, doch vermutlich hält Putin als gelernter Geheimdienstler selbst sie auf Distanz. Niemandem zu vertrauen, ist eine Bedingung absoluter Macht, aber auch eine Folge. Nur in einem System von Gewaltenteilung ist es notwendig, Bündnisse zu schmieden, und nur für Bündnisse ist es hilfreich, sich gegenseitig ein Mindestmaß von Vertrauen entgegenzubringen. Für einen absoluten Herrscher ist Vertrauen immer gefährlich, denn er kann seine Macht nicht weiter steigern, sondern sie nur einbüßen. Also fährt er aus seiner Sicht am besten damit, in jedem anderen Menschen einen potenziellen Verräter zu vermuten. Ob das glücklich macht, steht auf einem anderen Blatt. Auf jeden Fall aber erhält Misstrauen ziemlich nachhaltig die Macht.

Putin ist deswegen ein so gutes Beispiel für die Feinde der offenen Gesellschaft, weil er sein Herz, anders als Chinas Herrscher Xi Jinping oder Nordkoreas Machthaber Kim Jong-un, so offen auf der Zunge trägt. So frustrierend dies sein mag, wenn er historische Unwahrheiten und Verunglimpfungen in die Welt hinausposaunt, so hilfreich wird es sich bei dem Projekt erweisen, wirksamere Sicherungsmechanismen gegen totale Macht zu erreichen. Übertroffen wird Putin in Sachen Mitteilungsbedürfnis nur noch vom autokratisch denkenden Donald Trump. Dessen Kommentar zur Invasion in der Ukraine dürfte als Schwarzes Wort in die Geschichte eingehen: »Putin hat ein ganzes Land zum Preis von Sanktionen im Gegenwert von zwei Dollar eingenommen – das nenne ich einen guten Deal.« Von Putins Lippen können wir ablesen, was Putin denkt. Dass er die Ukraine als Eigentum Russlands betrachtet, sagt er ununterbrochen seit 15 Jahren, nur dass wir alle – so auch ich – ihm das nicht geglaubt haben, dachten, er würde das nur metaphorisch meinen, oder der Ansicht waren, wir könnten es ihm mit guten Argumenten noch ausreden.

Schon heute trägt Kommunikationstechnologie dazu bei, die Folgen von Gewaltherrschaft abzumildern. Immerhin kann jeder von uns zu Hause selbständig nachlesen, was Putin vor 15 Jahren gesagt hat. Das mag dazu beitragen, dass wir unsere Politik in künftigen Krisenfällen intelligenter ausrichten, weil mehr gut informierte Menschen mitreden können. Doch selbst auf den Verlauf eines Angriffskriegs übt das Internet vielleicht eine mäßigende Wirkung aus. Meine Kinder – verängstigt von der Invasion in der Ukraine – fragten mich, ob es jetzt zu Flächenbombardements wie im Zweiten Weltkrieg kommen würde. Tatsächlich bombardierte und beschloss Putin ukrainische Städte mit unfassbarer Brutalität. Die Frustration des langsamen Vormarsches und die vielen Fehler seiner Armee erhöhten die Aggressivität. Dies ist unverzeihlich und darf nicht relativiert werden. Doch immerhin dürfen wir uns gewiss sein, dass seine Verbrechen gut dokumentiert und die Verantwortlichen eines Tages zur Rechenschaft gezogen werden. Ein schwacher Trost, aber immerhin ein Trost.

Krieg folgt einer eigenen Logik der Eskalation. Doch immerhin können wir voraussagen, was geschieht, wenn Bomben vom Himmel regnen. Dann stehen Millionen Fotos davon im Netz und laufen durch die Fernsehnachrichten. Nicht der Bombenhagel als solcher wird unmöglich gemacht, doch der *heimliche* Bombenhagel. Nicht das Sterben als solches wird verhindert, doch das *unbemerkte* Sterben. Solche Bilder lösen Rückkopplungseffekte auf die Aggressoren aus. Ob solche Effekte die Brutalität steigern oder dämpfen, mag dahinstehen. Doch einkalkulieren muss jeder Angreifer heutzutage in jedem Fall die Anwesenheit von Zeugen. Massenmord ohne Zeugen erweist sich zunehmend als ausgeschlossen. Einen Vorgeschmack davon bekamen wir schon beim Anmarsch der russischen Truppen auf Kiew. Satellitenbilder ihrer 60 Kilometer langen Kolonnen standen im Netz, da hatten sich die Truppen kaum formiert. Früher beschränkten Staaten die Veröffentlichung von Luftaufnahmen extrem strikt. Noch zu Zeiten der Kubakrise stellte es für amerikanische Piloten ein extremes Risiko dar, Fotos des Startrampenbaus vor ihrer Türschwelle aus der Luft aufzunehmen. Systematische Beobachtung in Echtzeit war selbst für das Militär technisch unmöglich, geschweige denn für Zivilisten. Heute hingegen knipst jedes Space-Start-up die militärische Lage in Konfliktgebieten in live von oben, und wir Zeitzeugen sehen das Foto eine Minute später auf unseren Smartphones an der roten Ampel.

Darum ist es für Angreifer wie Putin nur folgerichtig, ihre Energien zuerst auf die Zerstörung der Kommunikationsinfrastruktur zu lenken. Diese Struktur, solange sie den Menschen zur Verfügung steht, ist der wichtigste Beitrag, den Technik zum Erhalt und zur Sicherung von Demokratie leisten kann.

Bei der Bildung durch digitale Kommunikationsmedien geht es auch darum, den Menschen den Wert von Institutionen zu erklären. Fast alle Diktatoren beginnen ihre Karrieren mit der Diskreditierung von Institutionen. Jede absolutistische Karriere beginnt mit der Verleumdung, Lächerlichmachung und Beschimpfung unabhängiger Einrichtungen. Von Cäsar über Napoleon und Hitler bis zu Stalin, Orbán und Erdoğan machten es alle Aufsteiger gleich. Keiner der Genannten, auch Putin nicht, ist Erbe einer über Generationen aufgebauten Macht. Alle von ihnen mussten sich mühsam hocharbeiten. Daher legten und legen sie ein ganz anderes Verhalten an den Tag als Mitglieder der Häuser Medici, Tudor, Windsor, Hohenzollern, Habsburg, Sachsen-Coburg oder, in der Gegenwart, als die Mitglieder des Hauses von Saud, der Herrscherfamilie Saudi-Arabiens. Für Aufsteiger sind Institutionen die Straßensperren, die ihrer Machtergreifung im Weg stehen. Daher räumen sie die Sperren ab. Für die Erben alter Machtgeschlechter hingegen sind Institutionen die Basis ihrer Macht. Also hegen und pflegen sie die Einrichtungen der Vergangenheit. Wer König von Preußen wurde, dachte nicht daran, die Säulen der Hohenzollern in die Luft zu sprengen. Er überlegte vielmehr, wie er diese Strukturen dafür benutzen könnte, Schlesen oder Köln zu erobern.

Mit dem Ende beziehungsweise dem Machtverlust der Erbmonarchien in Europa haben wir dem Typus des ehrgeizigen, rücksichtslosen Aufsteigers Tür und Tor geöffnet. In der Phase des Aufstiegs und während der Machtergreifung bietet ihnen das Internet ein wirksames Forum. So können sie den Rückhalt organisieren, den sie benötigen, um nach vorne ins Cockpit zu kommen. Putin hätte im zaristischen Russland keine Chance gehabt, da er nicht zur Familie der Romanows gehörte. Napoleon konnte nur Kaiser der Franzosen werden, weil die Revolution die alte Ordnung umgestoßen hatte und die Jakobiner den König köpften. Ein interessantes Faktum in Napoleons Karriere ist, dass ihn die Volksvertreter eben nicht zum König wählten, sondern zum Kaiser. Auch das war Ergebnis eines Plebiszits, das heute unter den Bedingungen des Internets wohl nicht anders ausgefallen wäre. Den König hatten sie ermordet und das Königtum damit abgeschafft. Ihr neuer Regierungschef, ein gelernter Soldat und durch eigene Leistung aufgestiegener General, konnte unmöglich König werden. Auf der Suche nach einem passenden Titel, der den angreifenden Monarchien aus dem Ausland einen Gegner auf Augenhöhe entgegensetzte, wurde man fündig in der römischen Geschichte. Kaiser passte auch deswegen gut, weil der Anklang rund 1800 Jahre zurückreichte und damit eben keine Brücke zur gerade eben erst gestürzten Bourbonenherrschaft schlug.

Bezeichnenderweise war der erste Kaiser Roms auch ein brutaler Usurpator, der den demokratisch gewählten Senat diskreditierte und alle Institutionen so weit wie möglich schwächte, um seine durch Propaganda verklärte Person an ihre Stelle zu setzen. Julius Cäsar entstammte zwar der gesellschaftlichen Elite und anders als Stalin oder Hitler nicht dem Prekariat einer am Rande des Reichs gelegenen Volksgruppe, war aber schon zu Beginn seines Aufstiegs als Held des einfachen Mannes in aller Munde. Unser digitales Zeitalter ist für solche Leute wie geschaffen. Auch deshalb sind Autokraten auf dem Vormarsch. Eine römische Armee gegen die Republik aufzuwiegeln und sie zum verbotenen Überqueren des Rubikon zu verführen, das wäre heutzutage mit *Twitter*, *WhatsApp* und *Instagram* noch viel leichter.

264

Dass Napoleon also die Assoziation zu Cäsar durchaus suchte, während der Senat sich die Sache damit schönredete, dass Rom vor Cäsar ja immerhin eine Republik gewesen war, entbehrt nicht einer inneren Logik. Interessant ist, dass Putin heute kaum anders argumentiert. Ihm wird oft vorgeworfen, er schwinge sich zum Nachfolger der Zaren auf. Doch genau das tut er aus eigener Warte gerade nicht. Ein Zar hätte kein Internet gebraucht, denn ein Zar leitete seine Legitimation von Gott ab, und der twittert nicht. Im Vorlauf der Ukraine-Invasion sprach Putin selten vom Russland der Zaren, sondern meist von der Sowjetunion. Sein Kronzeuge ist Lenin, und Lenin war ein populistischer Volks-verführer, der das Internet geliebt hätte. Warum? Weil Lenin der Prototyp des Umstürzlers und Institutionenvernichters ist, der Erfinder des Personenkults, der Mann, dem es im Rückgriff auf die römische Antike durchaus gefiel, sich von seinen eigenen Leu-ten zum Gott erklären und verklären zu lassen. Schon Lenins Weg an die Macht trägt jenes Merkmal des Aufsteigertums, das Putins eigenes Leben prägt und das er so bewundert. Ein Aufsteigertum, für das unser heutiges digitales Instrumentarium die besten Vor-aussetzungen bietet.

Lenin, ein Berufsrevolutionär im Schweizer Exil, war verdammt zur Untätigkeit und zum Däumchendrehen, bis die Deutschen ihn im April 1917 durch ihr Staatsgebiet ausreisen ließen. Noch in der Nacht der Ankunft am finnischen Bahnhof von Petrograd, dem damaligen Sankt Petersburg, rief Lenin im Fürstenzimmer der Station die »sozialistische Weltrevolution« aus. Wie hätte er es geliebt, diese Botschaft an Millionen Menschen twittern und posten zu können.

Rücksichtslos riss dieser etwas zu spät angereiste Emigrant die bereits laufende Revolution an sich – kaum anders als Napoleon, der seine Karriere ebenfalls einem bereits laufenden Umsturz aufsattelte. Immer wieder zeigen die großen Despoten dasselbe Muster: Absolventen zweifelhafter Laufbahnen in der Peripherie,

265

etwas zu spät gekommen, niemals einer Elite angehörend, weit entfernt von den Schaltern der Macht, abgekoppelt von den Pfründen ihres Staats, attackieren sie die Institutionen, die ihnen im Weg stehen. Cäsar und Trump gehörten beziehungsweise gehören zwar den Patriziern ihrer jeweiligen Gesellschaften an, aber zu sagen hatten sie dort nicht viel. Cäsar, als erfolgreicher General in Gallien unterwegs, nahm auf die Geschicke der Republik von jenseits der Alpen wenig Einfluss. Seine schriftstellerische Tätigkeit entfaltete er vor allem, um sich daheim mit Heldengeschichten in Erinnerung zu bringen, ähnlich übrigens wie später Napoleon. Trump galt in der Szene der Immobilienentwickler und Casinobetreiber von New York und der Ostküste zwar etwas, doch in der Politik hatte er nichts zu melden und setzte später erfolgreich auf seine Marke als von Washington nicht korrumpierter Außenseiter. Putin verbrachte die prägenden Jahre seines Berufslebens im Alter von 33 bis 38 Jahren sowie den Fall der Mauer und die Wende als untergeordneter Geheimagent im abgelegenen Dresden, was selbst im Kalten Krieg die langweiligste Position gewesen sein dürfte, die es zu verteilen gab. Erdoğan intrigierte sich als Sohn der Schwarzmeerküste – in der Türkei so sehr Inbegriff der Provinz wie bei uns Nordfriesland – in die Mitte der Istanbuler Elite vor, einer Elite, die seit Generationen all ihren Stolz daransetzte, Leute wie ihn draußen zu halten. Stalin, der Georgier, und Hitler, der Österreicher, rackerten sich ebenfalls aus Positionen der Bedeutungslosigkeit ins Zentrum der Macht vor. Sie alle schafften und schaffen dies nur durch Überhöhung und Verklärung ihrer Person. Sie alle müssen Allwissenheit und Genialität für sich reklamieren, um den Anspruch zu rechtfertigen, als Einzelpersonen großen Ansammlungen von Menschen wie Ministerien oder Parlamenten überlegen zu sein. Für all diese Charaktere gibt es in der Aufstiegsphase kein gnädigeres Geschenk als den direkten digitalen Zugang zum Rest der Menschheit.

Keineswegs durch Zufall fiel Trump für Putins Schachzüge vor der Invasion zuerst das Wort »genial« ein. Und noch viel weniger ist es ein Zufall, dass Trump sich selbst als »very stable genius« bezeichnet hat. Von einem solchen Status muss man innerlich wirklich überzeugt sein, bevor man den Kongress der Vereinigten Staaten stürmen lässt. Für Selbstzweifel ist da kein Platz. Beratungsresistenz gehört mit zum Konzept. Auch dieser Charaktertypus des selbstverliebten Narzissten findet im Internet liebevolle Aufnahme. Der meistbegehrte Beruf unserer Zeit ist der Influencer: Meinung und Stimmung schaffen, ohne sonst allzu viel zu leisten. Selbstüberhöhung ist gesellschaftlich heute voll akzeptiert. Umso leichter werden Exzesse von Führungspersönlichkeiten unkritisiert toleriert. Diesem Persönlichkeitsmodell hat Lenin ein bleibendes Vorbild geschaffen. Er beanspruchte Unsterblichkeit. Ähnlich wie Kaiser Augustus dachte er noch zu Lebzeiten über ein Mausoleum für sich selbst nach. Dass Stalin seinen Vorgänger dann tatsächlich einbalsamieren und an der Kremlmauer aufbahren ließ, folgt ebenfalls einer erprobten römischen Tradition. Ein Alleinherrscher, der den verstorbenen Kaiser zum Gott erklären lässt, kann daraus erstens göttliche Legitimität für sich selbst ableiten und erhöht damit zweitens die Chancen auf seine eigene Vergötterung. Meistens kommen die Nachfolger von posthum zum Gott erklärten Herrschern dann auf die Idee, sich selbst schon zu Lebzeiten zum Gott ausrufen und vergöttern zu lassen. Caligula und Nero dürften Stalin darin als Vorbild gedient haben. Sie alle wären heute hauptberufliche Influencer mit großer Gefolgschaft.

Solche Leute treten nie von ihren Ämtern zurück, lassen sich niemals abwählen, gehen nie in Rente, schulden niemandem Rechenschaft, stellen ihre Thesen niemals zur Diskussion, lassen sich niemals kritisieren, beanspruchen die Erbmonarchie und schaffen jeden aus dem Weg, der ihre Alleinherrschaft herausfordert. Jeder römische Kaiser dachte dynastisch, Napoleon drängte der Französischen Republik eine ausgeklügelte Erbfolge auf, Lenin hob Stalin aufs Schild, Hitler ernannte Dönitz in seinem politischen Testament zum Reichspräsidenten, und Putin führte die interessante Variante ein, sich per Ämtertausch selbst zum Nachfolger zu nominieren. Von Trump sind noch keine Pläne bekannt, doch aller Wahrscheinlichkeit nach steht seine Tochter Ivanka ganz oben auf dem Zettel, falls er sich nicht ein weiteres Mal Putin zum Vorbild nimmt. Nach Zahl der Auftragsmorde und Giftanschläge nimmt es Putin locker mit Lenin und Kaiser Augustus auf, wobei man Augustus immerhin noch zugutehalten kann, dass ein Gutteil der Intrigen und Todesurteile von seiner Gattin Livia ausging. Putin ist geschieden, deswegen kann er diese Entschuldigung nicht für sich beanspruchen. Beim Begehen von Kriegsverbrechen gehört Putin zu den ruchlosesten Figuren der Moderne. Ruchlosigkeit liegt im Trend, und das Internet leistet ihr Vorschub. Der einzige Grund für den Popularitätsverlust von Demokratien ist dies sicher nicht. Maßgeblich zu ihrem Rückgang trägt das Netz aber ganz sicher bei.

Eine unheimliche Zukunft ist das, der wir ins Gesicht sehen, und doch zugleich eine hoffnungsfrohe. Warum? Weil Bildung gegen die Verführung durch Autokraten immunisieren kann. Weil Teilhabe an der Gesellschaft durch elektronische Mittel erleichtert wird. Weil der große Lückenschluss der Kommunikationsnetze, der uns jetzt bevorsteht, die Chance auf Förderung von Aufklärung in sich birgt. Vergessen wir nicht, was es mit Technologie immer auf sich hat: Technologie löst Probleme, die Technologie geschaffen hat. Das Internet hat Autokraten hochwillkommene Werkzeuge an die Hand gegeben, mit deren Hilfe sie die Macht ergreifen und sie konsolidieren konnten. Doch das viel umfassendere Netz der Zukunft kann ihnen diese absolute Macht auch wieder aus den Händen schlagen und der offenen Gesellschaft Rückhalt verschaffen. Der Ukraine-Krieg stellt auch unter Beweis, dass sich mit elektronischer Kommunikation wirksamer Widerstand gegen Tyrannen organisieren lässt.

Wovon sollten wir also träumen, wenn Träume wahr werden

dürften? Von einem weltumspannenden, für jedermann zugänglichen Netz, das Lüge, Hass, Kriegstreiberei, Übertreibungen, Fake News, Schmähungen und Beleidigungen automatisch herausfiltert und nur friedensstiftende Formulierungen erlaubt. Kluge Dolmetscher wissen, dass es manchmal besser ist, die Äußerungen ihrer Chefs nicht wörtlich zu übertragen. »Ein guter Übersetzer übersetzt das Gemeinte, nicht das Gesagte«, hat mir der Dolmetscher eines Regierungschefs einmal gesagt. Das kann ein großer Unterschied sein. In diesem Buch träumen wir von unerschöpflicher und unschädlicher Energie, von einem neuronalen Netz im All, vom Ende aller Verkehrsunfälle und vom Überwinden des Raums, vom langen und gesunden Leben sowie vom Friedensschluss mit den geknechteten Tieren. Fügen wir diesen Träumen nun den Traum von der Wahrheitsmaschine hinzu. Einem Netz, das die Lüge verbannt und Wahrhaftigkeit erzeugt. »Wenn du es träumen kannst, dann kannst du es bauen«, sagen Helden in Disney-Filmen immer so ergreifend. Auf Disney sollten wir in diesem Zusammenhang nicht warten. Doch wenn Technologen sich der Sache annähmen, könnte sie vielleicht gelingen. Hoffen wollen wir auch auf ein Netz, das sich nirgendwo auf der Welt mehr so einfach abschalten lässt. Arnold Schwarzeneggers eindrucksvolle Videobotschaft an die Russen hat heute vielleicht nicht viele Menschen in Russland erreicht, weil sie unter einer Glocke von Zensur und Nachrichtensperren leben. In einer besseren Zukunft ist eine solche Blockade aber nicht mehr möglich. Jede wahre Botschaft sollte jeden Menschen auf der Welt jederzeit erreichen können, und eine Wahrheitsmaschine, falls es sie irgendwann gibt, verhindert, dass Gleiches mit der Unwahrheit geschieht.

In diesem Kapitel schauten wir angesichts der Ukraine-Invasion unweigerlich in Abgründe. Im nächsten Teil sehen wir uns noch etwas grundsätzlicher an, warum es in Sachen Technik eigentlich so viele enttäuschte Hoffnungen gibt. Und wir zeigen Wege auf, wie wir uns in Zukunft besser gegen sie rüsten können.

269

TEIL 3

TELESKOP: DIE ZUKUNFT UNSERER TECHNISCHEN ZIVILISATION

Niederlagen und Rückschläge:
Warum werden so viele Hoffnungen
in die Zukunft enttäuscht?

Alles, was wir im Sinne des Fortschritts erschaffen, kann ebenso gut missbraucht werden. Unser Verständnis von lebensverändernden Technologien wird erst dann vollständig, wenn wir akzeptieren, dass viele Innovationen unser Leben auch verschlechtern können, obwohl wir uns von ihnen eine Verbesserung erwartet hatten.

> *»Technologie nährt einerseits das Bedürfnis nach Unsterblichkeit. Andererseits bedroht sie das Leben mit Ausrottung. Technologie ist nichts anders als Begierde, die der Natur entrissen wurde.«*
>
> DON DELILLO, SCHRIFTSTELLER

Warum geht so viel schief, was eigentlich hätte gut gehen können? Weshalb führt Technologie zu derart vielen herben Enttäuschungen, die wir zum Zeitpunkt ihrer Entstehung nicht haben kommen sehen? Wie können wir diesen Rückschlägen vorbeugen und uns besser wappnen gegen die Ohrfeigen, die rücksichtsloser Missbrauch von Technologie uns verabreicht? Zur optimistischen Annäherung an die Chancen der Technologie gehört auch ein ehrlicher Blick auf die Nebenwirkungen. Kein guter Arzt verschreibt ein Medikament, ohne gleichzeitig dessen negative Folgen vorherzusehen und einzuhegen. Ähnlich sollten wir bei der Einführung neuer Technologie vorgehen. Je bewusster wir uns drohender Gefahren sind, desto wirkungsvoller dämmen wir sie ein und desto hoffnungsfroher fällt das Endergebnis aus. In der

Beurteilung neuer Erfindungen haben wir uns in der Vergangenheit immer wieder unnötige Patzer erlaubt. Meistens beruhten sie auf einem Übermaß an Naivität und auf mangelnder Vollständigkeit des Rundumblicks. An jeder Kreuzung werfen wir im Auto den Blick über die Schulter nach hinten. In Sachen Technologie bietet sich diese Vorsicht ebenfalls an. Bei der Recherche für dieses Kapitel bin einigen gewichtigen Naivitäten meines eigenen Urteils über den Weg gelaufen wie auch folgenschweren Fehlurteilen großer Nachrichtenredaktionen. Ein besonders aussagekräftiges Beispiel fiel mir im Archiv der amerikanischen Zeitschrift *Time* in die Hand.

Einmal im Jahr kürt die *Time* die wichtigste Person des Jahres und hebt deren Foto auf ihr Titelblatt. »Men of the Year« hieß die Auszeichnung bis 1998, seitdem wird die »Person of the Year« gekürt. Frauen schafften es bislang dennoch nur selten auf den Titel. Doch dies ist nicht die einzige Schwäche der Auswahl. Zwar bewies die Jury historisch weitsichtiges Urteilsvermögen bei der Vergabe ihrer größten Ehrungen: »Person of the Half Century« wurde Winston Churchill, »Person of the Century« völlig zu Recht Albert Einstein. Auch bei Adolf Hitler lag die *Time* richtig. Gründer Henry Luce hatte seine Wahl zum »Man of the Year 1938« persönlich durchgesetzt, um vor dem damals 40-jährigen Hassprediger zu *warnen,* nicht um ihn zu verherrlichen. Viel weniger Weitsicht bewies die Redaktion später bei den Wahlen von Donald Trump, Richard Nixon, Wladimir Putin, Rudy Giuliani, Josef Stalin und Mark Zuckerberg zu den »Men of the Year«. Bei keinem von ihnen sahen sie mit ähnlicher Klarheit wie bei Hitler voraus, zu welchen verstörenden oder katastrophalen Folgen ihr Wirken führen könnte, und was diese Männer zum Zeitpunkt ihrer Wahl durch das Magazin bereits ins Werk gesetzt hatten. Immer wieder ließ sich die Redaktion ihr Urteil von Aufbruchseuphorien trüben. Trump galt als Anwalt einer vergessenen Mehrheit der Amerikaner, Nixon als Öffner des Tors zu

China, Putin als Retter Russlands vor dem Chaos, Giuliani nach den Terrorangriffen vom 11. September als »Bürgermeister der Welt«, Stalin als Architekt der europäischen Nachkriegsordnung und Zuckerberg als Einheitsstifter der Menschheit und Begründer der größten Gemeinschaft aller Zeiten. An diesen Auswahlen und Begründungen erkennen wir einen wichtigen Mechanismus, der historischen Fehleinschätzungen zugrunde liegt, nämlich das mangelnde Vorstellungsvermögen für den Missbrauch von Macht. Wir kommen später noch auf diesen Punkt zurück, der uns helfen wird, ähnliche Fehler in der Zukunft zu vermeiden.

Im Jahr 2006 entschied sich die *Time* dann aber für die bislang ungewöhnlichste Wahl ihrer Geschichte. Dies war die Ausgabe, die mir im *Time*-Archiv besonders ins Auge stach und die mich ob ihrer Naivität verblüffte. Ich erkannte mich selbst in ihr wieder, denn auch ich hatte damals ähnlich naiv in die Zukunft geschaut. »Person of the Year« wurde »You« – also »Du«, die Leserin und der Leser, jeder einzelne Mensch auf der Welt. In ihrer Begründung führte die Redaktion aus: »Es ist die Geschichte einer Gemeinschaft und Zusammenarbeit, die weit über das hinausreicht, was wir je gesehen haben.« Als Beispiele für seine Wahl führte das Magazin *Wikipedia, YouTube* und das mittlerweile untergegangene *MySpace* an. »Es geht darum, einigen wenigen ihre Macht zu entreißen und sich stattdessen gegenseitig gemeinschaftlich und kostenlos beizustehen. Das verändert nicht nur die Welt, sondern auch die Art und Weise, wie die Welt sich verändert.« Das neue Web, hieß es weiter, bringe die kleinen Beiträge von Millionen Menschen zusammen und gebe ihnen einen Sinn. »Wir sind nun endlich dazu in der Lage, unsere bisherige Kost aus vorgekauten Nachrichten mit den ungefilterten Beigaben aus Bagdad, Boston und Peking zu ergänzen.« Autofirmen ließen schon bald ihre Designs in offenen Wettbewerben gestalten. Reuters blendete Blogs gleich neben seinen Nachrichten mit ein. »Wir stehen vor einer Explosion von Produktivität und Innovation. Dabei haben wir gerade erst begonnen. Der Verstand von Millionen, die früher übersehen wurden, bildet nun eine neue weltumspannende, intellektuelle Gemeinschaft.« Für diese Gründung einer neuen digitalen Demokratie gehe die Auszeichnung als »Person of the Year« diesmal an uns alle: »You«. Dies sei die Chance, eine neue Art des internationalen Verständnisses zu begründen. Nicht von Politiker zu Politiker, von großem Mann zu großem Mann, sondern von Bürger zu Bürger, von Mensch zu Mensch. »Es ist die Chance, auf seinen Computerbildschirm zu schauen und sich dabei aufrichtig zu fragen: Wer da draußen schaut auf mich zurück?«

Mehr Pathos könnte man kaum hineinlegen in die Vision eines weltumspannenden digitalen Netzes. Doch aus heutiger Sicht, gute anderthalb Jahrzehnte später, liest sie sich wie Hohn. Sie klingt naiv, blauäugig, wirklichkeitsfremd und uninformiert. Wenn wir eine Parodie auf leichtgläubige, politisch unbedarfte Technikpropheten schreiben müssten, würden wir sie wohl ähnlich formulieren. Der Ausblick von damals ist geprägt vom Optimismus um den Aufbruch ins Social Web. Und doch übersah er alle damit verbundenen Risiken, die heute unsere Wirklichkeit prägen. Diese Leichtgläubigkeit sollte uns eine Warnung sein. Wir sollten uns vor ihr feien. Dazu gehört, dass wir eine nüchterne Bestandsaufnahme des Web 2.0 anstellen. Sie fällt ernüchternd aus. Wenn wir diese Ehrlichkeit einmal aufbringen, dürfen wir zuversichtlich sein, ähnlichen Fällen künftig geschickter zu entkommen. Die Zwischenbilanz liest sich etwa so: Verschwörungstheorien überschwemmen die Welt. Fake News sind für Millionen zur alleinigen Nachrichtenquelle geworden. Viele Menschen bekommen nur noch Meinungen zu lesen, die ihrer eigenen Ansicht entsprechen. Respektvoller Disput stirbt aus. Debatte findet in Echokammern und Filterblasen statt. Die bereits granulare Gesellschaft zerfällt in immer noch kleinere Fraktionen. End-to-End-Verschlüsselung bietet Umstürzlern, Nazis, Faschisten und Terroristen auf *Telegram* und *Signal* einen sicheren Treffpunkt.

Briefkastenadressen an obskuren Standorten schützen die Betreiber illegaler Dienste vor Polizei und Staatsanwaltschaft, obwohl ihre Apps weltweit funktionieren.

Für die Freiheit der Andersdenkenden geht hingegen kaum noch jemand auf die Barrikaden. *Facebook*-Whistleblowerin Frances Haugen etwa bezeugte vor dem US-Kongress, dass Mark Zuckerbergs Konzern den Hass absichtlich anstachelt, weil dieser mehr Klicks und damit mehr Umsatz bringt als ein auf positiven Emotionen basierendes Verhalten im Web. Der ehemalige US-Präsident verführte einen Mob zum Sturm auf das Kapitol. 40 Prozent der Amerikaner glauben noch heute, Joe Biden habe Donald Trump tatsächlich den Sieg gestohlen. Millionen Deutsche lasen auf ihren Smartphones, dass Angela Merkel nachts im Pergamonmuseum Kinder missbraucht und verspeist. Russische Fake-News-Farmen bombardieren westliche Wähler mit Falschbehauptungen. Ihre Lügen gelten einer wachsenden Menge von Menschen als wahr. Hillary Clinton verlor gegen Donald Trump auch deswegen, weil ein Dutzend Nachrichtenfälscher in Europa Geld mit Werbung verdiente, die an haarsträubende Erfindungen gekoppelt war. Die Hintermänner dieser Fälschungen saßen teilweise im Kreml, dachten vielfach aber noch nicht einmal politisch. Ihnen ging es nicht anders als dem Kreml um Parteinahme für Demokraten oder Republikaner. Sie hatten schlicht bemerkt, wie lukrativ es war, Clinton Waffenhandel, Kinderschändung und Geheimnisverrat vorzuwerfen. Alles, was sie dafür tun mussten, war, ihre Dichtungen als Nachrichten zu verkleiden.

Sinan Aral, Wirtschafts- und Informatikprofessor am Massachusetts Institute of Technology (MIT), hat 2017 in einer Studie festgestellt, dass sich gefälschte Nachrichten im Netz sechsmal schneller verbreiten als echte. Dafür untersuchte er mit seinem Team 126 000 Gerüchte, die zwischen 2006 und 2017 auf *Twitter* verbreitet und von etwa drei Millionen Menschen geteilt wurden. Das oberste Prozent der erfolgreichsten Fake News erreichte zwischen 1000 und 100 000 Leute, wohingegen wahrheitsgetreue Nachrichten höchstens von 1000 Menschen gelesen wurden. In einem Artikel für *Science* und in seinem Buch »The Hype Machine« beschreibt er den zugrunde liegenden Wirkungsmechanismus, der sich verkürzt so zusammenfassen lässt: Unsere Wahrnehmung schlägt bevorzugt auf Reize an, mit denen wir zum ersten Mal konfrontiert sind. Das Ungewöhnliche, Unerwartete und Überraschende zieht unsere Blicke geradezu magisch an. Gefälschte Nachrichten machen sich diese Aufmerksamkeitsökonomie zunutze und erfüllen das Kriterium des Neuen automatisch. Gerade weil sie gefälscht sind, brechen sie aus dem Rahmen des Erwarteten aus. »Neuigkeiten werden öfter geteilt als Erwartbares«, schreibt Sinal Aral. Und weiter: »Fälschungen wirken per Definition neuer als Wahrheiten.«

Neben den Gründen, die Menschen schneller auf Fake News reagieren ließen, zeigt Aral außerdem Unterschiede in den Emotionen auf, die falsche und echte Nachrichten bei *Twitter* hervorriefen. Fake News lösten bevorzugt Angst, Ekel und Überraschung aus, während echte Nachrichten Freude, Traurigkeit und Vertrauen evozierten. Fake News wurden öfter und schneller geteilt als wahre Nachrichten, weil die ausgelösten Gefühle höhere Dringlichkeit suggerierten und ein größeres Mitteilungsbedürfnis weckten. Dieser Effekt trug entscheidend dazu bei, dass Social Media die Wirkungsweise von Information grundlegend veränderten. Der Wissenschaftsjournalist Ranga Yogeshwar drückte das im Gespräch mit mir so aus: »Vor 100 Jahren ging der Zuwachs an Informationen fast immer mit einem Zuwachs an Demokratie einher. Heute verkehrt sich der Zusammenhang eher in sein Gegenteil.«

Information und Desinformation verschwimmen derzeit zu einer ohrenbetäubenden Geräuschkulisse, aus der niemand mehr herausfiltern kann, was wirklich wahr und wichtig ist. Wahlen sind ohne das Netz und gegen das Netz nicht mehr zu gewin-

Wahrheit verliert gegenüber der Lüge

Ergebnisse der systematischen Analyse von Inhalten auf Twitter durch den Wissenschaftler Sinan Aral und sein Team am Massachusetts Institute of Technology (MIT), 2010-2018

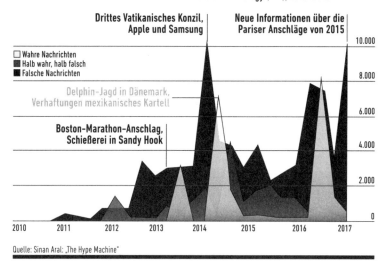

Quelle: Sinan Aral: „The Hype Machine"

Die Grafik zeigt die Anzahl von Kaskaden auf Twitter während der Studie. Kaskaden sind Tweets und Reaktionen darauf. Lügen und Halbwahrheiten lagen weit vorn.

nen. *Memes* verändern die Zusammensetzung von Parlamenten, Regierungen und Gerichten. Erfundene Schlagzeilen und eilig fabrizierte, polemische Fotomontagen laufen der *Tagesschau* den Rang ab. Wahrhaftigkeit als ethischer Wert und gesellschaftlicher Standard ist auf dem Rückzug. Parallele Wirklichkeiten prägen die Gesellschaft. Jede persönliche Meinung nimmt Legitimität für sich in Anspruch, ganz gleich, ob sie auf Fakten basiert oder nicht. Das postfaktische Zeitalter ist keine reine Warnung von Soziologen mehr, sondern gelebte Realität. Empörung schlägt Begründung. Evidenzbasiertes Denken gilt als überholt. Nicht nur Wissenschaftler geraten mittlerweile ins Kreuzfeuer, wenn sie Fakten präsentieren, auch die wissenschaftliche Methode als solche verliert Anhänger. Seine Ansicht zu ändern, wenn neue

Erkenntnisse vorliegen, die vorherige Überzeugungen widerlegen oder in Frage stellen, gilt als charakterschwach und verdächtig. Forscher im Allgemeinen und Virologen im Speziellen werden beschimpft, wenn sie aufgrund neuer empirischer Ergebnisse von ihrer bisherigen Einschätzung abrücken. Wissenschaftlicher Disput wird als Argument gegen sich selbst herangezogen: »Die sind sich ja untereinander schon nicht einig, wieso sollten wir denen denn glauben?«

Unabhängige Redaktionen sterben aus. Zeitungen fusionieren, kürzen Budgets, entlassen Journalisten, streichen Ausgaben oder verschwinden ganz. Gegengewichte verschwinden, einer undurchschaubar gewordenen Mischung aus Wahrheit und Erfindung fehlt das Regulativ. Instanzen und Autoritäten gehen unter. Einige anspruchsvolle Medien wie *Die Zeit* oder die *New York Times* erreichen zwar Rekordauflagen in Print und als digitales Angebot, doch ihr Publikum stellt nur noch einen winzigen Anteil der Weltbevölkerung dar. Zwar sitzt diese Informationselite heute noch meist an den Hebeln der Macht, doch gegen die zunehmende Verschlechterung des gesellschaftlichen Klimas ist sie weitgehend machtlos.

Einst verfügten einflussreiche Medien über das Monopol über den Zugang zu Informationen. Das war weder richtig noch gesund. Doch immerhin verpflichteten sich die meisten von ihnen dafür einem weitgehend einheitlichen Berufsethos und unterwarfen sich berufsständiger Kontrolle. Gerichte überwachten die Praxis der Presse. Einen Anspruch auf die Verbreitung der Unwahrheit gab es nicht. Wer seine Behauptung nicht beweisen konnte und darauf verklagt wurde, musste sie zurückziehen, widerrufen und im Zweifel Bußgeld für sie bezahlen. Es herrschte Konsens darüber, was Unwahrheit ist, nämlich alles, was vor Gericht nicht zweifelsfrei bewiesen werden kann. Auch bestand Einigkeit darüber, dass Unwahrheit zu ächten ist. Inzwischen hat sich das Blatt jedoch gewendet. Das Meinungsmonopol der

Medien ist gebrochen, und auch die Medien selbst drohen unter dem Gewicht der Angreifer nachzugeben. Denn es ist nicht einfach eine neue Informationsquelle dazugekommen, das sie auf gesunde Weise ergänzt. Vielmehr werden sie von zunehmendem Angebot im Netz bedroht, das sie für viele Menschen immer weiter ersetzt.

Dabei bestimmen Unwahrheiten nicht nur den vermutlich größten Teil dessen, was online veröffentlicht wird. Die Unwahrheit als solche hat ihre ehemalige Ächtung eingebüßt und wird salonfähig. Im postfaktischen Zeitalter spielt der Unterschied zwischen Wahrheit und Unwahrheit einfach keine große Rolle mehr. Es kommt viel eher nur noch darauf an, ob jemand eine bestimmte Position als seine Meinung reklamiert. Ist das gegeben, gilt sie bereits als legitim. Ein Abgleich mit dem Rest des von uns allen geteilten Wissens, mit der gesicherten Realität, ist nicht länger notwendig. Auch dreiste Fälschungen verlieren ihr Stigma. Sie werden nicht mehr empirisch, sondern ästhetisch interpretiert. Wenn sie witzig, geistreich oder wirkmächtig sind, finden sie gesellschaftliche Akzeptanz, ganz unabhängig von ihrem Wahrheitsgehalt. Was klickt, ist wahr. Ob Influencer lügen oder ihren Followern Schleichwerbung unterjubeln, interessiert kaum noch jemanden. Nur auf die Größe des Publikums kommt es an. Die Wahrheit des Inhalts wird so durch die Wahrheit der Rezeption ersetzt. Als wahr gilt alles, was als wahr genommen wird.

Hier offenbart sich das ganze disruptive Ausmaß dessen, was wir meinen, wenn wir vom postfaktischen Zeitalter sprechen. Heute bekommt der Begriff der Wahrheit eine völlig neue Bedeutung. Wahrheit ist nicht länger ein Konstrukt aus einer objektiv messbaren Wirklichkeit und ihrer Spiegelung in einer überprüfbaren Aussage. Vielmehr koppelt sich die Wahrheit von einer messbaren Wirklichkeit ab und besteht nur mehr aus der Aussage selbst, die sie für sich reklamiert. Ob sie überprüfbar ist, wird somit unerheblich, da ihr ohnehin keine verifizierbare Wirklichkeit mehr zugrunde liegen muss. Wahr wird sie in den Augen vieler allein durch ihre Verbreitung.

Das Netz beschreibt die Wirklichkeit also nicht mehr, sondern es erschafft sie. Das Netz selbst ist zur Wirklichkeit geworden. Nur gute 15 Jahre nach den pathetisch-euphorischen Visionen der *Time* müssen wir feststellen, dass die Metapher von der »virtuellen Welt« auf gespenstische Weise Wirklichkeit geworden ist. Damals träumten wir von der virtuellen Spiegelung der wirklichen Welt. Gebaut aber haben wir eine virtuelle Welt, die, schneller als uns lieb sein kann, an die Stelle der wirklichen Welt tritt. Geschehen konnte das unter anderem auch deshalb, weil wir achtlos mit Sprache umgegangen sind. Sprache prägt Denken. Wir aber haben uns lange nicht bewusst gemacht, wie gefährlich beispielsweise bereits der Ausdruck »virtuelle Welt« ist. Grammatikalisch falsche Verwendung von Adjektiven ist immer riskant. Mit der Verwandlung eines Hauptworts in ein Eigenschaftswort weisen wir einer Sache eine Eigenschaft zu, die diese gar nicht besitzt. Der Vater von fünf Kindern ist kein fünfköpfiger Familienvater und der Fabrikant halbseidener Strümpfe kein halbseidener Strumpffabrikant. Der Sprachlehrer Wolf Schneider etwa hat auf diese Gefahr schon seit Langem hingewiesen. Was wir mit der »virtuellen Welt« zum Ausdruck bringen wollten, war dies: »Das Netz repräsentiert die reale Welt.« Doch da dieser Satz sperrig klingt und schwer über die Lippen geht, haben wir ihn verkürzt. Wir haben den Begriff »Netz« durch das Adjektiv »virtuell« ersetzt. Das Wort *»virtuell«* bedeutet laut Lexikon »nicht echt, nicht in der Wirklichkeit vorhanden, aber echt erscheinend« und ist abgeleitet vom lateinischen Wort *virtus* für Tüchtigkeit, Mannhaftigkeit und Tugend. Eigentlich hätten wir uns präziser ausdrücken müssen: »Die virtuelle Welt repräsentiert die reale Welt.« Doch das klingt noch viel sperriger. Also haben wir beide Begriffe zusammengezogen und uns angewöhnt, von der »virtuellen Welt« zu sprechen. Dank dieser fahrlässigen Verwendung eines Adjektivs ist der Unterschied zwischen Objekt und Abbildung zur Unkenntlichkeit verwischt worden. Im Laufe von nur zwei Jahrzehnten ist der Eindruck entstanden, *virtuell* sei eine Eigenschaft der realen Welt. Objekt und Abbildung sind zu etwas Neuem verschmolzen. Am gefährlichsten an dieser Entwicklung ist, dass wir damit das Konzept der Wahrheit aushebeln. Wenn der Unterschied zwischen der Wirklichkeit und ihrem Abbild einmal verschwunden ist, dann verliert die Idee von Wahrheit jede Bedeutung.

All dies wollten wir nicht kommen sehen. Wir hielten das Web 2.0 für ein technisches Phänomen mit milden, jedenfalls erfreulichen Auswirkungen auf die Gesellschaft. Dass es in kürzester Zeit Regierungen stürzen, Demokratien untergraben, Hass beflügeln und fundamentale Leitbilder unseres Zusammenlebens wie das Konzept der Wahrheit demontieren würde, konnten wir uns nicht vorstellen. Dies sollten wir uns eine Lehre sein lassen und uns Zettel an den Badezimmerspiegel kleben, auf dem steht: »Sei vorsichtig! Nichts ist wahr ohne sein Gegenteil!« Unsere Zukunft wird uns dann gelingen, wenn wir dem Gegenteil des Erhofften mehr Aufmerksamkeit schenken, wohl wissend, dass es immer gleich mit eintreten wird, wenn das eigentlich Gewünschte unser Leben ergänzt. Seit dem »You«-Titelbild der *Time* sind aber kaum mehr als 15 Jahre vergangen, eine extrem kurze Zeit für einen derart grundlegenden kulturellen Wandel. Mehr noch: Dieser Fehleinschätzung des Social Web als einer reinen Kraft des Guten saßen nicht nur Laien auf. Auch gut bezahlte, bestens informierte und professionelle Informationsbewerter wie die Journalisten der *Time* kamen zu einem unvollständigen Urteil. Ihnen unterlief eine grobe Verengung ihres Blicks auf die Versprechen der neuen Technologie, durch die sie deren negative Implikationen ausblendeten und die wir heute als haarsträubend naiv bewerten müssen. Eigentlich verblüfft das. Schließlich verfügt *Time* über ausgezeichnete Kontakte und Informationen. Die Redaktion sitzt in Manhattan am Puls der Zeit. Unablässig fliegen die Türen auf und interessanteste, gebildete Menschen kommen zu Besuch. Information und Inspiration sind im Überfluss vorhanden. Trotzdem lag die Prognose der Journalisten weit daneben. Auch diesen Umstand sollten wir aufmerksam registrieren und unsere Schlüsse daraus ziehen.

Der zitierte *Time*-Text von 2006 hätte auch von mir stammen können. Auch ich muss mich immer wieder dazu ermahnen, meiner Begeisterung für neue Technologien und die Möglichkeiten, die sich aus ihnen ergeben, den kritischen Blick für deren inhärente Risiken entgegenzustellen. Was aber geschieht da in unseren Köpfen, wenn wir uns ausmalen, wie Technik die Zukunft beeinflusst? Wie kamen wir auf Ideen, die heute rückblickend naiv klingen? In der Rückschau ist es immer leicht, ein wissendes Urteil zu fällen. Denn wir vergessen allzu leicht, wie wir früher gedacht haben, sobald wir etwas Neues lernen. Da kann es helfen, Freunde zu fragen, die damals mit dabei waren.

Kürzlich traf ich einen Freund, der mich an einen gemeinsamen Spaziergang im Spätsommer 2004 erinnerte. Wir sprachen über das Web 2.0. Er hatte zu diesem Zeitpunkt noch nie davon gehört, und ich versuchte, es ihm zu erklären. Mir persönlich hat die Aufarbeitung dieses Spaziergangs geholfen, die Wirkmechanismen zu entschlüsseln, die mich zu einem allzu leichtgläubigen Urteil gebracht hatten. Sie sind auch im Nachhinein recht einfach zu rekonstruieren und zu verstehen. Seitdem fühle ich mich besser gerüstet, ähnliche Fehler in Zukunft zu vermeiden. »Du fandest das damals großartig«, erinnerte er sich und hielt mir meine eigenen Worte von damals vor: »›Die Welt kommt in einer großen Gemeinschaft zusammen, knüpft Freundschaften rund um den Globus und hilft sich gegenseitig aus. Das Zeitalter der Kollaboration bricht an.‹« Heute ist mir mein damaliger ungebremster Optimismus etwas peinlich, aber wahrscheinlich hatte mein Freund recht. So habe ich wirklich geredet. Wie aber kam ich dazu? Warum habe ich nicht an die Gefahren gedacht? Um meinem eigenen Denken im Jahr 2004 auf die Schliche zu kommen, rekonstruiere ich den Spaziergang: Es war das erste Mal, dass ich jemanden, der noch nie vom Web 2.0 gehört hatte, den neuen Trend erklären musste. Zudem befand ich mich in einer besonderen Stimmungslage. Die Konstellation dieses Spaziergangs ist typisch für Situationen, in denen wir zu naiven Urteilen gelangen.

Soziologen wie der amerikanische Kommunikationstheoretiker Everett M. Rogers, früher Professor an der University of New Mexico, sprechen vom *Pro-innovation Bias.* Er gehört zur Gruppe der sogenannten *Cognitive Biases,* also der Wahrnehmungsverzerrungen. Rogers beschreibt das in seinem Buch »Diffusion of Innovations« von 1962 so: »Pro-Innovation Bias ist die unbewusst vertretene Ansicht, dass eine Innovation schnell verbreitet werden sollte, dass alle Mitglieder eines sozialen Systems sie zu akzeptieren hätten, dass Verbesserungen unterbleiben sollten und dass generelle Ablehnung zu unterbinden ist.« Wie alle Biases wird auch dieser von der handelnden Person nicht reflektiert. Sie ist sich der Verzerrung ihrer Wahrnehmung nicht bewusst. Rogers' Beschreibung trifft meinen Zustand beim Spaziergang von 2004 gut. Denn zwei wichtige Komponenten kamen dabei zusammen: eine optimistische Grundstimmung und die Absicht, mein Gegenüber von einer Sache zu überzeugen. Bezeichnend für das Mindset, das mit einer solchen Wahrnehmungsverzerrung einhergeht, ist der Imperativ, in den man unbewusst verfällt. Man möchte anderen etwas vorschreiben. Deswegen wählt Rogers Beschreibungen wie: »verbreitet werden sollte«, »zu akzeptieren hätten«, »unterbleiben sollte« oder »zu unterbinden ist«.

Was trieb mich an diesem Tag noch um? Mein erster Sohn Caspar war gerade geboren worden. Ein halbes Jahr zuvor hatte ich meinen neuen Job als Chefredakteur der *Welt am Sonntag* angetreten. Wir waren von Hamburg nach Berlin umgezogen. Es war ein milder Sommerabend. Am strahlend blauen Himmel ging gerade die Sonne unter. Es roch nach frisch gemähtem Gras. Mein Unterbewusstsein interpretierte diese Szene wohl als Metapher für Aufbruch, Optimismus und Freiheit. Die Skepsis meines Freundes gegenüber dem Web 2.0 stachelte meinen Ehrgeiz an, ihn zu überzeugen. Ich wechselte aus der Rolle des neutralen Beobachters in die Rolle des Missionars. Je schwerer seine Gegenargumente wogen, desto mehr Emphase bot ich auf, um ihn auf meine Seite zu ziehen. Das Gespräch endete in einem Patt. Ich konnte ihn nicht überzeugen, und er wollte nicht überzeugt werden. Wir wechselten das Thema. Doch meine eigene Erzählung nahm mich in Besitz. Ich saß dem *Pro-innovation Bias* auf. Heute nehme ich mir vor, solche Voreingenommenheit früher zu erkennen. Es tut meinem Urteilsvermögen nie gut, jemand anderen überzeugen zu wollen. Also bemühe ich mich, so wenig Emphase wie möglich an den Tag zu legen, wenn es um die Abschätzungen künftiger Entwicklungen geht.

Mein Narrativ wiederholte ich später immer wieder vor wechselndem Publikum, traf interessierte Zuhörer, hörte gute Einwände, probierte neue Argumente aus und verfeinerte meinen Vortrag von Mal zu Mal. Es floss in meine Leitartikel und Bücher ein. Was Unternehmer wie Mark Zuckerberg, Jeff Bezos oder Elon Musk taten, sortierte ich in meine vorgefasste Deutung mit ein. Skeptische Gegenargumente deutete ich hingegen als rückwärtsgewandte, konservative Bequemlichkeit. Als die Nachteile des Web 2.0 mit der Zeit dann aber zutage traten, gewann auch ich langsam die nötige Distanz zu meinem Bias. Trotzdem kann ich nicht behaupten, die negativen Auswirkungen der sozialen Netze vorhergesagt zu haben. Wie alle anderen war ich seinen Versprechungen zu lange verfallen.

Unsere aussichtsreichste Strategie für eine treffende Beurteilung der Zukunft besteht in der habituellen Ausübung des misstrauischen Schulterblicks. Weshalb sah die *Time* in Donald Trump den Anwalt der vergessenen Mehrheit, in Nixon den Öffner des Tors zu China, in Putin den Retter Russlands, in Giuliani den Bürgermeister der Welt, in Stalin den Architekten der europäischen Nachkriegsordnung, in Zuckerberg den Einheitsstifter der Menschheit und in der digital vernetzten Weltgemeinschaft den Herold eines neuen Zeitalters der Zusammenarbeit? Ein Teil der Antwort ist, dass diese Zuweisungen ganz oder teilweise wahr sind oder zumindest zum Zeitpunkt des Urteils wahr waren. Nichts davon war per se falsch. Was aber fehlte, war die Vollständigkeit, der Blick über den Ereignishorizont des unmittelbar Sichtbaren hinaus. Trump ist eben auch ein autokratischer Rassist und wahrscheinlicher Faschist, Nixon ein chronischer Lügner, Putin ein Kriegsverbrecher, Militarist, Aggressor und Unterdrücker, Giuliani ein gewissenloser Winkeladvokat, Stalin ein Massenmörder, Zuckerberg ein Gewinnoptimierer, der lange vor dem hohen gesellschaftlichen Preis nicht zurückschreckte, den er uns allen abverlangte. Und die Weltgemeinschaft »You« ist eben oft auch ein gemeingefährliches, heimtückisches, rachsüchtiges, egoistisches, betrügerisches, eitles und aggressives Wesen, dem man tunlichst nicht die Mittel in die Hand geben sollte, Millionen von Menschen auf Knopfdruck, in Sekundenschnelle und noch dazu kostenlos aufzuwiegeln.

Wenn man einen Eimer Wasser über dem Boden ausgießt, erwartet man, dass es ebenmäßig in alle Richtungen fließt. Führt man eine neue Technologie ein, ist gleichermaßen damit zu rechnen, dass sie früher oder später für alle erdenklichen Zwecke genutzt wird und sich eben nicht nur in Richtung des erwünschten Fortschritts entwickelt. Bei einfachen Technologien wissen wir das intuitiv. Brotmesser können Brot schneiden und ebenso leicht tiefe Wunden reißen. Bei komplizierten Technologien aber wenden wir oft zu wenig Mühe auf, uns deren Missbrauch vorzustellen. *Time* dachte beim weltumspannenden Austausch zwischen den Menschen erst einmal an die gegenseitige Hilfe, die man sich nun leisten kann. So weit, so richtig. Doch üble Nachrede, Beleidigung, Angriffskrieg, Betrug, Manipulation, Hass, Rassismus, Mobbing und Fälschung kamen in ihrer Zukunftsvision nicht vor. In ihre Richtung aber dehnt sich das Social Web genauso gleichmäßig aus wie das Wasser über den Parkettboden. Und sie machen vor dem Netz nicht halt. Naiv ist es zu glauben, Menschen würden sich neuer Werkzeuge zu anderen Zwecken bedienen als alter Werkzeuge. Neue Technik wird früher oder später immer zu alten Zwecken eingesetzt. Murphys Gesetz übertragen auf Technologie besagt: »Alles, was missbraucht werden kann, wird missbraucht werden.«

Pro-Innovation Bias bedeutet, diese Tatsache auszublenden, weil sie dem Aufruf zur Verbreitung von Technologie im Weg steht. Missionare, Evangelisten und Propheten des technologischen Fortschritts liefern die Gegenthese zu ihrer Lehre selten mit. Sie formulieren ihren Aufruf in der grammatikalischen Form der Soll-Vorschrift: »Du musst!« Um dem naiven Zukunftsglauben nicht zu verfallen, ist es an uns, ihrem einseitigen Argument den Missbrauch der propagierten Zwecke entgegenzuhalten. Nur so entsteht ein vollständiges Bild. Dies ist der Schulterblick, den wir uns fest angewöhnen sollten. Seien wir ein bisschen paranoid, damit wir die Paranoia vorausahnen können, die durch den Missbrauch der Technik später mehr als gerechtfertigt sein wird. »Es wird schlechter, bevor es besser wird«, sagen die Briten. Im Umkehrschluss bedeutet dies, dass wir den Mut haben sollten, mit einer neuen Technik möglichst gut vorbereitet durch ein Tal des Missbrauchs zu gehen, bevor wir die Gipfel des Fortschritts erklimmen können. Bauen wir die Fantasie des Übeltäters in unser Modell mit ein, dann wird es später in viel größerem Maße Nutzen stiften.

Im Epilog dieses Buchs werden wir in kurzen Worten zusammenfassen, wie die Zukunft eingedenk dieser Warnung vermutlich aussehen wird. Bevor wir dazu kommen, werfen wir zuvor aber noch einen Blick auf ein profanes Thema, das wir aus früheren Kapiteln aufgespart haben: die Misere der Finanzierung von Innovation mit Geld aus Europa und Deutschland und den beträchtlichen Vorteil für Gesellschaft und Volkswirtschaft, den wir mobilisieren könnten, wenn wir beherzter in die Erneuerung unserer technischen Basis investieren würden.

Deutschland:
Weshalb wir endlich mehr von unserem eigenen Geld in neue Technologie investieren sollten

Vieles läuft gut in Deutschland. Technisches Geschick und unternehmerischer Mut liegen auf höchstem Niveau. Doch eine gewaltige Finanzierungslücke verstellt den Weg in die Zukunft. Den Anschluss an die Weltspitze werden wir aber nur halten, wenn wir dazu bereit sind, einige Erfolgsrezepte des Wirtschaftswunders der 1950er und 1960er Jahre wiederzubeleben. Sonst scheitert unser Aufbruch am Geld.

> *»Der Segen war über Ihnen, aber man*
> *verstand nicht, ihn herunterzuholen.«*
> FRANZ KAFKA, »DAS SCHLOSS«

Es ist leicht, sich ein schmeichelhaftes Bild der Zukunft Deutschlands im Jahr 2040 zu malen. In dieser Zukunft wäre es die modernste Volkswirtschaft der Welt. Das Kraftzentrum der technischen Moderne, das wichtigste Labor für vielversprechende Ansätze gegen alte Menschheitsgeißeln wie Krankheiten, Ressourcenverschwendung, Tierquälerei, Ausbeutung, Hunger, Armut und Diktatur. Wäre das nicht sinnvoll und erstrebenswert? Damit dieses Bild wahr wird, müssen wir aber noch eine Menge leisten. Wir müssten uns trauen, mehr Geld in den technologischen Aufbruch unserer Landsleute zu investieren, als wir das bislang tun. Diese Möglichkeit steht uns offen. Genügend Geld haben wir. Nun ist die Zeit gekommen, es klug anzulegen.

An vielen Beispielen sehen wir, dass sich das überaus lohnen kann, etwa bei den Leistungen der klassischen Industrie. *Carl Zeiss* zum Beispiel baute jüngst gemeinsam mit dem Hochtechnologieunternehmen *Trumpf* eine Maschine zur Belichtung äußert kleiner und leistungsstarker Chips mit Hilfe extrem ultravioletten Lichts. Der Laser in dieser Maschine bündelt bislang unerreichte Energiemengen auf winzige Punkte. Damit zeichnet der Apparat filigrane Schaltkreise, die alles an Miniaturisierung übertreffen, was die Chipbranche bisher gesehen hat. Solche Chips steuern selbstfahrende Autos, helfen *Siri* und *Alexa,* unsere Fragen zu versehen, interpretieren Röntgenbilder von Lungenentzündungen und übersetzen Chinesisch in Echtzeit auf Deutsch. Sie treiben den Fortschritt voran.

Auch deutsche Unicorns wie *Zalando, Delivery Hero, HelloFresh, N26, Celonis, Personio, Signavio, wefox Solaris, Flixbus, Contentful* oder *Trade Republic* liefern gute Argumente für schmeichelhafte Prognosen. Sie zeigen, dass junge deutsche Firmen die Kunst des Skalierens beherrschen, also schnell wachsen können, ohne große Mehrkosten zu verursachen. Das Max-Planck-Institut, die Fraunhofer-Gesellschaft, die Deutsche Forschungsgemeinschaft und die Universitäten liefern Rekordzahlen von Patenten. Deutschstämmige Gründer im Ausland beweisen, dass unser Gründergeist überall funktioniert. Stanford-Professor Sebastian Thrun aus Solingen hat in den USA die Firmen *Waymo* (selbstfahrende Autos), *Udacity* (digitale Bildung) und *Kitty Hawk* (Passagierdrohnen) ins Leben gerufen. Alex Karp, promovierter Philosoph aus Frankfurt, machte *Palantir* zum bekanntesten Datenanalyseunternehmen der Welt. Geheimdienste und Großkonzerne vieler Länder nehmen seine Hilfe in Anspruch. Peter Thiel, ebenfalls geboren in Frankfurt, erdachte *PayPal* und investierte früh in *Palantir, Facebook* und *Deposit Solutions.* Zwar bleibt er wegen seiner Unterstützung Donald Trumps in der Kritik, sein Investitionsgeschick steht jedoch außer Frage.

Diese Erfolge beflügeln unseren Mut, noch kühner als bisher

in die Zukunft zu denken. Stellen wir uns vor, dass *Sono Motors* schon bald *General Motors* schlägt, *Lilium* den Platzhirsch *Boeing* ablöst, *Isar Aerospace* und die *Rocket Factory Augsburg* Elon Musks *SpaceX* überholen, *BioNTech* nach überstandener Coronapandemie *Pfizer* kauft und *Celonis* den Rivalen *Salesforce* übernimmt. *Delivery Hero, HelloFresh* und *Zalando* – neuerdings im Dax notiert – tragen bei zur Runderneuerung der Volkswirtschaft. An diesem Aspekt scheint sich die Geschichte tatsächlich ein wenig zu wiederholen. Denn bereits in der Zeit zwischen der Gründung des Bismarckreichs und dem Ersten Weltkrieg entstanden Start-ups, denen wir unseren Nachkriegswohlstand verdanken: *Bayer* (1863), *BASF* (1865), *Deutsche Bank* (1870), *Dresdner Bank* (1872), *Benz* (1883), *Daimler* (1890), *Audi* (1909), *Fresenius* (1912) oder *BMW* (1916) sind einige Beispiele der nicht umsonst so genannten Gründerzeit. Nach der Wiedervereinigung sind nun erneut zahlreiche Start-ups angetreten, die versprechen, uns in ein neues Goldenes Zeitalter zu tragen.

Damit diese Vision wahr wird, sollten wir Geldströme in die richtige Richtung lenken. Noch rinnen diese Ströme jedoch allzu dünn. Trotz aller Erfolge tun wir in diesem Land nicht genug dafür, Technologie und Erneuerung voranzutreiben. Vieles fangen wir schwungvoll an, bringen es aber nicht entschlossen genug zu Ende. Unsere besten Innovatoren suchen händeringend nach Geld. Weil wir es ihnen nicht in ausreichender Menge geben, wandern sie entweder aus oder verkaufen ihre Firmen an Investoren aus den USA oder China. Internationaler Kapitalverkehr und Freihandel sind zwar eigentlich hilfreich, doch Innovatoren wenden sich früher oder später von unserem Land ab und den Orten zu, von denen das Geld kommt. Das ist nur menschlich. Jede Million, die ein junges deutsches oder europäisches Life-Changer-Unternehmen nicht von hier, sondern aus dem Ausland bekommt, kann in der Zukunft Milliardenverluste für den Standort bedeuten. Geiz kann teuer sein. Die Folgen unserer Zurückhaltung bei Investitionen in Zukunftstechnologien werden wir noch schmerzhaft zu spüren bekommen.

Bei Technologien wie dem Personal Computer, dem Fernsehen, Social Media, Messaging, Smartphones, der Cloud, Elektroautos, Chips und Batterien haben wir in den vergangenen Jahren bereits kontinuierlich an Bedeutung verloren. Inzwischen riskieren wir, auch bei den wichtigsten Zukunftstechnologien wie der künstlichen Intelligenz den Anschluss zu verlieren ebenso bei Quantencomputern, Gedächtniswissenschaften, personalisierter Medizin, synthetischer Biologie und B2B-Plattformen. Deutsche Unicorns bleiben Ausnahmeerscheinungen. Oft erzielen sie nur Anfangserfolge, denn auf Dauer verlieren sie entweder durch Kapitalmangel, werden von ihren Konkurrenten aufgekauft oder fallen schon früh amerikanischen und chinesischen Investoren in die Hände. Dass ein deutsches Unternehmen wie *Flixbus* eine amerikanische Legende wie *Greyhound* erwirbt, bleibt die Ausnahme. Weitaus typischer ist der frühe Verkauf des Berliner Klima-Start-ups *Planetly* an das amerikanische Technologieunternehmen *OneTrust*. Die Begründung der Berliner ist bezeichnend und wiederholt sich immer wieder: »*OneTrust* gibt uns die Möglichkeit, unser Ziel, Unternehmen bei der Reduzierung ihrer Emissionen zu helfen, über Nacht auf eine globale Ebene zu heben.« Deutschland ist für den Anfang gut, doch das große internationale Spiel geht nur mit den Amerikanern. Das kann so nicht bleiben. Wir sollten mutiger und selbstbewusster auftreten.

Uns stehen alle Mittel zur Verfügung, die wir bräuchten, um jede Form von Innovation hierzulande mit eigenem Geld zu bezahlen. Wir besitzen eine einzigartige Kombination aus technischem Geschick und finanziellem Reichtum. Andere Länder beneiden uns um diese doppelte Stärke. Doch eine Mischung aus Risikoscheu, Unbedachtheit, Informationsmangel und Saumseligkeit bewirkt, dass wir permanent unselige Anlageentscheidungen treffen. Für den Staat gilt das auf jeden Fall. Aber auch zahlreiche

Firmen stecken zu viel Geld ins Gewohnte und zu wenig ins wirklich Neue. Doch selbst Privatleute tragen ebenso eine Mitschuld an der Finanzierungsmisere. Wir bunkern zu viel Geld an der falschen Stelle. Das schadet unserem eigenen Vermögen und fehlt den Innovatoren, die unsere Volkswirtschaft nach dem Vorbild der Gründerjahre in der Kaiserzeit völlig neu erfinden könnten. Zur Erneuerung der Volkswirtschaft und zum Antreiben von Life Changern trägt all das jedenfalls nicht bei. Denn damit zehren wir unsere Innovatoren aus und verzichten außerdem auf eindrucksvolle Renditen.

Ein Gegenbeispiel, das zeigt, dass es auch anders geht: Norwegen investiert die Erlöse aus seinen Gas- und Ölvorkommen in einen Staatsfonds. Mit 1,2 Billionen Euro Anlagevolumen ist

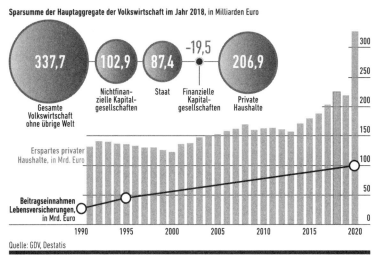

Die Deutschen sparen sich arm
Jährliche Rücklagen der wichtigsten Wirtschaftssektoren verglichen mit den Einzahlungen in Lebensversicherungen. Geld ist im Überfluss vorhanden, aber es liegt an der falschen Stelle

Sparsumme der Hauptaggregate der Volkswirtschaft im Jahr 2018, in Milliarden Euro

Quelle: GDV, Destatis

Seit langem legen die Deutschen zuviel Geld auf die hohe Kante und investieren zu wenig in die Erneuerung ihrer Volkswirtschaft. So veraltet die Firmenlandschaft.

es der größte Staatsfonds der Welt. Übertragen auf die 15-mal größere Einwohnerzahl Deutschlands wäre das so, als hätten wir knapp 20 Billionen Euro in einen Zukunftsfonds investiert – das entspräche dem 40-Fachen des derzeit kompletten Bundeshaushalts. Weil der Fonds seine Investitionen breit in Anteile an 9100 Unternehmen weltweit streut, können einzelne Ausfälle ihm wenig anhaben. In den vergangenen 25 Jahren erzielten die Norweger eine Durchschnittsrendite von 6 Prozent. Wären wir ihrem Vorbild in proportionalem Maßstab gefolgt, würde unser Fonds heute 1,1 Billionen Euro pro Jahr decken. Das wäre zehnmal mehr als wir bräuchten, um alle aussichtsreichsten Start-ups des Landes zu globalen Champions aufzupäppeln. Es bliebe darüber hinaus noch genug Geld, um alle Autobahnen und Brücken zu renovieren, das schnellste Zugnetz der Welt zu bauen, das Rentenloch für alle Zeiten zu stopfen, Universitäten auf internationale Spitzenplätze zu bringen und blendend ausgestattete Kindergartenplätze für alle kostenlos anzubieten. Überdies könnten wir die Einkommensteuer ersatzlos streichen und Unternehmenssteuern halbieren. Obwohl diese Vorteile auf der Hand liegen, folgen wir dem Beispiel Norwegens bislang jedoch nicht.

Einnahmen aus Erdgas und Öl haben die Deutschen kaum. Doch sie besitzen eine überaus starke Industrie. Das ist mindestens genauso viel wert und eine gute Nachricht. Speisen könnten wir einen Staatsfonds problemlos mit einem Teil des Geldes, das wir jedes Jahr auf die hohe Kante legen. Doch stattdessen fällen wir fortgesetzt immer wieder die gleiche fatale Anlageentscheidung. Über Omas Sparstrumpf und Opas Sparschwein machen wir uns lustig. Dabei handeln wir selbst kein bisschen rationaler. Im Jahr 2020 haben Deutschlands private Haushalte 327 Milliarden Euro gespart. Das Geld landete größtenteils an der falschen Stelle. Ein Drittel der Einlagen steckten wir 2020 in private Lebens- und Rentenversicherungen. Präzise waren es 103 Milliarden Euro. Gegen Altersvorsorge und Absicherung für den Todesfall ist nichts zu sagen. Doch wir übertreiben es. Bei Lebens- und privaten Rentenversicherungen unterhalten wir 86,3 Millionen Verträge. Es gibt in diesem Land inzwischen mehr Policen als Bürgerinnen und Bürger. 773 144 Kinder wurden 2020 geboren, trotzdem unterzeichneten wir 4,7 Millionen neue Verträge. Statistisch gesehen, begrüßen wir jeden neuen Säugling mit sechs neuen Policen auf unser Leben und für unsere Altersversorgung. Zwei Drittel der neuen Verträge stehen für private Renten und Pensionen. Damit reagieren die Menschen auf die lückenhafte Deckung der staatlichen Sicherung. Ein Zehntel der Verträge sichert Individualität ab, ein weiteres Zehntel den Tod.

Für das Alter und den Tod haben wir also bestens vorgesorgt, für das Leben und die Innovation leider etwas weniger gut. Lebens- und Rentenversicherungen bringen den entscheidenden Nachteil mit sich, dass sie nur einen Bruchteil des in ihnen vorhandenen Geldes in innovative Unternehmen investieren. Schon ein einziges Prozent der Anlagesumme wäre viel und wird fast nie erreicht. Das liegt zu einem gewissen Teil daran, dass die Versicherungsgesellschaften gar nicht anders mit ihren Mitteln umgehen dürfen. Gesetze verbieten ihnen den Erwerb von Aktien, Anteilen an Venturefonds oder Direktinvestitionen über einen hauchdünnen Betrag hinaus. Diese Gesetze sollen Sparerinnen und Sparer vor waghalsigen Finanzmanövern schützen. Das klingt sinnvoll, doch der Gesetzgeber ist zu streng. Er sollte Versicherern erlauben, einen etwas höheren Prozentsatz in wachstumsstarke Innovatoren zu investieren.

Diese Idee hat sich in den USA seit Jahrzehnten bewährt und wird auch hier seit Jahren in der Politik diskutiert. Bislang schleppt sie sich aber folgenlos dahin. Als Jens Spahn noch Staatssekretär im Finanzministerium war, setzte er sich für eine Anhebung der Investitionsgrenzen ein, kam damit aber nicht weit. Doch selbst den engen Rahmen des Gesetzgebers schöpfen die deutschen Versicherungen nicht aus. Den Löwenanteil des Geldes stecken sie weiter in Immobilien und Staatsanleihen. Das bedeutet: Wer eine Versicherung kauft, investiert sein Geld damit zwangsläufig in den statischen Teil der Volkswirtschaft. Oder trägt über den Kauf von Staatsanleihen indirekt zur Finanzierung des Fiskus bei – eine ironische Pointe, denn vor dem Fiskus und dessen Steuern hat man sein Geld ja gerade eben erst in Sicherheit gebracht.

Zahlen der staatlichen Förderbank *KfW* belegen die systematische Falschanlage der privaten Sicherungskassen deutlich. Von den 5,8 Milliarden Euro, die zwischen 2017 und 2019 als Wagniskapital in deutsche Unternehmen flossen, stammten nur 15 Prozent von den Versicherern und Pensionsfonds. Das waren gerade einmal 870 Millionen Euro über drei Jahre, im Schnitt also 290 Millionen pro Jahr. Vergleichen wir diese Zahlen mit dem Geld, das wir als Bürger jedes Jahr in Versicherungen und Pensionsfonds stecken, dann wird das ganze Ausmaß unserer Gedankenlosigkeit sichtbar. Mehr als 100 Milliarden Euro kommen in diesen Sicherungssystemen jedes Jahr an, weniger als 300 Millionen hingegen kommen als Eigenkapital Innovatoren zugute. Das sind weniger als drei Promille. Selbst von einem einzigen Prozent der Summe, die wir in ein System investieren, das den Fortschritt verhindert, sind wir noch um den Faktor 3 entfernt. Sorgloser und saumseliger könnten wir mit der Zukunft unserer Volkswirtschaft gar nicht umgehen. Die Versicherungsunternehmen tragen Verantwortung dafür, dass sie diesem Missstand nicht abhelfen. Und wir als Versicherte müssen auch uns selbst vorwerfen, dass wir uns dieses Fehlverhalten bieten lassen.

Was wir nicht in Versicherungen verstecken, parken wir meist renditefrei auf Girokonten, in Tagesgeld oder Geldmarktfonds. Der Zins kann noch so niedrig und die Inflation noch so hoch sein, wir lassen nicht von unserem Urinstinkt ab, die Nüsse in Griffweite zu lagern. Beim Cash Management küren wir das Eichhörnchen zum Wappentier. Mitte 2021 lagen 7,325 Billionen

Euro Vermögen privater Haushalte auf Girokonten und in Sichteinlagen herum. Im Schnitt sind das rund 9000 Euro pro Bürgerin und Bürger. In den zwölf Monaten zuvor war der Geldhaufen um 670 Milliarden Euro angewachsen. Während die Niedrigzinspolitik diesen Schatz von allen Seiten anknabbert und er beständig an Kaufkraft verliert, sehen wir gelassen dabei zu, wie Life-Changer-Start-ups Deutschland eines nach dem anderen aus Geldmangel verlassen oder von Investoren außerhalb Europas aufgekauft werden. Wir aber benehmen uns so, als hätte das eine mit dem anderen nichts zu tun. Während die Stadt abbrennt, freuen wir uns über das viele Wasser im Löschteich, füttern die Enten und schütten ständig neues Wasser hinzu. Hinterher stehen zwar kaum noch Häuser, aber dafür lockt der Löschteich Touristen an.

Den volkswirtschaftlichen Schaden, den wir anrichten, können Ökonomen genau beziffern. Eine Studie des Venture-Unternehmens *Lakestar* listet sie auf. *Lakestar* wurde von Klaus Hommels gegründet, der als einer der begabtesten und erfolgreichsten europäischen Investoren gilt. Er investierte bereits Geld in *Facebook,* als Mark Zuckerberg noch in Harvard lebte und noch nicht ins Silicon Valley umgezogen war. *Spotify* gehörte zu Teilen schon ihm, als die meisten Menschen das Wort »Streaming« noch nie gehört hatten und bei Musikplattformen nur an Pirateninseln wie *Napster* dachten. Weil ich selbst dem Beirat von *Lakestar* angehöre, bin ich befangen, doch die Zahlen, die das Hommels-Team mit Unterstützung von *McKinsey* präsentiert hat, halten kritischer Überprüfung stand. Sie zeigen: Der wirtschaftliche Erfolg Deutschlands in den 1970er Jahren war der Ertrag massiver Investitionen in den 1950er und 1960er Jahren. In diesen beiden Jahrzehnten gaben die Deutschen 4 Prozent ihres Bruttoinlandsprodukts für Wachstumsfinanzierung aus. Das Geld floss in Kernbranchen wie das Automobil, die Chemie und den Maschinenbau. Eine Mehrheit der Dax-Unternehmen entstand in dieser

Zeit und skalierte später schnell nach oben. Aufschlussreich ist, auf welchem Weg das Geld damals in die Firmen kam: durch Kredite von Banken. Geldhäuser übten dieser Tage eine wahrhaft systemrelevante Funktion aus. Sie pumpten Geld in Innovation. Dabei gelangen ihnen überwältigende Erfolge. 60 Prozent der gesamten Wirtschaftsleistung der 1970er Jahre stammte aus Innovationen, die in den beiden Jahrzehnten zuvor mit Hilfe von Bankkrediten aus dem Boden gestampft worden waren. Ohne diesen Erfindungsreichtum und die passende Finanzierung wären wir niemals Exportweltmeister und eines der wohlhabendsten Länder der Welt geworden.

Doch dann zog schleichend eine Gefahr auf, die wir nicht rechtzeitig erkannt haben und der wir nicht entgegenwirkten. Banken veränderten ihr Geschäftsmodell. Sie wichen Risiken immer öfter aus. Kredite vergeben sie heute weitaus zögerlicher als vor einem halben Jahrhundert. Zu einem guten Teil haben Gesellschaft und Gesetzgeber sie dazu gezwungen. Zahlreiche Bankpleiten wie beispielsweise *Sal. Oppenheim* in Köln gingen auf übertriebenen Risikohunger und mangelhafte Absicherung zurück. Sparer verloren ihr Geld. Sicherungsfonds und Staatskassen sprangen ein und legten die Verluste auf alle um. Mit jeder Bankenkrise im In- und Ausland legten Regulatoren den Geldhäusern neue Vorschriften auf. Sie taten das aus guten Gründen. So hatte die Lehman-Pleite von 2008 die ganze Weltwirtschaft in eine Rezession gestürzt. In der Folge gehen Banken heute fast gar keine schwer kalkulierbaren Risiken mehr ein. Schon aus diesem Grunde ist die Großzügigkeit kaum mehr vorstellbar, mit der Bankiers der 1950er und 1960er den Mittelstand zu Großkonzernen hochzüchteten.

Schon dieser Trend für sich genommen würde den Kapitalfluss an Innovatoren drosseln. Doch es kam eine weitere bedrohliche und folgenreiche Entwicklung hinzu. Nicht nur die Banken, sondern auch die Innovatoren veränderten ihr Geschäftsmodell. Früher investierten Unternehmerinnen und Unternehmer Geld vor allem in greifbare Objekte: Grundstücke, Bürogebäude, Fabrikhallen, Maschinen, Gabelstapler, Kräne oder Bulldozer. Banken akzeptierten diese Wertgegenstände als Sicherheiten für ihre Kredite. Ging etwas schief und bediente das Unternehmen sein Darlehen nicht mehr, nahm die Bank die Kreissäge oder die Drehbank an den Haken und verkaufte sie. So bekamen sie zumindest einen Teil ihres Geldes zurück. Immobilien taugten als Sicherheit besonders gut. Eine Hypothek oder Grundschuld gibt im Fall der Fälle einfach, schnell und sicher Geld wieder her. Das System des Bankkredits basiert auf dinglicher Sicherung. Man wünscht dem Unternehmen alles Gute, doch wenn das Projekt schiefgeht, ist das Geld nicht verloren.

Mit dem Siegeszug der Digitalisierung sieht dieses erprobte System aber plötzlich alt aus. Es passt nicht mehr in die Zeit. Ein Schlüssel öffnet die Tür, wenn das passende Schloss eingebaut ist. Doch bei einer elektronisch gesteuerten Glasschiebetür mit eingebautem Bewegungssensor richtet der Schlüssel nichts mehr aus. Dafür kann weder der Schlüssel etwas noch die Tür. Die Systeme passen einfach nicht zusammen. Moderne digitale Unternehmen besitzen kaum noch Anlagevermögen, das die Bank beleihen kann. Das Büro ist gemietet, die Schreibtische sind geleast, statt Dienstwagen gibt es ÖPNV-Tickets und Carsharing-Gutscheine, Server werden über die Cloud nach Nutzung bezahlt, und die größte Maschine im eigenen Eigentum ist der Espressoautomat in der Teeküche. Investitionen fließen hauptsächlich in das Schreiben eigener Software. Diese Programme können zwar aktiviert werden und in der Bilanz erscheinen. Doch für Banken sind sie der denkbar untauglichsten Sicherungsstände. Wenn die Firma gut läuft, ist die selbst geschriebene Software zwar wertvoll, doch die Bank braucht sie nicht als Sicherheit, weil das Unternehmen Zins und Tilgung pünktlich zahlt. Scheitert die Firma jedoch, liegt das vor allem daran, dass der Markt die Dienstleistung nicht schätzte, die mit Hilfe der Software erbracht wurde. Dann ist nicht nur die Firma pleite, sondern auch die Software weitgehend wertlos.

Banken und ihre Aufsichten wissen allzu gut, dass Software ein riskantes Geschäft ist. Ihr Wert schwankt mit dem Wert der Firma, und zwar immer genau in die gleiche Richtung. Das unterscheidet sie fundamental von traditionellen Sicherungsgegenständen wie Betonmischern, Blechpressen, Druckmaschinen oder Flugzeugen. Deren Wert hängt nur von der Nachfrage auf dem Markt für Zweitgeräte ab. Und diese Nachfrage schwankt zwar über die Zeit, jedoch in anderem Rhythmus, aus anderen Gründen und in anderem Umfang als die Geschicke des verschuldeten Unternehmens. Genau dieser Phasenunterschied ist es, was Banken zur Sicherung ihrer Darlehen benötigen. Sie können nichts damit anfangen, dass Fehlentscheidungen des Managements nicht nur die Firma selbst, sondern immer gleich auch all ihre Vermögensgegenstände versenken.

Auch hadern sie damit, dass schnell wachsende Unternehmen oft erst mal Verluste statt Gewinne schreiben. Ihre Kreditrichtlinien sind auf Profitabilität ausgelegt. *Amazon* hätte von Banken – zumindest in Deutschland – keinen Wachstumskredit bekommen. Es mochte ja sein, dass der Onlinehändler irgendwann mal zu einer Cashmaschine heranwachsen würde. Doch Banken sehen es nicht als ihre Aufgabe an, das damit verbundene Risiko zu tragen. Ihre Mitarbeiterinnen und Mitarbeiter sind nicht dafür ausgebildet, die Erfolgswahrscheinlichkeiten von jungen Unternehmen abzuschätzen. Und Aufsichtsbehörden verbieten den Geldhäusern auf Geheiß des Gesetzgebers fast jede Form von ungesicherter Wette auf die Zukunft.

Doch die Zeiten ändern sich. Die Digitalisierung hat moderne Unternehmen von den Geldhäusern abgekoppelt. Life Changer fahren wie Lokomotiven aus dem Bahnhof und lassen die Waggons antriebslos zurück. Je weiter die Digitalisierung der Welt voranschreitet, desto weniger sind Darlehen dazu geeignet, innovative Firmen mit Kapital zu versorgen. Das ist der Grund, warum Life Changer heute fast ausschließlich mit Eigenkapital finanziert werden und kaum noch durch Fremdkapital. Aktien und Anteile am Stammkapital haben den klassischen Kredit fast vollständig ersetzt. Dieser Wandel birgt weitreichende Implikationen. Er verändert ganze Volkswirtschaften. Denn seine logische Folge ist, dass nur noch die Länder bei Zukunftstechnologien mitspielen können, deren Finanzsystem ausreichend Eigenkapital zur Verfügung stellt.

Genau hier können wir ansetzen. Ein riesiger Hebel mit enormem Kraftmoment liegt in unseren Händen. Wir brauchen ihn nur noch umzulegen. Das könnten wir gleich morgen beschließen. Niemand hindert uns daran. Der Bedarf ist überdeutlich sichtbar. Wir sind heute noch immer eine klassische Kreditwirtschaft. Unser Finanzsystem hat mit den Anforderungen der Moderne nicht mitgehalten. Deswegen spielen wir bei innovativen Zukunftstechnologien immer häufiger nur eine untergeordnete Rolle. Zwei Zahlen illustrieren diese bedrohliche Entwicklung sehr deutlich. Zum Ende des Jahres 2020 betrug die Summe aller ausstehenden Bankkredite an deutsche Unternehmen und Selbständige 1,623 Billionen Euro. Die Summe des Wagniskapitals hingegen betrug nach Schätzungen von *PitchBook* weniger als 20 Milliarden Euro. Das Verhältnis zwischen traditioneller und moderner Finanzierung beträgt also rund 80:1. Zu allem Überfluss sind diese Daten auch noch unsicher. Während das Statistische Bundesamt und viele Studien das Volumen von Unternehmenskrediten präzise messen und benennen können, gibt es für das Volumen an hiesigem Wagniskapital nur vage Schätzungen. Es fehlt an klar definierten Kriterien und sauber erhobenen Daten. Seit vielen Jahren steuert Deutschland im Statistikblindflug durch den folgenschwersten Wandel seiner Volkswirtschaft seit Kriegsende. Selbst die Coronazahlen wurden durch die chronisch unterdigitalisierten Gesundheitsämter schneller und

Zu wenig Geld für die moderne Wirtschaft

Deutschlands Investitionen in Wachstumsunternehmen früher und heute im Vergleich.
Die Finanzierung für schnell skalierende Firmen ist auf ein Viertel des damaligen Werts gesunken

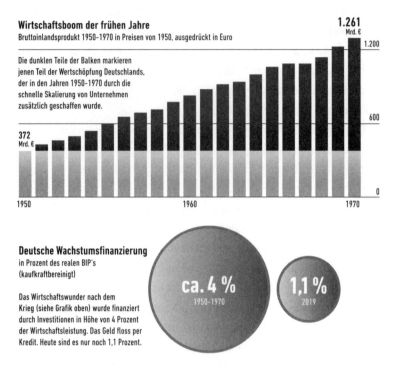

Wirtschaftsboom der frühen Jahre
Bruttoinlandsprodukt 1950–1970 in Preisen von 1950, ausgedrückt in Euro

Die dunklen Teile der Balken markieren jenen Teil der Wertschöpfung Deutschlands, der in den Jahren 1950–1970 durch die schnelle Skalierung von Unternehmen zusätzlich geschaffen wurde.

Deutsche Wachstumsfinanzierung
in Prozent des realen BIP's
(kaufkraftbereinigt)

Das Wirtschaftswunder nach dem Krieg (siehe Grafik oben) wurde finanziert durch Investitionen in Höhe von 4 Prozent der Wirtschaftsleistung. Das Geld floss per Kredit. Heute sind es nur noch 1,1 Prozent.

Abgeschlagen im Vergleich zu den europäischen Nachbarn
Wichtige Kennzahlen von 2016 bis 2020, in Prozent

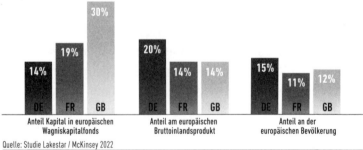

Quelle: Studie Lakestar / McKinsey 2022

Früher war es normal, dass Deutschland Erspartes als Kredite in Unternehmen investierte. Heute spielt das eine untergeordnete Rolle und es fließt weniger Geld.

304

verlässlicher erhoben als die Investitionen in Wagniskapital. Was man nicht misst, ändert man nicht. Gesellschaft und Politik haben noch immer nicht vollständig erfasst, wie gefährlich ihre Untätigkeit ist.

Vergleichsweise große Verlässlichkeit bringen zumindest die Studien der staatlichen Förderbank *KfW*. Diese Institution engagiert sich anders als die meisten anderen öffentlichen Einrichtungen systematisch und hörbar für das Schließen der Wagniskapitallücke. Ihre Erhebungen offenbaren den Ernst der Lage: An neun von zehn großen Venture-Transaktionen in Deutschland sind derzeit ausländische Investoren beteiligt. Der Ausverkauf ist in vollem Gange. Gemessen an der Wirtschaftskraft ist der Wagniskapitalmarkt in Frankreich 1,5-mal größer als in Deutschland, in Großbritannien 2,7-mal, in China 4,1-mal und in den USA 5,2-mal so groß. Selbst unsere europäischen Nachbarn haben uns abgehängt. Im Vergleich zum »Systemrivalen China« (Olaf Scholz) und dem schwierigen Verbündeten USA sind wir besonders weit abgefallen. Zwar haben sich die Wagnisinvestitionen in Deutschland während der vergangenen fünf Jahre verdoppelt. Doch in anderen Ländern ging es in gleichem Tempo voran, sodass der Abstand letztlich nicht kleiner geworden ist. Von Autos erwarten wir nicht, dass sie mit einem Wasserglas Benzin 100 Kilometer weit fahren. Ebenso wenig dürfen wir von Life Changern erwarten, dass sie in Deutschland Fuß fassen, wenn wir ihnen die notwendige Finanzierung versagen.

»Der Markt für Venturecapital in Deutschland und Europa ist – gemessen an der Wirtschaftskraft – deutlich kleiner als beispielsweise in den USA oder in Großbritannien«, bestätigt Jörg Goschin, Geschäftsführer von *KfW Capital*, der Beteiligungstochter der Förderbank. »Wir brauchen neue Investorengruppen, die diesen Markt als Chance begreifen.« Und Hendrik Brandis, der Gründer und Geschäftsführer von *Earlybird* in München und damit einer der dienstältesten Wagniskapitalinvestoren Deutschlands, rechnet mir im Gespräch vor: »Bis 2030 brauchen wir drei bis fünf Wachstumsfinanzierer aus dem deutschen Ökosystem mit jeweils mindestens einer Milliarde Euro Geld zum Anlegen, nur um das drängende Finanzierungsproblem in der Spätphase von Start-ups zu lösen.«

In seiner *Lakestar*-Studie benennt Klaus Hommels die Folgen dieses Mankos. Flossen zwischen 1950 und 1970 noch 4 Prozent des Bruttoinlandsprodukts an Innovatoren, fiel diese Quote aus den genannten Gründen im Jahr 2001 auf nur mehr 1,1 Prozent und 2010 sogar auf 0,9 Prozent. Im Jahr 2019 stieg sie zwar wieder leicht auf 1,1 Prozent an, doch vom Erfolgsmodell der Aufbaujahre ist sie um den Faktor 4 entfernt. Fremdkapital verlor an Bedeutung, und Eigenkapital konnte die Lücke nicht schließen – eine bedenkliche Entwicklung. Deutschland gibt für Forschung und Entwicklung in Firmen mit rund 1 Prozent des Bruttoinlandsprodukts proportional etwa so viel Geld aus wie die USA. Pro 1000 Einwohner veröffentlichen deutsche Wissenschaftlerinnen und Wissenschaftler etwa gleich viele Papiere. Auch bei der Quote der Weltklassepatente liegen wir etwa gleichauf. Doch bei der Zahl der Unicorns kommt Deutschland nur auf ein Viertel der Dichte der USA, und bei den Wachstumsinvestitionen pro Kopf nur auf ein Achtel. In der Folge erzeugen die Amerikaner pro Einwohner 13-mal so viel Wert wie die Deutschen.

Um bis 2040 mit 3 bis 4 Prozent pro Jahr weiter wachsen zu können, braucht Deutschland nach Berechnungen von *Lakestar* und *McKinsey* 12 000 bis 13 000 junge, innovative und schnell wachsende Firmen. Jede dieser Firmen benötigt im Schnitt 150 Millionen Euro Wagniskapital. In der Summe braucht es dafür also rund 100 Milliarden Euro Wachstumsfinanzierung pro Jahr – so viel, wie wir jährlich in neue Lebens- und Rentenversicherungen stecken. Mit diesem Geld könnten 150 international erfolgreiche Firmen wie *Amazon* oder *Tesla* entstehen. Das würde vier Millionen neue Arbeitsplätze schaffen und rund zwei Billionen Euro zusätzliche Wertschöpfung in Deutschland erzeugen. Verglichen mit heute, würde das Bruttoinlandsprodukt dann bis 2040 etwa um die Hälfte steigen.

Einen Wertsprung dieser Größenordnung braucht die deutsche Wirtschaft dringend. *Apple* allein ist derzeit mehr Geld wert als der ganze Dax 40 zusammen. Die zehn wertvollsten Titel nur an der Technologiebörse Nasdaq bringen insgesamt fast fünfmal so viel Gewicht auf die Waage wie die 40 Firmen des Dax.

Könnte ein solcher Plan gelingen? Auf jeden Fall. Es gibt keinen Grund, warum er nicht aufgehen sollte. Wir sollten die Chance mit beiden Händen packen. Es steht in unserer Macht, dass Deutschland schon 2040 zu den innovativsten und wohlhabendsten Life-Changer-Ländern der Welt gehört. Ein Inbegriff von Fortschritt und Lebensverbesserung. Doch was müsste geschehen, um ein solches Projekt umzusetzen? Zuallererst müssten wir unsere Investitionsströme umlenken. Zeitgleich müssten aber all die Firmen gegründet werden, die Hunderte von Milliarden Euro an Investitionen sinnvoll ausgeben können. Karel Dörner und Max Flötotto, Senior Partner bei *McKinsey* in München, haben in einer Studie errechnet, was das bedeuten würde. Als Zeithorizont nehmen sie das Jahr 2030 in den Blick, schauen also zehn Jahre weniger weit voraus als die *Lakestar*-Studie. Dörner und Flötotto kommen zu dem Schluss, dass alle Start-ups, die zwischen heute und 2030 gegründet werden, 1,44 Millionen neue Arbeitsplätze entstehen lassen und einen zusätzlichen Marktwert von 2,3 Billionen Euro schaffen könnten – 20 Prozent mehr, als die Dax-Unternehmen heute zusammen wert sind.

Das allein aber würde noch nicht reichen. Zusätzlich müsste sich die Zahl der Gründungen pro Jahr verdoppeln. 2020 sprinteten 2900 Tech-Start-ups los, künftig müssten es 5800 sein. Etwa 60 Prozent davon müssten an den Universitäten entstehen. Wie das geschehen kann, ist ausreichend erprobt, wird aber noch nicht entschlossen genug umgesetzt. Außerdem müssten vier Gruppen gezielt gefördert werden, die bislang unterproportional wenig gründen: Frauen, Nichtakademiker, Menschen zwischen 30 und 39 sowie Leute mit Migrationshintergrund. Ist dieser Teil der Herausforderung einmal geschafft, geht es darum, die Start-ups mit ausreichend Kapital auszustatten. 85 Prozent des angestrebten Werts von 2,3 Billionen Euro werden durch sogenannte Hypergrowth-Firmen entstehen – Unternehmen, die extrem schnell wachsen. Doch diese Firmen wachsen nicht von allein. Sie benötigen Geld besonders in ihren späteren Wachstumsphasen. Nur eins von 330 Start-ups erreicht dauerhafte Stabilität; 95 Prozent des gesamten Werts entsteht in der dritten formellen Finanzierungsrunde, der sogenannten Series C. In diesen Runden geht es um sehr viel Geld. In Deutschland ist Geld für diese späteren Runden bisher schwer zu finden.

Sollten wir uns eine aggressivere Strategie zutrauen? Es gibt keinen Grund, das Erfolgsrezept der 1950er und 1960er Jahre nicht erneut anzuwenden und 4 Prozent unserer Wirtschaftsleistung in die Industrien der Zukunft zu investieren. Es muss nicht bei dem anspruchslosen Tempo, dem wir heute folgen, bleiben. Wir schaffen es locker, unsere Finanzierungslücke zu schließen, wenn wir nur wollen. Auf keinen Fall lassen wir es zu, per Kreditklemme und Eigenkapitalmangel aus der Zukunft ausgesperrt zu werden. Von unseren sozialen Sicherungssystemen dürfen wir verlangen, dass sie Life Changer finanzieren. Unsere Rentenkasse und Lebensversicherung können mit links mehr Geld in das Projekt Zukunft investieren.

Auf der Suche nach Vorbildern müssen wir nicht immer in die USA schauen. Es reicht schon ein Ausflug in die Schweiz. Den spektakulären 57 Kilometer langen Gotthard-Basistunnel quer durch ein Gebirgsmassiv stellte sie pünktlich und budgetgetreu fertig. Deutschland hingegen schaffte es nicht einmal, die oberirdisch verlaufenden Zubringerschienen termingerecht zu verlegen.

Vom Berliner Flughafen ganz zu schweigen. Den Zustand unseres Landes beschreiben die maroden Straßenbrücken. Gebaut wurden die meisten davon in den 1960er und 1970er Jahren, also in Zeiten des Aufbruchs und des technischen Optimismus. Damals entstanden fast 20 000 Brücken. Mit der Wiedervereinigung stellte das Land ihre Pflege jedoch fast vollständig ein. Für eine Weile ging das noch gut, denn ausgelegt waren die Bauwerke ja auf 80 bis 100 Jahre. Doch Wartungsmängel, Baufehler und vor allem die Überlastung durch die Verdreifachung des Verkehrs verkürzten ihre Lebenszeit auf weniger als die Hälfte. 3000 bis 4000 Brücken sind heute baufällig. Viele werden gesperrt oder gesprengt, bevor ihr Ersatz bereitsteht. Stau, Stillstand und Infarkt sind die Folgen. An der Rheinquerung zwischen Leverkusen und Köln beispielsweise, einem der wichtigsten Industriestandorte Europas, schleicht der Autoverkehr seit Jahren über eine baufällige Brücke, während Lastwagen lange Umwege nehmen müssen. So sieht es aus, wenn ein Land von seiner Substanz zehrt. Das muss nicht so bleiben. Das ändern wir.

Die Fernstraßen in der Schweiz hingegen sind intakt. Züge fahren pünktlich. Die staatliche Bahngesellschaft SBB legt es nicht darauf an, zum Global Player zu werden, sondern darauf, die Städte des Landes schnell und verlässlich per Schiene miteinander zu verbinden. In der Schweiz fahren vom Topmanager bis zum Sachbearbeiter alle mit der Bahn. Dort ist die Verkehrswende gelungen. Auf den Autobahnen gibt es selbstverständlich eine lebensichernde Geschwindigkeitsbegrenzung von 120 km/h. Gemeingefährliche Rekordjagden mit 420 km/h auf öffentlichen Straßen sind anders als auf deutschen Streckenabschnitten illegal. Zürich verfügt als Finanzplatz in vielerlei Hinsicht über größere Liquidität und Reichweite als Frankfurt. Auch wächst das Land schneller als Deutschland und ist wohlhabender. Das Wirtschaftswachstum der Schweiz betrug 2021 3,3 Prozent, in Deutschland hingegen nur 2,7 Prozent. Davon entfiel ein halber Prozentpunkt auf den Glücksfall *BioNTech*. Ohne das Mainzer Unternehmen wäre die Wirtschaft nur um 2,2 Prozent und damit ein Drittel weniger als in der Schweiz gewachsen. Das Bruttoinlandsprodukt pro Kopf lag in der Schweiz 2021 bei 77 400 Euro, in Deutschland bei 42 839 Euro. Schweizer verdienen pro Kopf also 80 Prozent mehr als Deutsche.

In der Schweiz herrscht ein gesunder Wettbewerb innerhalb des Föderalismus. Regionen erproben unterschiedliche Wirtschaftsmodelle. Im Kanton Zug – eine halbe Autostunde von Zürich entfernt – betragen die regionalen Einkommenssteuern 7,9 und die Firmensteuern 8,5 Prozent. In Zürich sind die Sätze etwa dreimal so hoch. Trotzdem kommen die Kantone einträglich miteinander aus. Zug, einst eine verarmte Region, konnte durch Niedrigsteuern Wohlstand erlangen, ohne Zürich damit auszuzehren. Viele Menschen und Firmen lassen sich den Flair der Großstadt gern etwas mehr kosten. Deutschlands Länder und Gemeinden hingehen vermeiden den Systemwettbewerb. Sie bevorzugen Lähmung auf gleichem Niveau. Solange die Steuern nach oben nivelliert sind, darf das Wirtschaftswachstum gern niedrig ausfallen. Nur bei der Gewerbesteuer lassen wir minimale Unterschiede zu. Sie wird von Gemeinden erhoben und ist die einzige Systemfreiheit, die wir Kommunen gönnen. Sonderwirtschaftszonen, glauben wir, funktionieren in Deutschland nicht, obwohl San Francisco und Shenzhen damit zu Techmetropolen wurden, die Menschen und Investitionen aus der ganzen Welt anziehen. Ausprobiert haben wir etwas Vergleichbares noch nie. Jetzt wäre eine gute Gelegenheit, es auf einen Versuch ankommen zu lassen.

Mich hat immer beeindruckt, wie entschlossen *Apple*-Gründer Steve Jobs aufs Tempo drückte. Wenn Jobs eine Idee für richtig hielt, dann zwang er seine Kunden rücksichtslos dazu, ihr zu folgen. Ob die Kunden seine Idee teilten oder das Produkt besitzen wollten, war ihm gleichgültig. Ein Jahr nach meinem Abitur hing in einem Schreibmaschinengeschäft in Essen ein Plakat von *Apple*. Es zeigte ein Bücherbrett, auf dem nebeneinander aufgereiht Werke von Mao, Engels, Lenin und Marx zu sehen waren. Daneben stand der erste Macintosh. Die Überschrift verkündete: »Es wurde Zeit, dass mal ein Kapitalist die Welt verändert.« Unten neben dem Logo war zu lesen: »Apple hat den Macintosh erfunden«. Einige Wochen später kamen die ersten Geräte an, und der Händler ließ mich ein paar Stunden damit spielen. Ich kam mit dem Gerät jedoch nicht zurecht. Denn bei uns zu Hause stand ein Personal Computer von *IBM*. Darauf bewegte man den Cursor mit den vier Pfeiltasten auf der Tastatur. Doch der erste Mac besaß keine Pfeiltasten. Es gab nur die Maus. Die Umstellung überforderte mich, denn ich wollte meine rechte Hand nicht immer von den Tasten nehmen, wenn ich eine andere Zeile ansteuerte. Steve Jobs aber zwang mich dazu.

In Walter Isaacsons Biografie konnte ich später nachlesen, warum die Pfeiltasten verschwunden waren. Isaacson schreibt, dass Jobs seinem Team den Befehl für das neue Design erteilte, obwohl alle wussten, dass es die Verkaufszahlen senken würde. »Im Unterschied zu anderen Produktentwicklern war Jobs keineswegs der Ansicht, dass der Kunde immer recht hat. Wenn er die Maus nicht benutzen wollte, hatte er unrecht«, schreibt Isaacson. Für Jobs sei es wichtiger gewesen, ein geniales Design durchzusetzen, als das zu liefern, was der Kunde wollte. »Die Eliminierung der Pfeiltasten hatte einen weiteren Vorteil beziehungsweise Nachteil: Softwareentwickler mussten jeweils eigene Programme für das Mac-Betriebssystem schreiben, anstatt solche zu verwenden, die auch auf anderen Rechnern liefen. So wurde die enge vertikale Integration von Anwendungssoftware, Betriebssystem und Hardware erreicht, die Jobs anstrebte.«

Die Pfeiltasten kamen bei *Apple* später zwar zurück. Trotzdem gelang es Jobs, seine Vision von der Steuerung durch intuitive Gesten zum Weltstandard für Computer und Telefone durchzusetzen.

Es war jedoch nicht mal seine eigene Idee. Das Xerox-Forschungszentrum *PARC* in Palo Alto hatte sie zuerst entwickelt. Doch Jobs war der unerbittliche Unternehmer, der sie der Menschheit zu ihrem Nutzen und gegen ihren Willen aufzwang. *IBM*-PCs mit dem *Microsoft*-Betriebssystem verlangten damals die Eingabe komplizierter Zeichenketten. Wenn man sie anschaltete, standen dort nur kryptische Buchstaben in grüner Schrift auf schwarzem Grund. Wer keinen Befehl auswendig wusste, konnte mit dem Gerät folglich nichts anfangen. Steve Jobs trieb uns unsinnige Gewohnheiten aus, die uns von der Arbeit abhielten, derer wir uns aber nicht bewusst waren. Er zwängte uns seinen Willen auf, indem er uns einfach verbot, den Cursor mit der Tastatur zu bewegen. Ihn interessierte unsere Meinung nicht.

Es wäre an der Zeit, etwas mehr Steve Jobs' in unser Land zu lassen. Isaacson schrieb Jobs den »Wunsch nach totaler Kontrolle« zu. Gemeint ist damit natürlich nicht der Wunsch nach diktatorischer politischer Macht, sondern die Kompromisslosigkeit, Produkte auf unerreichte Perfektion zu trimmen. Die *Time* beschrieb ihn in einem Porträt von 1982 so: »Mit seiner smarten Verkäuferattitüde und seinem blinden Glauben, um den ihn die frühchristlichen Märtyrer beneidet hätten, hat Steve Jobs mehr als jeder andere Mensch dazu beigetragen, dem Heimcomputer die Tür aufzustoßen.« Ein Freund wird in dem Artikel mit den Worten zitiert, »Jobs würde einen ausgezeichneten König von Frankreich abgeben«. Kompromisslose frühchristliche Märtyrer mit dem Habitus französischer Sonnenkönige eignen sich sicher nicht als Führungskräfte parlamentarischer Demokratien. Solche Leute sollten wir nicht ins Kanzleramt wählen. Aber es tut einer Volkswirtschaft gut, leidenschaftlichen Unternehmerinnen und Unternehmern sowie besessenen Produkterneuerern genug Geld in die Taschen zu stecken, damit sie aus Träumen Erfolge machen.

Steve Jobs setzte die Maus und später das Trackpad durch,

indem er die Pfeiltasten aus der Tastatur riss. Durch starrsinnige, einsame Beschlüsse wie diesen, katapultierte er *Apple* auf Platz 1 der wertvollsten Unternehmen der Welt. Wenn er das konnte, dann können auch wir noch in diesem Herbst per Gesetz beschließen, dass 5 Prozent aller Einlagen in staatlichen und privaten Alterssicherungen ab Anfang 2023 als Eigenkapital in Startups fließen. Ein Teil des Geldes können wir nach dem Vorbild Norwegens in einen Staatsfonds stecken. Den Rest dürfen die Kassen nach eigenem Ermessen in Wachstumsfirmen investieren. Wenn wir dieses Gesetz in diesem Jahr erlassen, dann steht Deutschland 2040 auf der Rangliste der Länder dort, wo *Apple* heute auf der Rangliste der Firmen geführt wird. Dabei geht es gar nicht so sehr um den Umsatz. Die USA und China produzieren mehr als wir, und dabei bleibt es wohl auch. Aber wir können und wollen das Land mit dem besten Image, der besten Technologie und den besten Ideen sein. Das Land, in dem technische Ideen so schnell und so überzeugend wahr werden, wie nirgendwo sonst. Deutschland 2040, ein Vorbild an Demokratie, Gerechtigkeit, Innovationskraft, Teilhabe, Gründergeist, technischem Verständnis, Zusammenarbeit, Empathie und Menschlichkeit mitten in Europa. Ein Modell, das eindrucksvoll beweist: Man kann so etwas schaffen, wenn man nur will. Das ist das Ziel, auf das wir zusteuern.

Epilog:
Wie wir leben werden

Zwei Jahre Corona, dann Krieg in Europa, Energiekrise, Lieferengpässse und galoppierende Inflation – die aktuelle Lage sieht beklemmend aus. So bedrohlich sie auch ist, so sehr können wir uns daran aufrichten, ähnliche Krisen schon erfolgreich überwunden zu haben: durch kluge Politik und entschlossenen Einsatz von Technologie. Mich erinnert die gegenwärtige Situation an die Stimmung Anfang der Siebziger Jahre. Die Gefühle der Beklemmung, Sorge und Angst, die meine Eltern, mich und meine damals noch kleinen Brüder am 25. November 1973 befielen, kann ich bis heute nachempfinden. Es war der erste autofreie Sonntag in Deutschland. Sechs Wochen zuvor war Israel an Jom Kippur, dem jüdischen Versöhnungstag, von Ägypten und Syrien angegriffen worden. Israel hatte den Überfall nicht kommen gesehen. Alle westlichen Länder, darunter auch Deutschland, erklärten sich solidarisch mit dem angegriffenen Land. Für meine Familie hatte dieser Krieg eine besondere Bedeutung. Wir fühlten uns eng mit Israel verbunden. Meine Eltern hatten stets versucht, etwas gegen die Schuld der Generation ihrer Eltern und Großeltern zu unternehmen. Sie waren davon überzeugt, dass man den Holocaust nicht wiedergutmachen konnte. Sie fühlten sich mitschuldig, obwohl sie erst Ende der 1930er Jahren geboren worden waren.

Hilflos und beschämt versuchten sie, wenigstens auf persönlicher Ebene Freundschaft mit Menschen jüdischen Glaubens zu schließen. Eine ganz eigenartige Freundschaft entspann sich zwischen meiner Mutter und einer alten jüdischen Dame, die Auschwitz überlebt hatte. Wir lebten damals in Paris. Dort hatte meine Mutter die Dame kennengelernt. Sie litt seit ihrer Befreiung aus

Auschwitz an Diabetes. Meine Mutter half ihr, mit dieser Krankheit umzugehen. Für meine Mutter war es wohl eine Art Chance, wenigstens eine der Spätfolgen des Holocaust ein wenig lindern zu dürfen. Eines Tages erlitt die Dame einen Zuckerschock. Ihre Insulinvorräte waren aufgebraucht, und aus einem Grund, den ich heute nicht mehr rekonstruieren kann, war diese spezielle Sorte Insulin in Paris nicht aufzutreiben. Ich erinnere mich noch, wie meine Mutter energisch bei der Lufthansa anrief, obwohl sie dort niemanden kannte, und forderte, dass der nächste Pilot, der von Frankfurt nach Paris flog, Insulin mitbringen sollte. Ich, damals ein Erstklässler, stand im Flur und hörte, wie meine Mutter am Telefon von Auschwitz sprach. Zwar wusste ich nicht, was das war, doch von diesem Wort gingen Düsternis und Gefahr aus. Es gelang meiner Mutter tatsächlich, die Lufthansa zu überreden. Wohl auch, weil sie von Auschwitz gesprochen hatte.

Kurz darauf setzte sie uns drei Kinder in ihren Käfer und fuhr mit uns über den Périphérique zum Flughafen Orly, an dem uns eine Stewardess den Umschlag mit dem Medikament herausbrachte. Wir eilten damit zurück zu der alten Dame. Nach dem Verabreichen der Spritze erholte sie sich. Auch wenn ich nicht wirklich verstand, was da geschah, begriff ich doch, dass wir der Dame wohl das Leben gerettet hatten. Meine Mutter sagte mir: »Wir sind alle mit schuld an Auschwitz. Wir müssen jedem Menschen helfen, der dort gelitten hat. Alle Menschen jüdischen Glaubens sind unsere Freunde.« Als drei Jahre später dann Israel angegriffen wurde, rangen meine Eltern mit Wut und Scham. Wie konnte es sein, dass Juden wieder einmal um ihr Leben kämpfen mussten? Ich sah, dass meine Eltern sich Sorgen machten, auch um uns ganz persönlich. Krieg im Nahen Osten konnte die Welt in Brand stecken. Als die Ölförderländer den Rohstoff dann als Waffe einsetzten, bekamen wir es mit der Angst zu tun. Die Organisation der arabischen Erdöl exportierenden Staaten (OAPEC) drosselte den Export von Öl um 5 Prozent. Gleichzeitig brach die

Dachorganisation OPEC ihre laufenden Preisverhandlungen mit der Mineralölwirtschaft ab. Die Preise schossen nach oben. Die ganze Welt hing vom Öl ab. So viel verstand auch ich. Es schien keinen Wirtschaftszweig zu geben, der ohne Öl auskam.

An dem besagten 25. November 1973 fuhr dann in Deutschland kein einziges Auto mehr. Um Öl zu sparen, hatte die Bundesregierung jeglichen Betrieb eines Kraftfahrzeugs verboten. Wir fuhren also mit unseren Rädern zur Autobahn und gingen auf den Fahrstreifen spazieren. Die ganze Stadt war dort auf den Beinen. Ein ungewohntes und aufregendes Vergnügen war das für uns Kinder, doch wir bemerkten auch die Stille, die auf der Autobahn herrschte. Kaum jemand sprach. »Der Krieg ist bei uns angekommen«, sagte meine Mutter. Ihre Beklemmung übertrug sich auf uns. Bei dem Wort *Krieg* dachte ich an die Schilderungen meiner Großmutter von den Bombennächten in Wuppertal-Elberfeld. Wie das brennende Phosphor aus den Bomben den Asphalt in Brand gesteckt hatte und die Menschen im Teer stecken bleiben ließ. Wie lebende Fackeln sich in die Wupper stürzten. Die leere Autobahn verhieß das Allerschlimmste. Würden Phosphorbomben jetzt auch auf uns fallen?

So lebhaft, wie ich mich an den autofreien Sonntag erinnere, so genau entsinne ich mich an die politische Diskussion, die nach dem Abwenden der unmittelbaren Gefahr ausbrach. »Wir müssen uns an unsere Abhängigkeit vom Öl erinnern. Wir dürfen uns nicht wieder mit Energie erpressen lassen. Wir haben die Grenzen des Wachstums erreicht« – das waren die wichtigsten Sätze dieser Zeit. Die vielen Krisen Anfang der 1970er bekamen einen gemeinsamen Oberbegriff: »Energiekrise«. In der Schule diskutierten wir permanent über nichts anderes. Lehrer zeigten uns Tabellen und Schautafeln mit Daten über unsere Abhängigkeit vom Öl. Ich erinnere mich noch an ein mattes Gefühl von Aussichtslosigkeit und Überforderung, das mich an einem sonnigen Morgen im Klassenraum befiel, als es wieder einmal um dieses

317

Thema ging: Wie sollten wir uns denn jemals vom Öl befreien? Es steckte überall. Man brauchte es doch für die Autos, Flugzeuge, Heizungen, Kraftwerke und Fabriken. Selbst Plastikfolien und Medikamente wurden aus Öl gemacht.

An diese Zeit fühle ich mich heute erinnert. Die Probleme türmen sich übereinander. In Europa herrscht wieder Krieg. Millionen sind auf der Flucht. Russland droht mit einem atomaren Erstschlag. Diktatoren überrennen ihre Nachbarn und rauben ihnen die Freiheit und das Leben. Eine Pandemie hat vielen Menschen das Leben und uns alle Jahre der Unbeschwertheit gekostet. Kinder haben unwiederbringliche Klassenfahrten, Auslandsjahre und Abireisen verpasst. Studentinnen und Studenten verbringen ihre Unijahre allein zu Hause vor dem Bildschirm. Man kann keine Fahrräder für den Frühling kaufen, weil Logistikketten klemmen. Menschen fürchten um ihre Arbeitsplätze, weil Computerchips knapp geworden sind. Die Lage wirkt aussichtslos und verfahren. Es scheint keine Linderung zu geben.

Doch obwohl alle Fakten für eine Dauerkrise sprechen, ein heißer Krieg mit Russland und ein kalter mit China toben, verspüre ich aus den Erfahrungen der Vergangenheit tief sitzenden Optimismus. Wir schaffen das. Wir haben es schon oft geschafft. Nicht nur bei der Energiekrise, sondern auch nach der Wiedervereinigung, nach dem Platzen der Dotcomblase, nach der *Lehman*-Pleite, nach der Griechenland-Pleite, bei AIDS und bei Covid. Geschafft haben wir es immer durch eine Kombination aus klarer Analyse der Lage, rückhaltloser Diskussion in der Öffentlichkeit, lebendig ausgetragenem Streit zwischen konträren Meinungen, Forschung, Wissenschaft und der Implementierung von Technologie. Vom Öl sind wir zwar noch nicht ganz losgekommen, doch wir haben unsere Abhängigkeit davon massiv reduziert. Wirtschaftsminister Robert Habeck trieb alternative Lieferanten für Gas und Öl auf. Jedes Windrad in Deutschland ist eine direkte Folge des Schocks, den wir am 25. November 1973 erlitten haben. Auch die heutigen Krisen werden wir bewältigen, wenn wir uns jetzt klarmachen, was wir wollen und was nicht. Wenn wir für unsere Werte aufstehen und einstehen. Wenn wir uns des potenziellen Missbrauchs aller neuen Technologien bewusst sind, sodass wir ihm rechtzeitig vorbeugen können. Auf diese Weise wird es uns gelingen, neue Technik so urbar zu machen, dass die ihr Nutzen ihren Nachteil bei Weitem übersteigt.

Was also wollen wir? Wie möchten wir leben? Wir tun gut daran, unsere Ziele so einfach und knapp wie möglich auszudrücken. Denn je knapper wir unsere Wünsche formulieren, desto einprägsamer werden sie und desto stärker entfalten sie ihre Wirkung. Der Satz »Wir möchten vom Öl loskommen« war die Essenz der 1970er Jahre. Er definierte ein Ziel, dem wir viel näher gekommen sind, als ich es damals für möglich gehalten habe. Definieren wir unsere Ziele für die kommenden Jahrzehnte also mit ähnlich prägnanten Sätzen:

Wir möchten, dass Energie im Überfluss vorhanden ist, der Umwelt nicht schadet und jedem Menschen zur Verfügung steht. Die dafür nötigen Ressourcen und Technologien müssen so breit zugänglich sein, dass mit ihnen niemand mehr erpresst oder unterdrückt werden kann.

Wir möchten, dass alles mit allem in Verbindung steht, damit jeder und jedem von uns alle Informationen jederzeit zugänglich sind. Damit schaffen wir Ungerechtigkeit und Verschwendung ab. Alle Menschen haben die gleiche Chance, in ihrer Heimat oder Wahlheimat sicher und einträglich zu leben und zu arbeiten. Wir halten das Netz, das uns diese Informationen liefert, frei von Propaganda, Lüge und Hass. Wir leisten der Wahrheit Vorschub.

Wir möchten uns schnell und frei überallhin bewegen, dabei aber keinem Lebewesen schaden und das Klima nicht belasten. Niemand wird im Verkehr getötet oder verletzt.

Wir möchten, dass niemand an Krankheiten leidet oder stirbt, die wir heute schon verhindern oder behandeln können. Wir möchten alle Krankheiten, die wir bis heute noch nicht richtig verstehen, behandeln und heilen.

Wir verhindern, dass Wissen als Waffe zum Einsatz kommt, und wenn doch, dann unterbinden wir es konsequent und geschlossen. Je leichter und umfangreicher Wissen zur Verfügung steht, desto schwerer lässt es sich dazu nutzen, Menschen gegeneinander aufzuwiegeln.

Wir quälen und töten keine Tiere, doch wir essen weiterhin Fleisch und trinken Milch. Denn diese Produkte stammen nicht länger von Tieren. Tierrechte betrachten wir als nicht weniger wertvoll und schützenswert als Menschenrechte. Wer leidensfähig ist, darf nicht länger leiden.

Wir achten alle Menschenrechte über alle Grenzen hinweg. Wir ziehen Autokraten und Diktatoren zur Rechenschaft, wir beobachten und dokumentieren ihre Taten, wir unterbinden ihre Lügen, und wir verhindern, dass sie alle Kanäle der Kommunikation für sich vereinnahmen. Wir stellen sicher, dass alle Menschen auf der Welt jederzeit Zugang zu allen Informationen haben, auch wenn ihre Regierungen sie ihnen vorenthalten wollen. Wir stellen sicher, dass alle Menschen in den Gemeinschaften, in denen sie leben, mitsprechen und diese mitgestalten können. Wir verhindern Krieg.

Fast alle dieser Sätze klingen so, als könnten sie niemals wahr werden. So klang 1973 auch der Satz: »Wir befreien uns vom Öl«. Doch wir sind ihm erstaunlich nah gekommen. Es kann 50 oder 100 Jahre dauern, bis wir unsere neuen Ziele, wie sie oben beschrieben sind, erreichen. Doch auf welchem Weg auch immer es gelingen mag, eines steht schon heute fest: Ohne Technologie wird es nicht gehen. Sie ist die stärkste zivilisatorische Kraft, die uns zu Gebote steht.

Dank

Für die Unterstützung bei Konzeption, Schreiben und Redigieren dieses Buchs danke ich meinem vorzüglichen Lektor Florian Fischer. Jeder seiner Hinweise hat das Manuskript verbessert. Mein Dank gilt auch Britta Egetemeier und Karen Guddas von Penguin Random House für ihre sorgsame Begleitung des Projekts und für den Titel. Wolfgang Ferchl ist auch bei diesem Buch wieder ein unverzichtbarer Ratgeber und Freund gewesen. Lena Waltle, meiner Redakteurin beim *Tech Briefing*, verdanke ich Hilfe bei Recherche, Faktenprüfung und Durchsicht. Viele Einsichten gehen auf unsere Zusammenarbeit beim wöchentlichen Podcast und Newsletter zurück. Janka Meinken verantwortete die Gestaltung der Infografiken. Sebastian Herzog, Sebastian Voigt und Jan Thede, meine Partner bei Axel Springer hy, sind eine ständige Quelle von Information und Inspiration. Dank geht an das gesamte Team von hy für seine Wissbegierde und analytische Kraft. Sophie-Theres Guggenberger hat mir engagiert bei der Kommunikation geholfen. Jasmin Zikry gebührt liebevoller Dank für ihre fortwährende Unterstützung. Meine wunderbaren Kinder Caspar, Nathan und Camilla stellen immer wieder die richtigen Fragen. Lukas und Nelly Kircher verdanke ich Stunden aufschlussreicher Diskussionen ebenso wie Gabor Steingart, Michael Bröcker, Ingo Rieper, Rolf Dobelli und Sebastian Turner. Meine Mutter Annemarie und meine Brüder Burkhard und Arnulf steuern gute Ideen und interessante Beobachtungen bei. Dank geht auch an Beate, Max, Mara, Christoph, Philipp, Jakob, Marie, Samir, Magda, Amira, Donya, Bastian, Younes und Adam für ihre Inspiration.

Alle Fehler in diesem Buch sind meine eigenen.

Die Auswahl von Firmen als Beispiele im Text geht alleine auf deren Leistungen zurück. An der Rocket Factory Augsburg (RFA) halte ich direkte Anteile. Bei Lakestar gehöre ich dem Beirat an. Über Lakestar bin ich mittelbar am Erfolg von Isar Aerospace beteiligt. Diese Verbindungen hatten keinen Einfluss auf meine Entscheidung, diese Firmen in diesem Buch zu erwähnen. An allen anderen erwähnten Unternehmen bin ich weder direkt noch indirekt beteiligt.

Literatur und Quellen

Folgende Quellen liegen den Kapiteln dieses Buchs zugrunde. Aufgelistet sind die wichtigsten Quellen dieses Buchs in der Reihenfolge ihres Erscheinens im Text. Sofern nicht anders angegeben, stammen die deutschen Übersetzungen englischer Originaltexte von mir selbst und können somit von auf Deutsch verfügbaren Ausgaben abweichen.

Ein PDF mit allen Quellen auch für einzelne Zahlen, Daten und Fakten kann kostenlos angefordert werden per E-Mail unter *christoph.keese@live.de*.

Prolog
Kluge, Alexander: *Napoleon Kommentar. Ein Mensch aus Trümmern gegossen*, Spector Books, Leipzig 2021.
Ridley, Matt: *The Rational Optimist. How Prosperity Evolves*, Fourth Estate, London 2010.

First Principle
Handelsblatt: »Es wird viel mehr möglich, als wir uns träumen lassen«, Interview mit Peter Sloterdijk, *Handelsblatt*, 23.12.2021.
Im erwähnten Zitat bezieht sich Sloterdijk auf Elon Musk.
Das geschilderte Treffen mit Elon Musk fand im Rahmen der Preisverleihung des Axel Springer Award am 01.12.2020 in Berlin statt. Die Besichtigung der Tesla-Baustelle in Grünheide fiel auf denselben Tag.

Investition
Clarke, Arthur C.: *Hazards of Prophecy. The Failure of Imagination*, Collection *Profiles of the Future*, Harper & Row, New York 1962, revised 1973.
Ernst & Young: »Rekordsummen für deutsche Start-ups – Ber-

lin bleibt vorn«, Pressemitteilung Ernst & Young, 13. 01. 2022. Vollständiger Text abrufbar unter: *https://www.ey.com/de_de/ news/2022-pressemitteilungen/01/ey-startup-barometer-2022. Startup Barometer abrufbar unter: https://assets.ey.com/content/dam/ey-sites/ey-com/de_de/news/2022/01/ey-startup-barometer-2022.pdf*

PitchBook: Aktuelle Daten über Venturecapital-Aktivitäten sind der Datenbank *pitchbook.com* entnommen.

Innovation

Witte, Wilfried: *Tollkirschen und Quarantäne. Die Geschichte der Spanischen Grippe*, Wagenbach, Berlin 2009.

Spinney, Laura: *1918 – Die Welt im Fieber. Wie die Spanische Grippe die Gesellschaft veränderte*, Hanser, München 2018.

Kahnemann, Daniel: *Schnelles Denken, langsames Denken*, Siedler, München 2012, S. 250.

Institut der Deutschen Zahnärzte im Auftrag von Bundeszahnärztekammer und Kassenzahnärztlicher Bundesvereinigung: »Deutsche Mundgesundheitsstudie«, fünfte Studie, Berlin/Köln, August 2016. Vollständiger Text abrufbar unter: *https:// www.bzaek.de/ueber-uns/daten-und-zahlen/deutsche-mundgesundheitsstudie-dms.html*

Fortschritt

Ridley, Matt: *How Innovation Works. And Why It Flourishes in Freedom*, HarperCollins, London 2020.

McCloskey, Deirdre: *Bourgeois Dignity. Why Economics Can't Explain the Modern World,* University of Chicago Press, Chicago 2011.

Rainer, Anton: »Gorillas-Chef vor wütenden Mitarbeitern. ›Im Herzen bin ich Rider‹«, *spiegel.de*, 28. 06. 2021, sowie *SPIEGEL S-Magazin* Nr. 2/2021. Vollständiger Text abrufbar unter: https://www.spiegel.de/wirtschaft/unternehmen/gorillas-chef-

kagan-suemer-vor-wuetenden-mitarbeitern-im-herzen-bin-
ich-rider-a-7dde60d1-1bcf-49b5-8ce0-9e9ee9e971a2

Münkler, Herfried: *Marx, Wagner, Nietzsche. Welt im Umbruch*, Rowohlt Berlin, Berlin 2021.

Matthes, Sebastian: »Die Welt steht vor einer Dekade technologischer Durchbrüche«, *handelsblatt.com*, 07. 05. 2021. Vollständiger Text abrufbar unter: https://www.handelsblatt.com/unternehmen/innovationweek/essay-die-welt-steht-vor-einer-dekade-technologischer-durchbrueche/27154510.html?ticket=ST-13201882-zj0a7QmnlcZpn1afXc0c-ap5

Hill, Napoleon: *Think and Grow Rich*. The Ralston Society, Meriden, CT 1937.

Energie
International Energy Agency (IAE): *World Energy Outlook 2021.* Vollständiger Text abrufbar unter: *https://iea.blob.core.windows.net/assets/4ed140c1-c3f3-4fd9-acae-789a4e14a23c/WorldEnergyOutlook2021.pdf*

International Energy Agency (IAE): *Global Energy Review 2021.* Vollständiger Text abrufbar unter: https://www.iea.org/reports/global-energy-review-2021

PitchBook: Aktuelle Daten über Venturecapital-Aktivitäten sind der Datenbank *pitchbook.com* entnommen.

Ridley, Matt: *How Innovation Works. And Why It Flourishes in Freedom*, HarperCollins, London 2020.

Kommunikation
Tegmark, Max: *Life 3.0 – Mensch sein im Zeitalter Künstlicher Intelligenz*, Ullstein, Berlin 2019.

Lifson, Miles und Linares, Richard: »Is there enough room in space for tens of billions of satellites, as Elon Musk suggests? We don't think so«, *spacenews.com*, 04. 01. 2022.

International Telecommunications Union (ITU): *Facts and Fig-*

ures 2021. Vollständiger Text abrufbar unter: *https://www.itu.
int/en/ITU-D/Statistics/Documents/facts/FactsFigures2021.pdf*
Wopson, Melvin:»Wann gibt es mehr Bits als Atome? Digitale
Informationstechnologie könnte planetare Grenzen sprengen«, *scinexx.de*, 13. 8. 2020. Vollständiger Text abrufbar unter:
https://www.scinexx.de/news/technik/wann-gibt-es-mehr-
bits-als-atome/

Mobilität
Brock, Bazon: Text eines Prägeschilds in den Hackeschen Höfen
Berlin.
Isaacson, Walter: *Leonardo da Vinci. Die Biographie*, Propyläen,
Berlin 2018.
Musk, Elon: *Hyperloop Alpha. Whitepaper.* Vollständiger Text
abrufbar unter: *https://www.tesla.com/sites/default/files/blog_
images/hyperloop-alpha.pdf*
Brunner, Josef: *Follow the Pain. Das Geheimnis unternehmeri-
schen Erfolgs – Wie du alle Widerstände überwindest und es
ganz nach oben schaffst*, Beshu Books, Berlin 2021.

Gesundheit
Kolata, Gina und Mueller, Benjamin:»Halting Progress and
Happy Accidents: How mRNA Vaccines Were Made«, *The New
York Times*, 15. 01. 2022.
Miller, Joe mit Türeci, Özlem und Şahin, Uğur: *Projekt Lightspeed.
Der Weg zum BioNTech-Impfstoff – und zu einer Medizin von
morgen*, Rowohlt, Hamburg 2021.
World Health Organization (WHO): *World Health Statistics 2021.*
Vollständiger Text abrufbar unter: *https://apps.who.int/iris/bit-
stream/handle/10665/342703/9789240027053-eng.pdf*
Drechsler, Wolfgang:»Tödliche Ignoranz. Südafrika bekommt
das Aids-Problem nicht in den Griff«, *Handelsblatt*, 17. 4. 2016.
Isaacson, Walter: *The Code Breaker. Jennifer Doudna, Gene*

Editing, and the Future of the Human Race, Simon & Schuster, New York 2021.

Ernährung
Harari, Yuval Noah: »Industrial farming is one of the worst crimes in history«, *theguardian.com*, 25.09.2015. Vollständiger Text abrufbar unter: *https://www.theguardian.com/books/2015/ sep/25/industrial-farming-one-worst-crimes-history-ethical-question.* Übersetzung: Henrich, Ernst Walter. Vollständiger Text abrufbar unter: *https://www.veganbook.info/lesenswerter-artikel-die-industrielle-landwirtschaft-ist-eines-der-schlimms-ten-verbrechen-in-der-geschichte-von-yuval-noah-harari/*

Bildung, Gesellschaft und Staat
The Economist: »Global democracy has a very bad year«, *economist.com*, 02.02.2021. Vollständiger Text und Studie abrufbar unter: *https://www.economist.com/graphic-detail/2021/02/02/ global-democracy-has-a-very-bad-year*
Ballin, André: »Putins Dilemma – Warum die Invasion der russischen Truppen sich hinzieht«, *handelsblatt.com*, 01.03.2022. Vollständiger Text abrufbar unter: *https://www.handelsblatt. com/politik/international/ukraine-krieg-putins-dilemma-warum-die-invasion-der-russischen-truppen-sich-hin-zieht/28115504.html*
Kalisch, Muriel: »Es geht hier darum, dass Russland eine andere Weltordnung fordert«, Interview mit William Alberque, SPIEGEL 24.02.2022.

Niederlagen und Rückschläge
Vosoughi, Soroush, Roy, Deb, Aral, Sinan: »The spread of true and false news online«, *Science* 359(6380), 09.03.2018, S. 1146 – 1151.
Aral, Sinan: *The Hype Machine. How Social Media Disrupts Our*

Elections, Our Economy, and Our Health and How We Must Adapt, Currency, New York 2020.

Yogeshwar, Ranga: *Nächste Ausfahrt Zukunft. Geschichten aus einer Welt im Wandel*, Kiepenheuer & Witsch, Köln 2017.

Yogeshwar, Ranga: »Fight the fear with the facts!«, in: Porsdam, Helle, Porsdam Mann, Sebastian (Hrsg.): *The Right to Science. Then and Now*, Cambridge University Press, Cambridge 2021, S. 195–210.

Rogers, Everett M.: *Diffusion of Innovations*, The Free Press, New York 1962.

Deutschland

Hüsing, Alexander: »OneTrust kauft Planetly«, *deutsche-startups. de*, 08.12.2021. Vollständiger Text abrufbar unter: *https://www. deutsche-startups.de/2021/12/08/dealmonitor-planetly-blickfeld/*

Holzki, Larissa: »Neuer Dachfonds will massiv Geld in deutsche Wagniskapitalgeber pumpen«, *handelsblatt.com*, 08.02.2022. Vollständiger Text abrufbar unter: *https://www.handelsblatt. com/finanzen/anlagestrategie/trends/start-up-finanzierungneuer-dachfonds-will-massiv-geld-in-deutsche-wagniskapitalgeber-pumpen/28046008.html*

Brandis, Hendrik: »Tech Briefing Podcast Interview«, *thepioneer. de*, 28.01.2022.

Isaacson, Walter: *Steve Jobs. Die autorisierte Biografie des Apple-Gründers*, C. Bertelsmann, München 2011.

Taylor III., Alexander L.: »Striking It Rich: A new breed of risk traders is betting on the high-technology future«, *Time*, 15.02.1982.

Lakestar: »The European Financing Gap«, *european-financing-gap.com*, September 2021.

Fortführende Lektüre

Folgende weitere Bücher seien für die fortführende Lektüre empfohlen:

Berger, Eric: *Liftoff. Elon Musk and the Desperate Early Days That Launched SpaceX*, William Collins, 2021.

Dettmer, Philipp: *Immune. A Journey into the Mysterious System that Keeps You Alive*, Random House, New York, 2021.

Gabriel, Markus: *Warum es die Welt nicht gibt*, Ullstein, Berlin 2015.

Gabriel, Markus: *Ich ist nicht Gehirn. Philosophie des Geistes für das 21. Jahrhundert*, Ullstein, Berlin 2017.

Gabriel, Markus: *Moralischer Fortschritt in dunklen Zeiten. Universale Werte für das 21. Jahrhundert*, Ullstein, Berlin 2020.

Graeber, David, und Wengrow, David: *The Dawn of Everything. A New History of Humanity*, Macmillan, New York 2021.

Greene, Brian: *The Elegant Universe. Superstrings, Hidden Dimensions, and the Quest for the Ultimate Theory*, Vintage, New Edition, New York 2000.

Greene, Brian: *The Hidden Reality. Parallel Universes and the Deep Laws of the Cosmos*, Vintage Reprint, New York 2011.

Greene, Brian: *Until the End of Time. Mind, Matter, and Our Search for Meaning in an Evolving Universe*, Knopf, New York 2020.

Groth, Olaf et al: *The AI Generation. Shaping Our Global Future with Thinking Machines*, Pegasus Books, New York 2021.

Hitchens, Christopher: *Hitch-22. A Memoir*, Twelve, London 2011.

Isaacson, Walter: *Einstein. His Life and Universe*, Simon & Schuster, New York, Reprint 2008.

Kluge, Alexander: *Napoleon Kommentar. Ein Mensch aus Trümmern gegossen*, Spector Books, Leipzig 2021.

Roth, Gerhard und Strüber, Nicole: *Wie das Gehirn die Seele macht*, Klett-Cotta, Stuttgart 2018.

Roth, Gerhard: *Warum es so schwierig ist, sich und andere zu ändern. Persönlichkeit, Entscheidung und Verhalten*, Klett-Cotta, Stuttgart 2019.

Stiglitz, Joseph: *The Price of Inequality. How Today's Divided Society Endangers Our Future*, Norton, New York 2013.

Tegmark, Max: *Unser mathematisches Universum. Auf der Suche nach dem Wesen der Wirklichkeit*, Ullstein, Berlin 2015.

Index

Aalto University School of Science
and Technology (Helsinki) 83
Aalto, Alvar 83
AboutYou (Unternehmen) 103
AIDS 11, 70, 205, 209, 212 f., 219, 318
AIDS-Impfstoff 205
Airbus 67
Alberque, William 260
Alex, Anna 51
Alnatura (Unternehmen) 244
AlphaFold (Computerpro-
gramm) 54, 226
AlphaGo (Computerprogramm) 226
Alpro (Unternehmen) 244, 249
Alta Velocidad Española
(AVE) 177–179
Altan, Bulent 95
Alzheimer 144, 199
Amazon 66, 74, 98, 103, 302, 306
Amazon Fresh 99
Ametsreiter, Hannes 158
analoges Denken/Analogien 23 f., 26,
30 f., 40 f., 49
Antoninische Pest 70
Apollo(-Programm) 26, 148
Apple (Unternehmen) 68, 83, 220,
258, 279, 307, 310–312
Apple Watch 63, 162, 220
Aral, Sinan 277 f.
Ardica Technologies (Unternehmen)
139
Ariane (Rakete) 26
Armstrong, Neil 149
AT&T 157
Athos (Unternehmen) 207
Atomenergie *siehe* Kernenergie
Attische Seuche 70
Audemars Piguet (Unternehmen) 83
Audi (Unternehmen) 150, 293
Augustus, röm. Kaiser 267 f.
autonomes Fahren 32, 40, 107, 169 f.,
176, 216
AVE *siehe* Alta Velocidad Española

Bain & Company 98
Ban Ki-moon 116
Bank(enkrise) 207, 298–302

BASF 293
Batterien 25, 47, 50 f., 67, 71, 123, 140,
172, 294
Bayer (Unternehmen) 293
Bayer, Stephan 52
BBC 259
Beckers, Jan 52
Behring, Emil 76
Benz & Cie (Unternehmen) 293
Beulenpest 70
Beyond Meat (Unternehmen) 233
Bezos, Jeff 286
Biden, Joe 277
Bio-engineered Food 232
BioNTech 197–204, 206–208, 222 f.,
293, 310
Biotechnologie 195, 200 f.
BIT Capital (Unternehmen) 53
BMW (Unternehmen) 37, 40, 48, 293
Boeing (Unternehmen) 293
Brandis, Hendrik 305
Branson, Richard 181, 185
Brieschenk, Stefan 51, 95, 146–148,
259
Brunner, Josef 53

C-Netz 159
Café St. Oberholz (Berlin) 62
Caligula, röm. Kaiser 267
Cape Canaveral 51, 86
Carl Zeiss (Unternehmen) 292
Carnegie, Andrew 107
Cäsar, Julius 66, 263–266
Cavallo, Daniela 30
CDC *siehe* Centers for Disease Con-
trol and Prevention
Celonis (Unternehmen) 292 f.
Centers for Disease Control and
Prevention (CDC) 212
Charpentier, Emmanuelle 224
China 20, 87, 92, 100 f., 121, 123, 132,
152, 178, 225, 255 f., 261, 275, 287,
293, 305, 313, 318
Das China-Syndrom (Film) 132
Christians, Jona 36 f., 39, 42, 44, 47
Churchill, Winston 274
Clean Meat 242, 244, 246 f.

330

ClimateTech *siehe* Technologie
Clinton, Hillary 277
Cloud 63, 68 f., 200, 218, 220, 294,
   301
Cloud-Aktien 63
Clustered Regularly Interspaced
   Short Palindromic Repeats *siehe*
   CRISPR
Cognitive Biases 285
Commerzbank 66
Contentful (Plattform) 292
Continental (Unternehmen) 66
Cord-Cutting 155
Corona(pandemie) 9 – 12, 23, 35,
   61 f., 66, 69 f., 77 f., 103, 158, 175,
   196, 293, 303, 318
Covid-19 62, 69 f., 77 f., 159, 198 f.,
   202, 205 f., 219, 223, 318
CRISPR 223 – 225
Cultured Meat *siehe* Clean Meat
Curevac 206

Daimler (Unternehmen) 28, 37, 40,
   48, 169 f., 293
Daimler, Gottlieb 36, 94
Darwin, Charles 10
DAZN (Streamingdienst) 63
deduktives Denken/Deduktion 23,
   25, 27, 30 f., 129, 242
Deep Tech 109
DeepMind (Unternehmen) 225 f.
Delivery Hero (Unternehmen) 66,
   100, 102 f., 292 f.
Demokratie(n) 106, 130, 253, 255,
   257, 259 f., 263, 268, 276, 278, 283,
   312 f.
 – digitale 276
 – unvollständige 254
 – vollständige 254
Demokratisierung 91, 105, 215
Deposit Solutions (Unterneh-
   men) 292
Deutsche Bank 23, 292
Deutsche Forschungsgemein-
   schaft 292
Deutschland 2040 313
Diess, Herbert 30
Diffusion of Innovations
   (E. M. Rogers) 285
Digitalisierung (Zeitalter der) 63,
   103, 144 f., 242, 256, 301 f.
Dönitz, Karl 267

Dörner, Karel 307
Doudna, Jennifer 224
3D-Drucker 54, 88, 146, 259
Dresdner Bank 66, 293
Durstexpress (Oetker-Gruppe) 66

E-Auto(s) 121, 168 f.
E. ON 68
Earlybird (Risikoinvestor) 305
The Economist (Zeitschrift) 253 f.
Edison, Thomas Alva 57, 94, 135
Einstein, Albert 127, 140, 165, 274
Electric Anxiety 38
electric vertical take-off and landing
   siehe eVTOL
Elektrojets 67, 172
Elektroroller 171
Energie-Masse-Äquivalenz 165
Energieerhaltungssatz 140, 240
Energiekrise 1970er 317 f.
Entropie 141
Entwicklungsziele der Vereinten
   Nationen *siehe* Sustainable Deve-
   lopment Goals
Erdoğan, Recep Tayyip 263, 266
Erneuerbare Energien 124 f., 137
Ernst & Young (EY) 46
ESA 47, 97
Europäische Union (EU) 61, 123, 127
eVTOL 191

Facebook 90, 107, 161, 277, 258, 292,
   299
Fake News 106, 269, 276 – 278
Faust. Eine Tragödie (J. W. v. Goethe)
   76, 79
FBS *siehe* Fetal Bovine Serum
Federal Communications Commis-
   sion (FCC) 153
Fedorow, Mychajlo 258
Ferchl, Wolfgang 12 f., 321
Ferrari, Enzo 36
Fetal Bovine Serum (FBS) 245
Financial Times 153, 205
First Principle(s) 23 f., 27, 30 – 33,
   39 f., 42, 44, 49, 126 f., 129, 173,
   179 f., 185, 238, 242
Flaschenpost (Unternehmen) 63, 66
Flink SE (Unternehmen) 66, 103 f.,
   232
Flixbus (Unternehmen) 292, 294
Flötotto, Max 307

331

Follow the Pain (J. Brunner) 186
Forbes 90
Ford (Unternehmen) 28, 40
Ford, Henry 94, 107
Foreign Policy (Zeitschrift) 186
Form Energy (Unternehmen) 140
Fraunhofer-Gesellschaft 292
Fresenius (Unternehmen) 293
5G 29, 33, 64, 68, 78, 96, 150, 152, 155, 157 f.
Fusion, heiße 127 f.
Fusion, kalte *siehe* Fusion, Quantum-enhanced
Fusion, Quantum-enhanced 127
Future-Food-Tech-Konferenz 247

Galileo (Navigationssatellit) 82
Galileo Galilei 94 f.
Garden Gourmet (Unternehmen) 244
Gates, Bill 88
Genanalysen/Gensequenzierung 223, 225 f.
General Motors (GM, Unternehmen) 37, 293
Generation Aufbruch 42 f.
Getir (Unternehmen) 66, 99, 103 f., 232
GetYourGuide (Unternehmen) 53
Gig Economy 103
Giuliani, Rudy 274 f., 287
Goethe, Johann Wolfgang von 75 f., 79, 105, 177
Google (Unternehmen) 54, 68, 90, 186, 225, 258
Google Glass 186
Google Street View 186
Gopuff (Unternehmen) 99
Gorillas (Unternehmen) 62, 66, 97, 100 – 104, 109, 148, 232
Goschin, Jörg 305
Green Tech Festival 52
Greyhound (Unternehmen) 294
The Guardian 237

Hahn, Laurin 35 – 39, 42, 44, 47
Hair (Musical) 50
»Halting Progress and Happy Accidents: How mRNA Vaccines were made« (*New York Times*) 204 f.
Handelsblatt 107, 214, 258
Harari, Yuval Noah 237, 252

Haugen, Frances 277
Healthineers (Unternehmen) 55
Hecker, Christian 52
Heliogen (Unternehmen) 139
HelloFresh (Unternehmen) 66, 292 f.
Helsinki 81, 83 f., 205
Hertz, Heinrich 94
Hexal AG 196
Hill, Napoleon 107 – 109
Hitler, Adolf 255, 259, 263 f., 266 f., 274
HIV-positiv *siehe* AIDS
Hochgeschwindigkeitszüge 154, 177 f.
Hoechst (Unternehmen) 66
Holocaust 315
Hommels, Klaus 299, 305
How Innovation Works (M. Ridley) 94, 141
Hubble-Weltraumteleskop 152
Hypergrowth-Firmen 308
Hyperloop 179 – 185
 – Delft Hyperloop (Projekt) 181
 – TUM Hyperloop 181
 – Virgin Hyperloop (Unternehmen) 181, 184
The Hype Machine (S. Aral) 278

IBM 88, 311
IBM-PCs 311 f.
ICE 154, 177 f., 184
Iceye (Unternehmen) 81 – 93, 104, 109, 151, 156, 205
IEA *siehe* Internationale Energieagentur
Impossible Foods (Unternehmen) 233
Influencer 108, 267, 281
Innovationismus 94
INRIX-Studie 189
Instagram 153, 264
Intelligenz 143 f.
International Institute for Strategic Studies (Thinktank) 260
International Thermonuclear Experimental Reactor (ITER) 127
Internationale Energieagentur (IEA) 116 f., 119, 125
Internationale Fernmeldeunion (ITU) 158, 160
Internet of Things (IoT) 160 f.
Iridium (Satellitenkommunikation) 152

Isaacson, Walter 311 f.
Isar Aerospace (Unternehmen) 51,
96, 151, 293, 322
Israel 315 f.
ITER *siehe* International Thermonu-
clear Experimental Reactor
ITU *siehe* Internationale Fernmelde-
union

James-Webb-Weltraumteleskop 152
Jeggle, Helmut 207
Jobs, Steve 83, 310 – 312

Kahnemann, Daniel 72 f.
Karp, Alex 292
Kernenergie 113, 125 f., 138
Kernfusion 54, 116, 126, 128, 134, 141
Kernfusion (Sonne) 239 f.
Kernfusions-Start-ups 54
Kernspaltung (-technik) 134, 136
KfW (Förderbank) 298, 305
KfW Capital 395
Kim Jong-un 261
Kitty Hawk (Unternehmen) 186, 188,
190, 292
Klimaabkommen 120, 123, 130
Klitschko, Vitali 258
Kluge, Alexander 14
Kohlenhydrate 141, 239 – 242, 250 f.
Kommunikation 142 – 145, 149, 152,
154 – 156, 159, 164 f., 215, 254, 256 f.,
258 f.
Kommunikationstechnik 253, 256 f.,
260 f.
Korn, Georg 116
Kortex (Satelliten/Orbit) 145, 165,
193, 214, 253, 256 – 258
Krawinkel, Hendrik 52
Krebs 110, 197 – 199, 206, 208, 216,
219 f., 222 – 226
Kryptowährung 32, 180
Kubakrise 262
künstliche Intelligenz 54, 92, 217 f.,
225
künstliches Fleisch 230, 238,
242 – 246

Lakestar (Unternehmen) 299, 306,
322
Lakestar-Studie 306 f.
Laurila, Pekka 90 f.
Lawrow, Sergei 260

Lehman-Pleite 300, 318
Lenin, Wladimir Iljitsch 265, 267 f.,
311
Leonardo da Vinci 167
Lifson, Miles 153
Lilienthal, Otto 67, 71, 185
Lilium (Unternehmen) 50, 67, 188,
190 – 192, 293
Linden, Moritz von der 54, 116, 126,
128 f.
Livia Drusilla (Gattin Kaiser Augus-
tus') 268
Luce, Henry 274
Lufthansa 66, 172, 316
Luther, Martin 27

Mac-Betriebssystem 311
Mac(intosh) 311
Macron, Emmanuel 138
Magnetzug *siehe* Vakuumzüge
Malaria 209 f., 212 f., 218 f.
»Man of the Year 1938« (*Time*) 274
Mann, Thomas 260
Marshall, Will 96
Marvel Fusion (Unternehmen) 54,
115 f., 126 – 129, 140
Marx, Karl 105 f., 109, 311
*Marx, Wagner, Nietzsche. Welt im
Umbruch* (H. Münkler) 105
Matthes, Sebastian 107
Max-Planck-Institut 292
Mbeki, Thabo 214
McCloskey, Deirdre 94
McKinsey & Company 299, 306 f.
Medizinbots 218
Meijnen, Eva-Maria 54
Memes 279
Merck (Unternehmen) 242, 247
Mergers & Acquisitions (Unterneh-
men) 138
Merkel, Angela 66, 277
messenger-RNA (mRNA) 9, 13, 69,
196 f., 201, 203 f., 222 f.
Meta (Unternehmen) 258
Metzler, Daniel 51, 96
Microsoft-Betriebssystem 312
Mikromobilität 171
Milchproduktion 243
Miller, Joe 205
Minesto (Unternehmen) 139
MobileMe (Apple Onlinedienst) 69
Moderna 201, 203 f.

Modrzewski, Rafal 81 – 68, 90 – 94, 97
mRNA-Impfstoff 9, 69, 196, 201
mRNA-Therapien 222
Münchner Rück 53
Münkler, Herfried 105 f.
Musk, Elon 19 – 33, 38 f., 64, 87, 89, 93, 107, 152 – 155, 157, 170, 179 – 181, 185, 192, 257, 286, 293
– White Paper 180 f.
Mynaric (Unternehmen) 95
MySpace 275

N26 (Direktbank) 292
Napoleon Bonaparte 14 f., 75, 263 – 267
Napster (Onlinedienst) 299
NASA 26, 47
Nature (Zeitschrift) 225
Nero, röm. Kaiser 267
Netflix 109, 162, 258
New York Times 204 f., 280
Newton, Isaac 94 f.
Next.e.Go (Unternehmen) 44
Nixon, Richard 274, 286 f.
Nothacker, David 52
NuScale Power (Unternehmen) 140

Oaktree Power (Unternehmen) 140
OAPEC 316
Oatly (Unternehmen) 238
OECD 116 f., 126
Dr. Oetker (Unternehmen) 66
OHB SE (Unternehmen) 82
Olsen, Timothy 247
OMR Podcast 98
OneTrust (Unternehmen) 294
OneWeb (Unternehmen) 157
OPEC 316
Orbán, Viktor 263
Oschmann, Stefan 242 f.

Palantir (Unternehmen) 292
Pandya, Ryan 249
Parkinson 11, 144
PayPal (Unternehmen) 52, 106, 292
Pensionsfonds 298
Perfect Day (Unternehmen) 248 f.
Perseverance (Mars-Rover) 152
»Person of the Century« (Time) 274
»Person of the Half Century« (Time) 274

»Person of the Year« (Time) 274 – 276
Personalisierte Medizin 208, 222, 294
Personio (Unternehmen) 292
Pest 10, 70
Pfizer 199, 293
Phelps, Edmund 93
Photosynthese 239 – 241, 251
Picterra (Unternehmen) 96
PitchBook (Datenbank) 138 f., 151, 233, 303
Planck, Max 94
Planet Labs 96
Planetly (Unternehmen) 51, 294
PlusDental (Unternehmen) 54
Popper, Karl 32, 205 f., 208
postfaktisches Zeitalter 279, 281
Pro-innovation Bias 285 f., 288
Projekt Lightspeed (J. Miller, U. Şahin, Ö. Türeci) 205 f., 222
Proteine 71, 197, 225 f., 238 f., 244, 251
– fermentierte 248 f.
– kultivierte 244, 248
– pflanzenbasierte 244, 248
Putin, Wladimir 58 – 60, 71, 124, 131, 133, 254 f., 257 – 268, 274 f., 287

Quantenmechanik 127
Quantenreaktor 129
QuantumScape (Unternehmen) 140

Radar(aufnahmen) 90, 94
Raketen 146, 149 f., 192
– Kleinraketen 51
– tieffliegende – 149
Raketentriebwerk(e) 147
Ratepay (Unternehmen) 52
The Rational Optimist (M. Ridley) 14
Raumfahrt(industrie) 26, 47, 82, 84, 88 f., 92, 107, 148 f.
Reck, Johannes 53
Relayr (Unternehmen) 53
Renaissance des Körpers 196
Reuters 275
Ridley, Matt 14, 94, 141
RNA 224
Rocket Factory Augsburg (RFA, Unternehmen) 51, 95, 146, 151, 259, 293
Rocket Internet (Unternehmen) 98
Rocket Internet Ventures (Unternehmen) 98

Rocket Science 87, 148
Rogers, Everett M. 285
Rolls-Royce Power Systems (Unternehmen) 140
Rosberg, Nico 52
Rosenthaler Platz (Berlin) 61–65, 67, 69, 72, 76 f., 101
Royal Oak Grande Complication (Uhrenmodell) 83
Russland 59, 71, 114, 124, 254–258, 260 f., 264, 269, 275, 287, 317 f.
– der Zaren 265

Şahin, Uğur 197 f., 200–207, 222
Sal. Oppenheim (Bank) 300
Salesforce (Unternehmen) 293
Salman, Mohammed bin 131
Sankt Petersburg 84, 205, 257, 265
Satelliten 27, 29, 33, 47 f., 51, 64, 71, 81–83, 85 f., 88–93, 95–97, 143, 145 f., 148, 151–156, 166, 253, 256 f.
– -technik 153
– tieffliegende (Radar)Satelliten 70, 91 f. 149, 152
– -Datennetz 213 f., 218, 259
Satoshi Nakamoto 180
SBB (Bahngesellschaft) 309
Schlesinger, Karl-Georg 116
Schneider, Wolf 282
Schnelles Denken, langsames Denken (D. Kahnemann) 72 f.
Schnitzler, Aletta 247
Scholz, Olaf 305
Schweiz 36, 52, 96, 244, 265, 308–310
Science (Zeitschrift) 225, 278
Selbstfahrende (E-)Autos 167, 169
Selenskyj, Wolodymyr 258
Senkrechtstarter (elektrische) 50 f., 179, 186–189, 191 f.
– Wisk Cora (Kitty Hawk) 186 f.
Sennder (Unternehmen) 52
Shabalin, Pasha 116
Sierra Energy (Unternehmen) 139
Signal (Messenger) 276
Signavio (Plattform) 292
Silicon Germany (Ch. Keese) 46
Silicon Valley (Ch. Keese) 46, 196
Sion (Modell) 37 f., 41 f.
Skype (Unternehmen) 190
Small Modular Reactors (SMR) 140

Smart Grids 133, 140
Sofatutor (Unternehmen) 52
Solaris (Betriebssystem) 292
Sono Motors (Unternehmen) 37, 39 f., 42, 44, 50, 293
Sowjetunion 59, 84, 265
SpaceX 26 f., 87, 181, 293
Spahn, Jens 297
Spanische Grippe 70, 78
Der Spiegel 97, 260
Spotify 299
Spurmann, Jörn 51, 95, 147 f.
Sputnik (Satellit) 151
SR-72 (Hyperschallflugzeug) 156
Staatsfonds (Finanzierung) 295 f., 313
Stalin, Josef 263 f., 266 f., 274 f., 287
Starlink (Satelliten/5G-Satellitennetz) 29, 33, 64, 89, 93, 96, 152, 154–157, 257
Starship (Rakete) 26 f.
Start-up(s) 14, 29, 44, 46 f., 54, 62, 67, 98 f., 101 f., 115, 128, 138, 150 f., 157, 232, 238, 248, 263, 293 f., 296, 299, 307 f.
Stauffenberg-Putsch (20. Juli 1944) 257
Strom (Erzeugung/Verbrauch) 67 f., 89, 113-130, 142
Strüngmann, Andreas 196 f., 199, 206–208
Strüngmann, Thomas 196, 199, 206–208
Sümer, Kağan 97–101
Sustainable Development Goals (UN) 108 f.
Sustainable Energy for All (SEforALL, Initiative) 116

Technologie 9–11, 14, 16, 44 f., 56, 60 f., 73, 76–80, 93 f., 135, 168, 173, 179, 215, 229, 251 f., 268, 273 f., 294, 318, 320
– ClimateTech 139
– Foodtech 232
– Green Tech 39, 52
– Life-Changer-Technologien 127, 142, 168, 207
– neue Technologien 45, 57, 81, 83, 106 f., 138, 150, 213, 230, 256, 283, 287 f., 318
Telegram (Messenger) 276

Tesla (Auto) 25, 172
- Model S 38
- Model Y 32
- Model 3 169
Tesla (Unternehmen) 22, 26 – 28, 30,
32, 40 f., 67, 120, 169 f., 181, 306
Tesla-Autopilot 24
Tesla-Elektroantrieb 25
Tesla-Fabrik (Grünheide, Branden-
burg) 19 – 22, 27 – 30, 67
Tesla-Supercharger 40 f., 169
TGV 177, 182
Thelen, Frank 190
Thiel, Peter 106, 292
Think and Grow Rich (N. Hill) 108
Three Mile Island (Kernkraft-
werk) 132
Thrun, Sebastian 186 – 190, 292
Thyssenkrupp 66
Tierhaltung/-zucht (herkömm-
liche) 230 f., 234 – 238
TikTok 108 f.
Time (Zeitschrift) 274 f., 282 – 284,
286 f., 312
Torstraße (Berlin) 101 – 103, 183
Trade Republic (Unternehmen) 52,
63, 292
Trump, Donald 261, 266 - -268, 274,
277, 286 f., 292
Trump, Ivanka 268
Trumpf (Unternehmen) 292
Tuberkulose 209, 212 f., 216, 219
Türeci, Özlem 198, 200 – 207, 222
Tweraser, Stefan 51, 95
Twitter 28, 107, 258, 264, 277 – 279

Udacity (Unternehmen) 292
Ukraine 58 f., 124, 133, 155, 255,
257 – 262, 265, 268 f.
UN *siehe* Vereinte Nationen
Urängste, sechs (nach N. Hill) 108 f.

Vakuumzüge 167, 179, 181
Veganz (Unternehmen) 244
Venturecapital 207, 305
Vereinte Nationen 108, 212 f.
Verizon Communications 157
Versicherungen (Lebens-) 295 – 298,
306, 308
Vertical Farming 65
virtuell(e Welt) 282 f.
Vodafone (Unternehmen) 155, 158

Volkswagen (Unternehmen) 30, 40,
42, 67
- VW ID.3 67
- VW ID.4 67
Volocopter (Unternehmen) 67,
190 f.
Vopson, Melvin M. 164 f.

Wagniskapital 45 f., 54, 66, 99 f., 102,
125, 128, 137 – 139, 151, 181, 232, 238,
248, 298, 303 – 306
Wangari Maathai 214
Waymo (Unternehmen) 292
Web 2.0 276, 283 – 286
wefox (Unternehmen) 292
Welt am Sonntag 285
Weltgesundheitsorganisation
(WHO) 193, 198, 209
Weltraumflug 86, 88
Weltraumunternehmen 92
WeShare (VW-Carsharing) 67
Westermeyer, Philipp 98
WhatsApp (Messenger) 264
White Paper 180
WHO *siehe* Weltgesundheitsorgani-
sation
Wiegand, Daniel 50 f., 190 f.
Wikipedia 153, 275
Wisk Cora (Kitty Hawk) *siehe* Senk-
rechtstarter
Wohlfarth, Miriam 52
Wolt Delivery (Unternehmen) 62 f.,
103
World Energy Outlook 2021 (IEA) 117
Wright (Gebrüder) 67
Xerox PARC 312

Xi Jinping 261

Yogeshwar, Ranga 278
YouTube 107, 258, 275

Zalando 66, 99, 103, 292 f.
Die Zeit 280
Zennström, Niklas 190
Zetsche, Dieter 169
Zuchtwahl (Ch. Darwin) 10, 223
Zuckerberg, Mark 274 f., 277, 286 f.,
299
Zukunftsfonds 296
Zuma, Jacob 214